信创 Linux 操作系统管理
(统信 UOS 版)

主　编　黄炳乐
副主编　朱　婧　尉　辉　李慧敏　秦　冰
参　编　刘必广　林君萍　李双红　张　宪
主　审　何　欢　刘　学

北京理工大学出版社
BEIJING INSTITUTE OF TECHNOLOGY PRESS

内 容 简 介

本书是面向Linux系统管理的入门级图书，以通俗易懂的语言系统地讲解信创Linux系统管理基础知识、管理命令和运维方法等。全书共有10个项目，内容包括信息技术应用创新产业，操作系统的基本操作，操作系统的基本命令与管理，用户、组、密码和文件管理，进程、任务与作业管理，设备管理，网络配置、管理与基本应用，Shell编程，DNS服务器搭建，Web服务器搭建和网络服务器搭建等。本书基于统信操作系统，从系统管理工作的实际需求出发，以项目式的形式全面讲解和实践系统管理相关知识，可让读者养成良好的职业素养，基本可达到统信操作系统管理和运维工程师的岗位能力要求。

此外，本书在项目背景中对我国信创产业战略进行介绍，让读者了解原生的自主研发的技术才是我们大国发展的根本和基石所在，培养读者胸怀祖国、独立自强自主创新的爱国精神。

图书在版编目(CIP)数据

信创Linux操作系统管理：统信UOS版／黄炳乐主编
. -- 北京：北京理工大学出版社，2022.11
ISBN 978-7-5763-1890-6

Ⅰ.①信… Ⅱ.①黄… Ⅲ.①Linux操作系统-教材
Ⅳ.①TP316.85

中国版本图书馆CIP数据核字(2022)第227467号

出版发行／北京理工大学出版社有限责任公司
社　　址／北京市海淀区中关村南大街5号
邮　　编／100081
电　　话／(010) 68914775（总编室）
　　　　　(010) 82562903（教材售后服务热线）
　　　　　(010) 68944723（其他图书服务热线）
网　　址／http://www.bitpress.com.cn
经　　销／全国各地新华书店
印　　刷／三河市天利华印刷装订有限公司
开　　本／787毫米×1092毫米　1/16
印　　张／22
字　　数／490千字
版　　次／2022年11月第1版　2022年11月第1次印刷
定　　价／89.00元

责任编辑／王玲玲
文案编辑／王玲玲
责任校对／刘亚男
责任印制／施胜娟

图书出现印装质量问题，请拨打售后服务热线，本社负责调换

前言

2021年12月16日出版的第24期《求是》杂志发表中共中央总书记、国家主席、中央军委主席习近平的重要文章《深入实施新时代人才强国战略 加快建设世界重要人才中心和创新高地》，该文章强调，必须坚持党管人才，坚持面向世界科技前沿、面向经济主战场、面向国家重大需求、面向人民生命健康，深入实施新时代人才强国战略，全方位培养、引进、用好人才，加快建设世界重要人才中心和创新高地，为2035年基本实现社会主义现代化提供人才支撑，为2050年全面建成社会主义现代化强国打好人才基础。信息技术应用创新产业（简称：信创产业）作为国家新一代信息技术的支撑产业，预计未来3~5年将迎来黄金发展期；我国国产基础软硬件从“不可用”发展为“可用”，并正在向“好用”演变。

在编写本教材之前，包括福建船政交通职业学院、新疆交通职业技术学院和新疆昌吉职业技术学院等院校在内的大多数高等院校中，Linux系统管理课程的教学主要采用基于Linux内核的开源或破解版本的操作系统作为专业学生的实验环境，比如：Red Hat Enterprise系统或CentOS系统，而这些系统的核心技术实际上是掌握在以美国为首的西方国家手里的。虽然技术从理论上讲没有国界，但从当前国际俄乌冲突事件中观察来看，以美国为代表的西方国家还是按捺不住发动微软、Red Hat、SUSE、MongoDB、JetBrains、VMware、谷歌云、Oracle和Arm等信息技术高科技公司对俄罗斯实施暂停业务的行为，还有作为开源软件平台GitHub也做出了严格限制俄罗斯获取军事能力所需的技术的规定，这是极端条件下所谓的科技无国界在被政治绑架之下可被随时撕毁的真实写照，我们在这场国际政治博弈中应该清醒地认识到无论引进的技术是合资的还是购买授权的或是国外开源平台上由全世界范围内的技术爱好者共同开发的开源技术，在触动彼此切身利益时，最终都是不可靠的，这是因为技术的核心和主动权在对方手上。因此，只有原生的自主研发的技术才是我们大国发展的根本和基石所在。况且，纵观目前中美贸易战，我国的信息技术产业明显还存在被美国“卡脖子”的现象，操作系统作为信息技术的核心底座是不能完全依赖国外核心技术的，同时，信创产业目前已经提升到国家发展战略的高度，国内信创产业也一定会迎来了蓬勃发展期，这几年越来越多的国产软硬件产品投入大规模应用，其中信创产业中优秀操作系统代表统信

UOS 操作系统正吸引越来越多的硬件厂商、软件开发商、运维服务提供商等加入其生态建设，而目前精通统信 UOS 操作系统的系统管理人才存在大量缺口。此外，经过调研发现，统信软件技术有限公司自研 7 本教材和与院校合作共研的 8 本教材已陆续上市销售，其中，关于操作系统管理的只有 5 本，基于统信服务器操作系统的只有 2 本，而且面向对象主要是相关部门和企事业单位的系统管理人员、个人系统管理人员等，不是很适合高职和职业本科相关专业的学生。

为了源源不断地为信创产业培养和输出高技术技能人才，回应国家为信创产业提出的发展战略，促进国内新一代信息技术产业蓬勃发展，同时有效推进国产操作系统统信 UOS 在各行各业、各领域的广泛应用，福建船政交通职业学院牵头组建了包括多所兄弟院校专业带头人和骨干教师在内的编写团队，该团队积极主动作为，联合统信软件技术有限公司和龙芯中科技术股份有限公司等共同开发信创系列教材项目——《信创 Linux 操作系统管理（统信 UOS 版）》。本教材基于统信桌面版操作系统和社区版操作系统，从系统管理工作的实际需求出发，以项目式的形式全面讲解和实践操作系统管理相关知识，内容具体包括信创产业的发展由来和统信 UOS 的发展史、统信服务器操作系统的安装与基本操作、用户与组管理、文件系统管理、进程与作业管理、设备管理、磁盘管理、网络配置与管理、Shell 编程、服务器配置管理和综合项目实训等常用的知识和技术，在课程项目里导入了统信服务器操作系统应用的典型项目案例和标准化业务实施流程。读者通过项目式学习，养成良好的职业素养，基本可达到统信操作系统管理和运维工程师的岗位能力要求。在讲授本课程的过程中，编写团队建议授课教师应当在项目背景中宣导只有将核心技术掌握在手里才能保障国家发展的基石不会被随便撼动的理念，从而达到课程思政的育人效果，同时能够为巩固我国发展的信创产业生态提供坚定的有生力量。

在教材编写过程中，编写团队结合信创产业相应国产操作系统管理和运维岗位技能能力要求，编写教材的创新点主要体现如下 3 点：

1. 校企融合，贴近岗位需求

从现实岗位需求出发，以行业案例为研究对象，还原真实企业日常网络操作系统运维管理的全流程，提炼技能清单，培养出企业需求的技能型人才。

2. 由浅入深，覆盖面广

本教材包含统信 UOS 安装、基本操作、系统管理、网络管理和运维等多位一体的知识体系，通过丰富的内容，让学生掌握统信 UOS 管理和运维的基本技能和高级技能。

3. 案例教学，理实一体化

本教材结合实际案例，通过以项目为牵引、任务为驱动，融合信创操作系统管理方面最前沿技术，实现理实一体化教学。教材案例给出实际工作和行业中的解决方案，达到案例教学及工程实用的双重目的。

本教材编写具体分工如下所述：黄炳乐老师负责项目一至项目四的整理和撰写工作；刘必广老师负责项目五整理和撰写工作；林君萍老师负责项目六的整理和撰写工作；李慧敏老

师负责项目七的整理和撰写工作；朱婧老师负责项目八、项目九的整理和撰写工作；尉辉老师负责项目十的整理和撰写工作；秦冰院长负责企业案例的导入和为教材编写内容提供行业指导性意见等工作；李双红老师负责项目案例测试工作；张宪工程师负责项目案例测试结果的复核工作。

编写团队成员从初识信创 Linux 操作系统统信 UOS 版本操作，再到逐个实验测试和验证，并总结编写教学案例形成校企双元校本教材，最后，再经过校内和校外试用后对教材内容优化成为正式出版的校企双元教材。在此过程中，福建船政交通职业学院信息与智慧交通学院周穗平、黄向君、林志欣、陈德涛、廖桂水、陈佳明、林鑫、黄泽森和杨过等同学在实验验证和项目案例材料整理中提供了无私的帮助，统信软件技术有限公司李望经理、龙芯中科技术股份有限公司郑瑶经理、广州番禺职业技术学院信息工程学院副院长杨鹏教授和深圳市中微信息技术有限公司汪永安高工在校企合作开发教材过程中帮忙协调信创发展调研资料和教材试用等事宜，编写团队在此对以上人员表示诚挚的谢意；同时，因编写团队水平和文字表现能力有限，教材中可能存在遗漏和疏忽之处，诚挚欢迎各位读者和同行老师给编写团队提出宝贵意见（邮箱：22826639@qq.com），我们将会虚心接受大家的意见并做进一步完善。

编写团队

于 2022 年 9 月

目录

项目一

统信操作系统的基本操作

【项目场景】

小明在某公司担任网络管理员，该公司应国家政策要求需要将某些服务器系统变更为统信操作系统，公司要求小明通过基本培训掌握统信操作系统的安装与基本操作。

【项目目标】

知识目标

- 了解统信操作系统。
- 了解控制台和终端的概念。
- 了解系统启动级别和运行级别的概念。

技能目标

- 会安装虚拟机软件。
- 会安装统信操作系统。
- 会设置统信操作系统的启动级别和运行级别。
- 能够在统信操作系统图形界面下进行操作。

素质目标

- 具有发现问题、分析问题和解决问题的能力。
- 具有主动学习知识的意识。
- 具有良好的心理素质和克服困难的能力。
- 具备自主学习新知识、新技术的能力。

任务一 统信操作系统的安装

【任务描述】

在进行统信系统管理学习前，小明需要先了解统信操作系统的特点和完成统信操作系统的安装工作。

【任务分析】

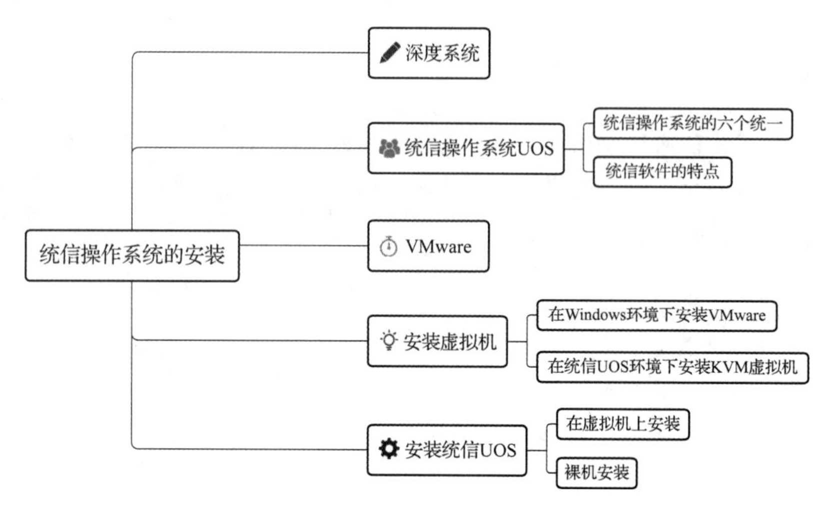

【知识准备】

一、信息技术应用创新产业

“数字化”是当今社会最先进的生产力，其近 10 年飞速发展。“数字福建”的发展规划，为福建省和全国的数字化建设提出了发展方向。“十四五”时期，中国的高质量发展，更需要建立在数字产业化和产业数字化基础上，通过推动数字服务、数字贸易集群化发展、智慧城市建设，提高中国城市整体运行效率和经济活力。

信息技术应用创新产业（以下简称信创产业）是“数字化”的基础，其发展的核心在于通过行业应用拉动构建国产化信息技术软硬件底层架构体系和全周期生态体系，解决核心技术关键环节“卡脖子”的问题，为中国未来发展奠定坚实的数字基础。

2020 年是信创产业全面推广的起点，未来 3 ~ 5 年，信创产业将迎来黄金发展期。我国国产基础软硬件从“不可用”发展为“可用”，并正在向“好用”演变。信创产业作为“新基建”的重要内容，将成为拉动经济发展的重要抓手之一，政府投入预计将会得到充分保证。国产 CPU 和操作系统是信创产业的根基，也是信创产业中技术壁垒最高的环节，技术领先、具备生态优势的公司有望脱颖而出。

1. 信创产业的产生

在全球产业从工业化向数字化转型升级的关键时期，“缺芯少魂”是中国信息产业发展的一大难题。2018年以来，中美贸易摩擦，美国依靠信息技术关键技术对中兴公司、华为公司“断供”芯片，引起全国和国际社会的广泛关注。我国科技尤其是上游核心技术受制于人的现状对我国经济持续高质量发展提出了严峻考验，为了摆脱这一现状，我们国家明确提出“数字中国”建设战略，以改变以往在信息技术领域处于被动的局面，在下一个数字化发展时期拥有更多技术话语权。国家将信创产业纳入国家战略，提出“2+8”发展体系（2指党政两大体系，8指关于国计民生的八大行业：金融、电力、电信、石油、交通、教育、医疗、航空航天，都需要安全可控）。2020—2022年，中国IT产业在基础硬件、基础软件、行业应用软件、信息安全等皆多领域迎来了黄金发展期。

拓展阅读1-1
美国对中国的科技封锁

拓展阅读1-2
信创产业发展政策及市场前景

2. 信创产业的生态体系

信创产业将以异构计算和开源方式重塑IT底层架构，并将走生态多元化的发展道路。国外以Wintel（即Windows-Intel联盟）为代表的IT巨头凭借先发优势和长期积累，依靠英特尔的摩尔定律和微软Windows系统的升级换代形成技术兼容壁垒，垄断桌面端长达20多年，一度占全世界电脑份额的90%以上，通过共同辖制下游PC生产而不断获取巨额利润。随着以中国为代表的信创产业的培育和发展，将促使全球IT技术向多元异构计算和开源趋势发展，Wintel联盟垄断将会被逐步打破，未来IT行业有望形成多种IT标准和生态并存的产业格局。

拓展阅读1-3
信创基石

信创产业生态体系庞大，从产业链角度，主要由基础硬件、基础软件、应用软件、信息安全4个部分构成，其中芯片、整机、操作系统、数据库、中间件是最重要的产业链环节，信创产业体系如图1.1所示。

拓展阅读1-4
信创产业的相关软件

拓展阅读1-5
国产操作系统的发展历程

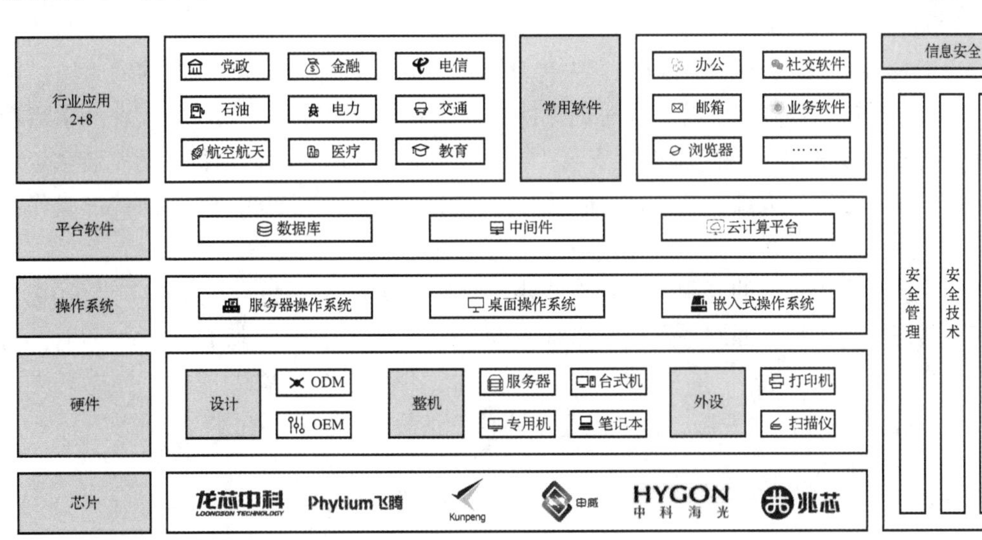

图1.1　信创产业体系

二、深度系统

深度系统最大的特点是自主研发桌面环境（DDE），其和 KDE/Gnome 相似，是现代化、全功能的桌面环境，提供美观易用、简洁高效的交互界面。深度的桌面环境和系列应用软件已被移植到了包括 Fedora、Ubuntu、ArchLinux、OpenSUSE 等十余个国际主流 Linux 发行版。在积极参与开源社区方面，深度操作系统（Deepin）向 Gnome、Qt、Wine 等开源软件提交了数百个补丁，主持开展了数十个开源项目，开源代码超过 500 万行。

深度操作系统是中国第一个具备国际影响力的 Linux 发行版本，它是基于 Linux 内核，以桌面应用为主的开源 GNU/Linux 操作系统，支持笔记本、台式机和一体机，它包含深度桌面环境（DDE）和近 30 款深度原创应用，以及数款来自开源社区的应用软件，支撑广大用户日常的学习和工作。截至 2019 年 7 月 25 日，深度操作系统支持 33 种语言，用户遍布除了南极洲的其他六大洲。深度桌面环境（Deepin Desktop Enpiroment，DDE）和大量的应用软件被移植到了包括 Fedora、Ubuntu、Arch 等十余个国际 Linux 发行版和社区，在开源操作系统统计网站 DistroWatch 上，Deepin 长期位于世界前十。深度操作系统由专业的操作系统研发团队和深度技术社区共同打造，其名称来自深度技术社区名称“deepin”一词，意思是对人生和未来深刻的追求和探索。

截至 2018 年年底，深度科技的操作系统 Deepin 被下载超过 8 000 万次，提供了 32 种不同的语言版本，以及遍布六大洲 33 个国家 105 个镜像站点的升级服务。在开源操作系统统计网站 DistroWatch 上，Deepin 长期位于世界前十，是率先进入国际前 10 名的中国操作系统产品。

Deepin 操作系统在易用性和兼容性方面表现突出。

（1）易用性：从操作界面的角度，Deepin 研发构建了自己的桌面系统，独创了控制中心系统管理界面，把 Linux 的桌面系统功能提升到新的高度，贴合用户多年使用 Windows 桌面养成的操作习惯。针对国人的使用习惯，Deepin 配置了 wine，用于在 Linux 环境中兼容 Windows 系统调用。

（2）兼容性：Deepin 系统可以兼容大部分国产软件，如微信、QQ、搜狗输入法、网易音乐、WPS、迅雷、百度网盘等，同时也保持了对火狐、谷歌等海外软件的兼容。常用的国产软件能在 Deepin 的软件商店里一键安装，避免了其他 Linux 版本命令行式的安装和烦琐的系统配置。相比之下，大部分 Linux 发布版本对于国产软件并不兼容，使得 Deepin 操作系统脱颖而出。

深度科技是华为重要的开源生态合作伙伴，双方从 2018 年开始合作，在华为 2019 全联接大会上，华为宣布将开源服务器操作系统 EulerOS，深度科技将贡献 DDE 1.0 环境，与华为携手共建 openEuler 社区。在 PC 端，2019 年 9 月，华为发布了搭载 Deepin 操作系统（桌面版）的 Magicbook Pro 锐龙版，该产品是华为首款搭载国产操作系统的 PC 产品。

三、统信操作系统 UOS

技术大范围落地和推广是以统一标准和规范体系的建立为前提的。从国际通用的技术标准，到各个国家层面的技术规范，再到各个行业的技术准则，统一的技术路线和标准是打通市场隔阂的关键，也是各个巨头（西门子、Intel、IBM、微软）获取竞争壁垒的手段。

统信操作系统 UOS 于 2020 年 1 月 14 日正式发布。UOS 基于 Linux 内核，同源异构支持 4 种架构（AMD64、AMR64、MIPS64、SW64），支持龙芯、鲲鹏、飞腾、兆芯、申威、海光六大主流国产芯片，支持相应的笔记本、台式机、服务器等，因此，UOS 是相对可用且好用的国产自主操作系统。

UOS 操作系统以“六个统一”作为方针，作为国产操作系统生态的长远发展的思路，为操作系统的发展规范了技术路线、接口规范、标准、文档等关键指标。

（1）统一的版本：同源异构，同一份源代码构建支持不同 CPU 架构的 OS 产品，实现全平台系统同步更新维护。

（2）统一的支持平台：提供统一的编译工具链，并提供统一的社区支持。

（3）统一的应用商店和仓库：UOS 应用商店支持签名认证，提供统一、安全的应用软件发布渠道。

（4）统一的开发接口（ABI 和 API）：统一版本的运行和开发环境，在某 CPU 平台完成一次开发，即可在多种架构 CPU 平台完成构建。

（5）统一的标准规范：规范的测试认证，为适配厂商提供高效支撑，提供软硬件产品互认证。

（6）统一的文档：一致的开发文档、维护文档、使用文档，降低运维门槛。

四、VMware

VMware 虚拟机软件是一个“虚拟 PC”软件，它使你可以在一台机器上同时运行两个或更多 Windows、DOS、Linux 系统。与“多启动”系统相比，VMware 采用了完全不同的概念。多启动系统在一个时刻只能运行一个系统，在系统切换时需要重新启动机器。

VMware 虚拟机软件用来测试软件，比如测试安装操作系统（如 Linux）安装、测试病毒木马等。

VMware 是真正“同时”运行，多个操作系统在主系统的平台上，就像标准 Windows 应用程序那样切换。而且每个操作系统都可以进行虚拟的分区、配置而不影响真实硬盘的数据，可以通过网卡将几台虚拟机用网卡连接为一个局域网。

【任务实施】

一、安装虚拟机

1. 在 Windows 环境下安装 VMware

操作 1－1
虚拟机软件安装

在浏览器中输入“https://www.vmware.com/cn/products/workstation-pro.html”，进入 VMware 官网，如图 1.2 所示。单击左下角的“下载试用版”Workstation 16 Pro，进入下载虚拟机的页面，如图 1.3 所示。单击“Workstation 16 Pro for Windows”，下载 Windows 版本的虚拟机。

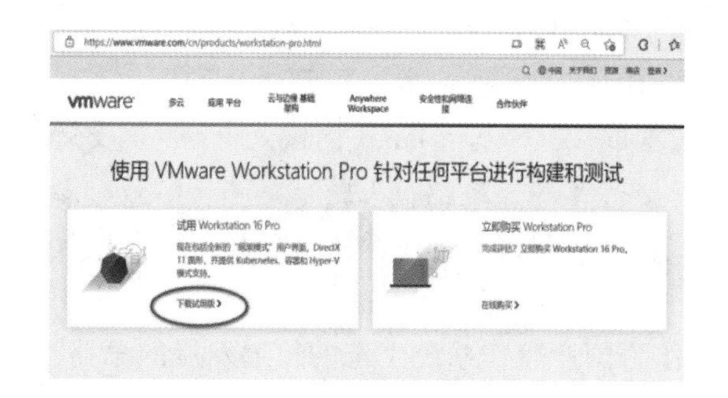

图 1.2　VMware 官网

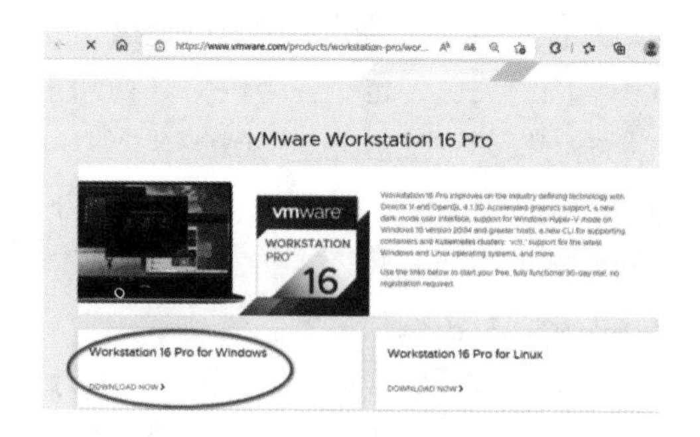

图 1.3　VMware 下载

2. 在统信 UOS 环境下安装 KVM 虚拟机

（1）在统信 UOS 桌面单击鼠标右键，在弹出的快捷菜单中选择“终端”命令，然后单击，在终端中打开，进入 UOS 的命令行模式，后面的操作不再使用鼠标，使用命令就能完成大部分操作。

（2）单击“控制中心”图标，如图 1.4（a）所示，进入“控制中心”窗口，如图 1.4（b）所示。

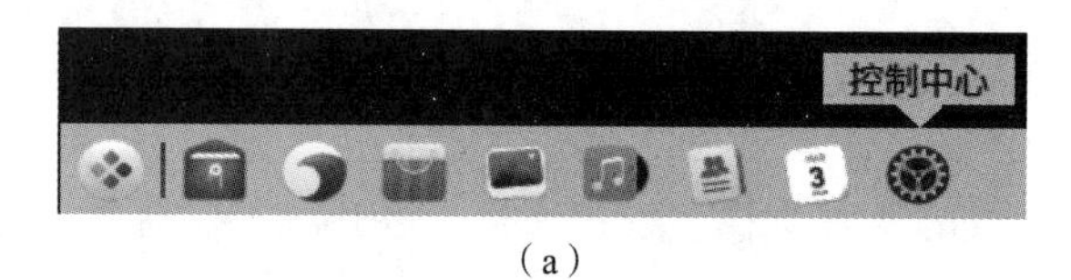

（a）

（b）

图 1.4　“控制中心”图标与窗口

（a）“控制中心”图标；（b）“控制中心”窗口

(3) 在“控制中心”窗口左侧选择“通用”→“开发者模式”选项，进入开发者模式，如图1.5所示。

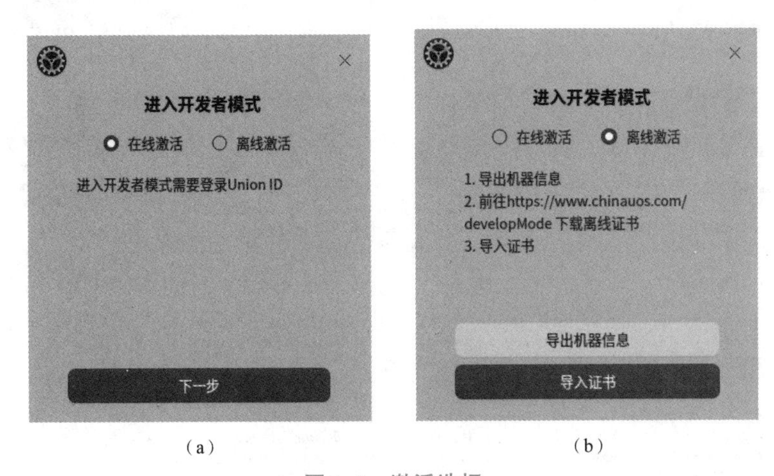

(a)　(b)

图1.5　激活选择

(a) 在线激活信息；(b) 离线激活信息

用户可以根据情况选择“在线激活”或“离线激活”，离线激活需要导出机器信息文件，前往官网下载离线证书并导入。

导入文件后，即可进入开发者模式（进入开发者模式需要重启）。

(4) 在终端界面输入以下代码来更新apt源，结果如图1.6所示。

```
sudo apt update
```

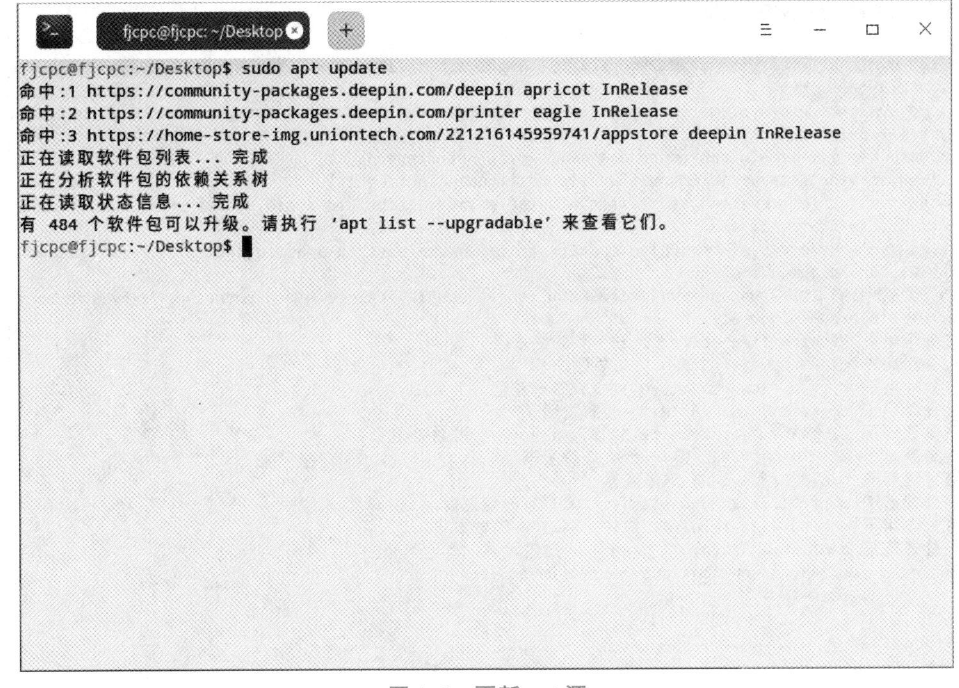

图1.6　更新apt源

（5）更新完 apt 源后，再输入以下代码来安装 KVM，结果如图 1.7 和图 1.8 所示。

```
sudo apt -y install libvirt0 libvirt-daemon qemu virt-manager bridge-utils libvirt-clients python-libvirt qemu-efi uml-utilities virtinst qemu-system
```

```
fjcpc@fjcpc:~/Desktop$ sudo  apt -y install libvirt0 libvirt-daemon qemu virt-manager bridge-utils libvirt-clients python-libvi
rt qemu-efi uml-utilities virtinst qemu-system
正在读取软件包列表... 完成
正在分析软件包的依赖关系树
正在读取状态信息... 完成
下列软件包是自动安装的并且现在不需要了：
  deepin-pw-check fbterm imageworsener libheif1 liblqr-1-0 libmaxminddb0 libqtermwidget5-0
  libsmi2ldbl libutempter0 libutf8proc2 libwireshark-data libwireshark11 libwiretap8
  libwscodecs2 libwsutil9 libx86-1 qtermwidget5-data squashfs-tools x11-apps x11-session-utils
  xbitmaps xinit
使用'sudo apt autoremove'来卸载它(它们)。
将会同时安装下列软件：
  gir1.2-gtk-vnc-2.0 gir1.2-libosinfo-1.0 gir1.2-libvirt-glib-1.0 gir1.2-spiceclientglib-2.0
  gir1.2-spiceclientgtk-3.0 gir1.2-vte-2.91 ipxe-qemu libbrlapi0.6 libcacard0 libcapstone4
  libfdt1 libgovirt-common libgovirt2 libgtk-vnc-2.0-0 libgvnc-1.0-0 libnss-mymachines
  libosinfo-1.0-0 libpam-systemd libphodav-2.0-0 libphodav-2.0-common libpmem1 librdmacm1
  libslirp0 libspice-client-glib-2.0-8 libspice-client-gtk-3.0-5 libspice-server1 libssh-4
  libsystemd0 liburing1 libusbredirhost1 libusbredirparser1 libvdeplug2 libvirglrenderer0
  libvirt-daemon-config-network libvirt-daemon-config-nwfilter libvirt-daemon-driver-lxc
  libvirt-daemon-driver-qemu libvirt-daemon-driver-vbox libvirt-daemon-driver-xen
  libvirt-daemon-system libvirt-daemon-system-systemd libvirt-glib-1.0-0 libvte-2.91-0
  libvte-2.91-common libxencall1 libxendevicemodel1 libxenevtchn1 libxenforeignmemory1
  libxengnttab1 libxenmisc4.11 libxenstore3.0 libxentoolcore1 libxentoollog1 libxml2-utils
  osinfo-db ovmf python-asn1crypto python-certifi python-cffi-backend python-chardet
  python-cryptography python-enum34 python-idna python-ipaddress python-openssl
  python-requests python-urllib3 python3-certifi python3-chardet python3-idna python3-libvirt
  python3-libxml2 python3-pkg-resources python3-requests python3-six python3-urllib3
  qemu-efi-aarch64 qemu-efi-arm qemu-system-arm qemu-system-common qemu-system-data
  qemu-system-gui qemu-system-mips qemu-system-misc qemu-system-ppc qemu-system-sparc
  qemu-system-x86 qemu-utils seabios spice-client-glib-usb-acl-helper systemd
  systemd-container systemd-timesyncd virt-viewer
建议安装：
  libosinfo-l10n libvirt-login-shell libvirt-daemon-driver-storage-gluster
```

图 1.7　安装 KVM

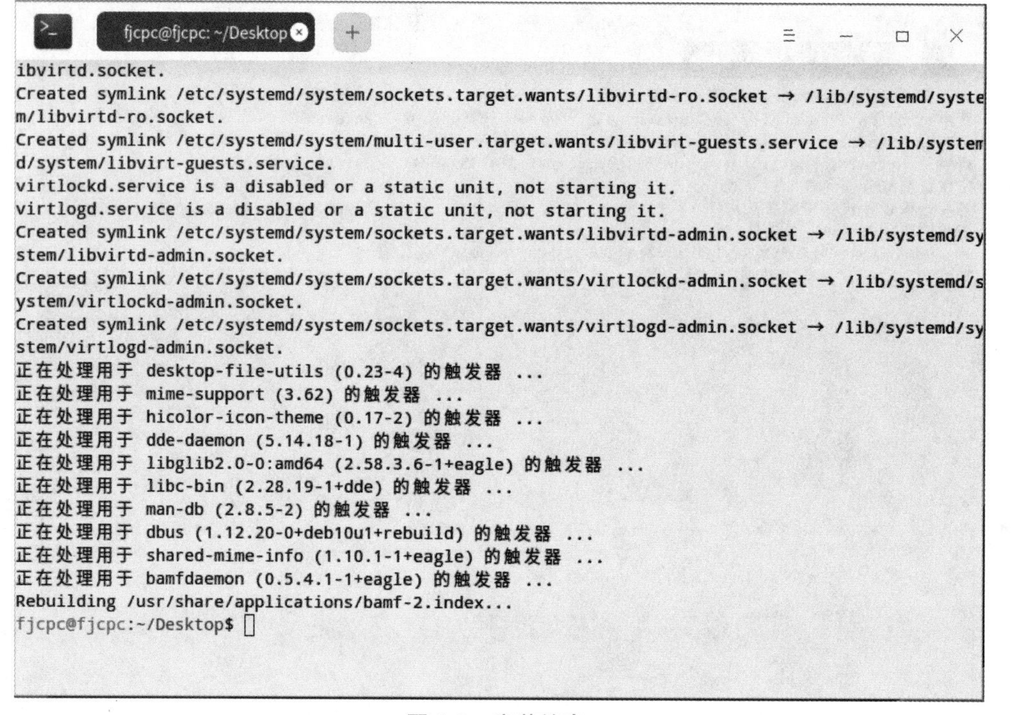

图 1.8　安装结束

（6）安装完 KVM 后，打开启动器，可根据自身情况选择是否需要发送到桌面，如图 1.9 所示。

（7）打开 KVM，进入 KVM 前，需要输入管理员密码以获得管理员权限。进入 KVM 后，选中 QEMU/KVM，然后单击“编辑”→“连接详情”→“虚拟网络”，如图 1.10 所示。

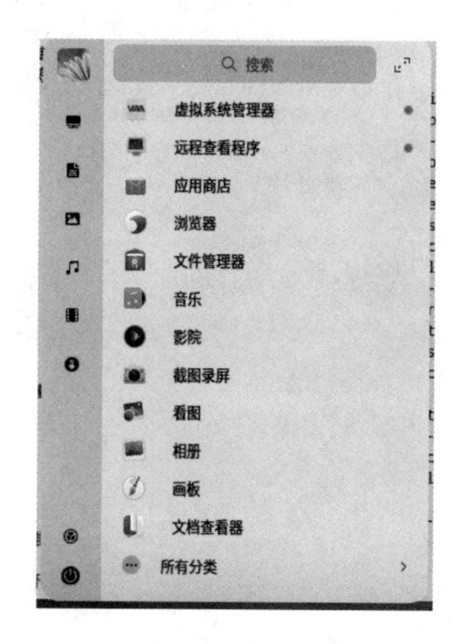

图 1.9　KVM

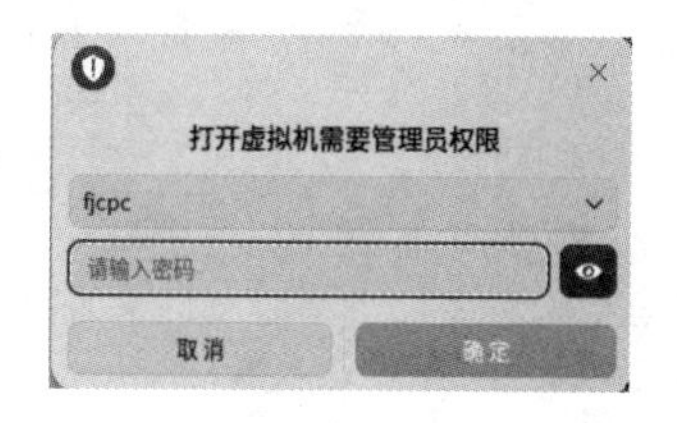

图 1.10　KVM 权限

（8）如图 1.11 所示，单击左下角的“+”。

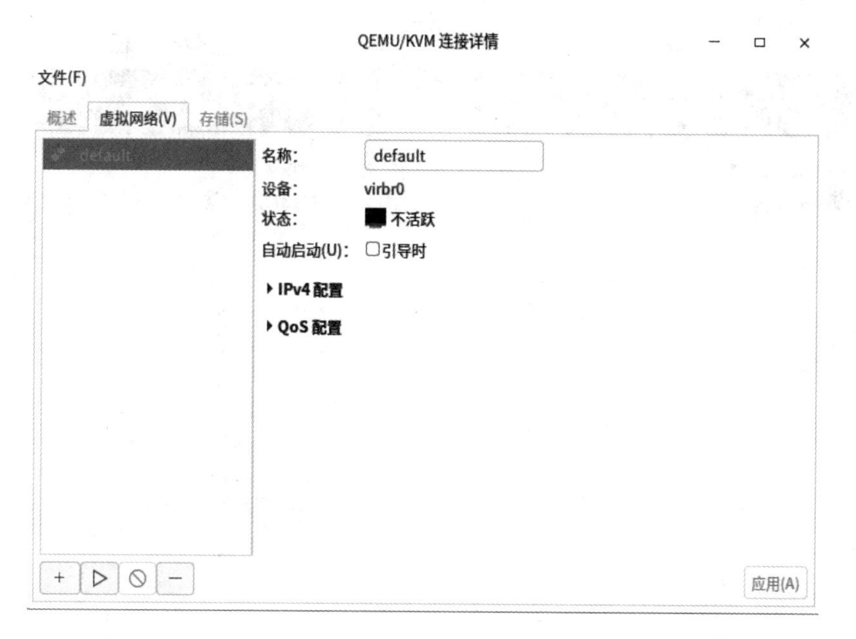

图 1.11　新建虚拟网络

（9）如图 1.12 所示，设置虚拟网络名称。

（10）设置虚拟网络的 DHCP 配置，这里默认即可，如图 1.13 所示。

图 1.12　虚拟网络名称　　　　图 1.13　IPv4 地址

（11）如图 1.14 所示，设置虚拟网络的 IPv6 配置，也是默认即可。

（12）选择“转发到物理网络”，并将目的改为“任意物理设备”，模式改为“NAT”，如图 1.15 所示。

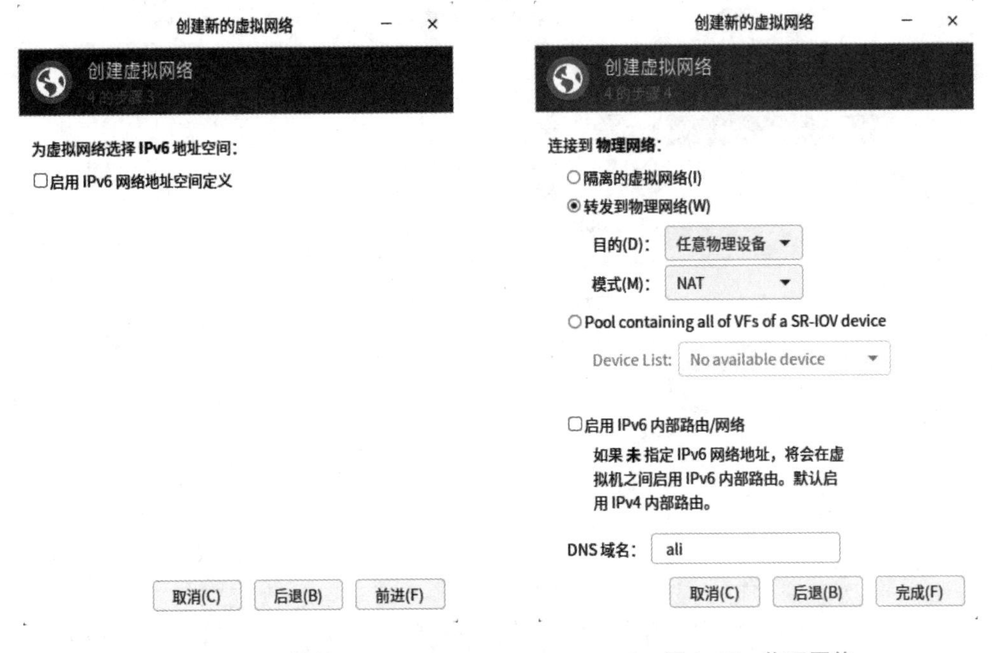

图 1.14　IPv6 地址　　　　图 1.15　物理网络

（13）以上操作完成后，单击“存储”选项卡，再次单击左下角的“+”，如图 1.16 所示。

图 1.16 新建存储卷

（14）存储卷的名称根据自身喜好进行更改，最大容量根据自身设备进行分配。这里的 qcow2 的优点是占用空间小、支持加密、快照、压缩等，如图 1.17 所示。

图 1.17 名称和容量

（15）如图 1.18 所示，创建完存储卷后，关闭即可查看连接详情，准备创建新的虚拟机。

（16）如图 1.19 所示，在虚拟网络和存储都设置完后，单击“创建”选项创建新的虚拟机。

（17）这里使用的是“本地安装介质”（本地安装需要在统信 UOS 里下载统信 UOS 镜像文件），可以选择其他安装方法，如图 1.20 所示。

（18）选择统信 UOS 镜像文件，如图 1.21 所示。

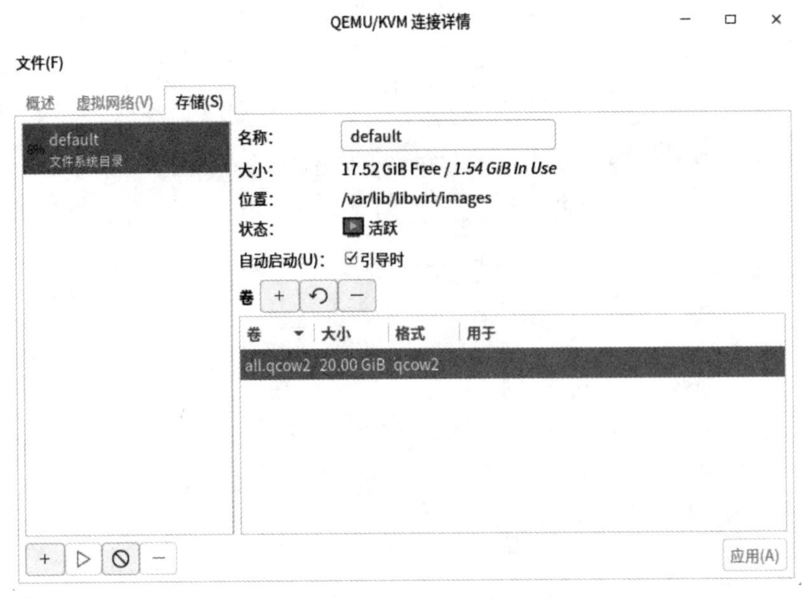

QEMU/KVM 连接详情
文件(F)
概述
虚拟网络(V)
存储(S)
default
文件系统目录
名称:
default
大小:
17.52 GiB Free / 1.54 GiB In Use
位置:
/var/lib/libvirt/images
状态:
活跃
自动启动(U):
引导时
卷
大小
格式
用于
all.qcow2 20.00 GiB qcow2
应用(A)

图 1.18　新建完毕

虚拟系统管理器
文件(F) 编辑(E) 查看(V) 帮助(H)
打开
名称
CPU 使用率
QEMU/KVM

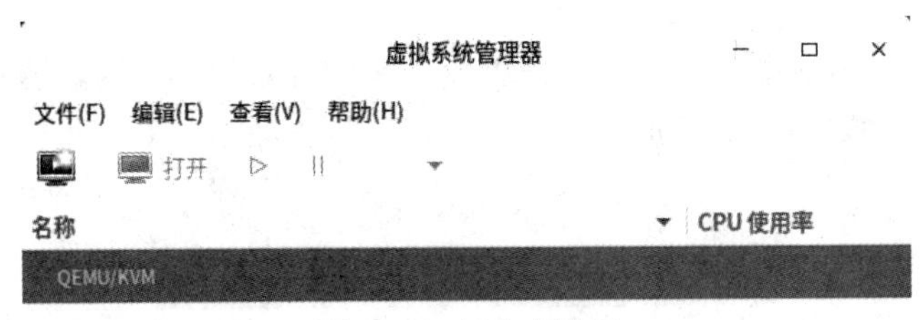

图 1.19　新建虚拟机

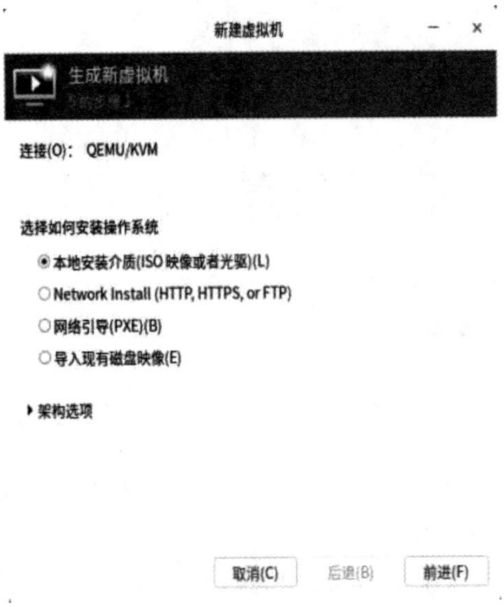

新建虚拟机
生成新虚拟机
连接(O): QEMU/KVM
选择如何安装操作系统
本地安装介质(ISO 映像或者光驱)(L)
Network Install (HTTP, HTTPS, or FTP)
网络引导(PXE)(B)
导入现有磁盘映像(E)
架构选项
取消(C)
后退(B)
前进(F)

图 1.20　系统安装选择

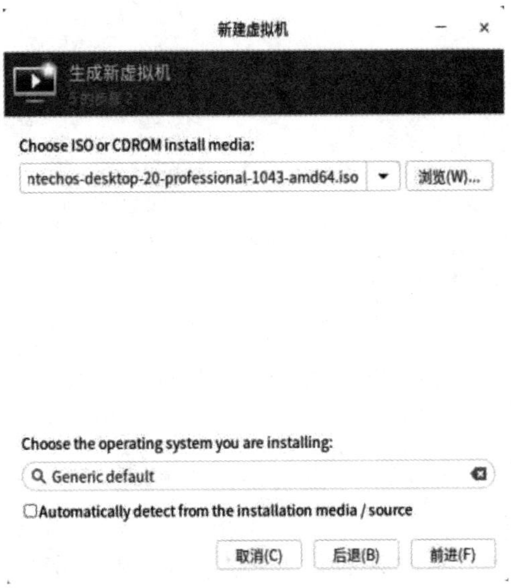

新建虚拟机
生成新虚拟机
Choose ISO or CDROM install media:
ntechos-desktop-20-professional-1043-amd64.iso
浏览(W)...
Choose the operating system you are installing:
Generic default
Automatically detect from the installation media / source
取消(C)
后退(B)
前进(F)

图 1.21　本地安装

（19）根据自身设备情况进行内存和 CPU 资源分配，如图 1.22 所示。

（20）单击“选择或创建自定义存储”，再单击“管理”按钮，找到之前创建的存储并选中，如图 1.23 所示。

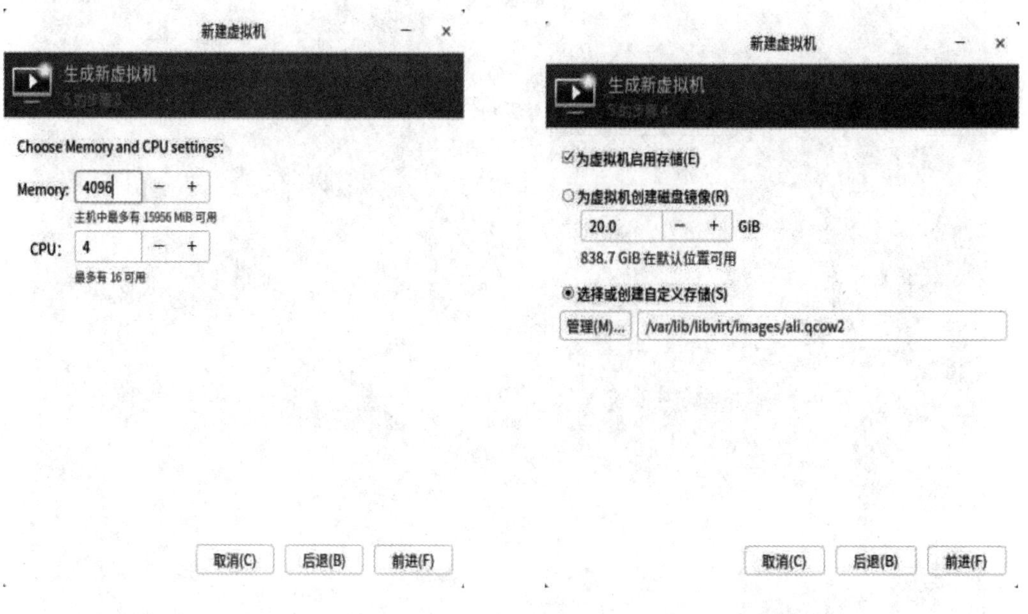

图 1.22　内存分配　　　　图 1.23　选择存储空间

（21）全部配置完成后，单击“完成”按钮即可，如图 1.24 所示。

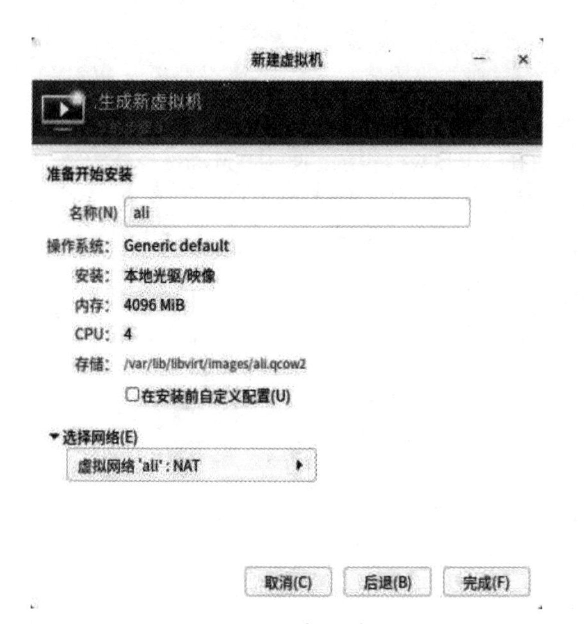

图 1.24　准备安装图

（22）如图 1.25 所示，进入系统后，跟随系统引导进行系统安装。

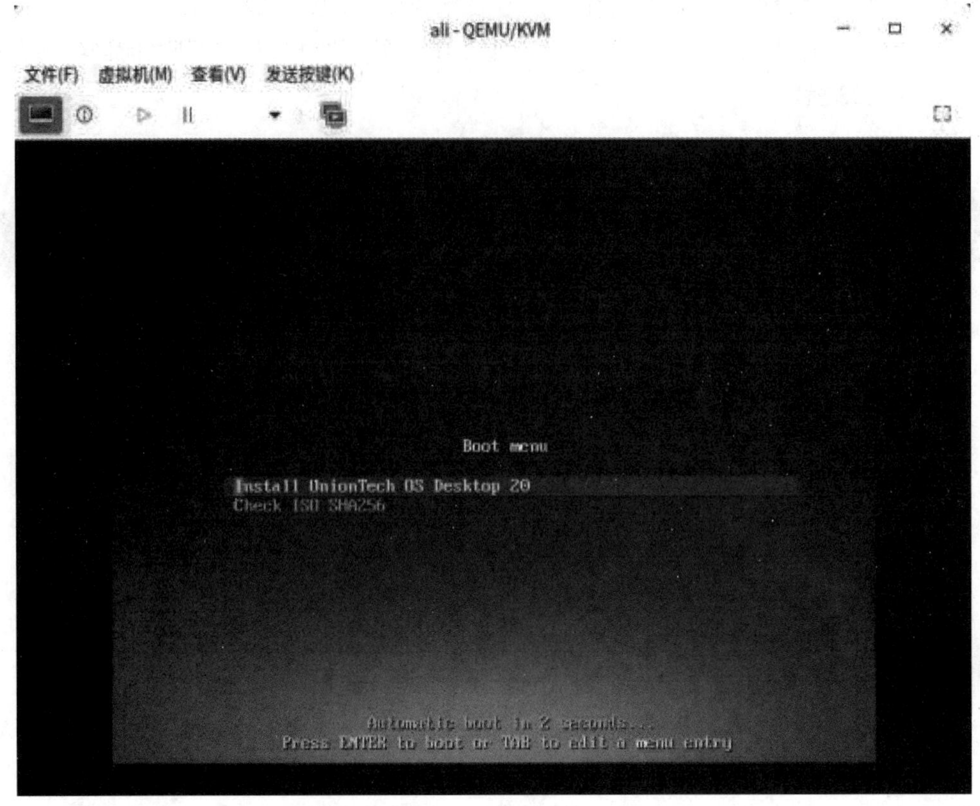

图 1.25 新建完毕

二、安装统信 UOS

1. 在虚拟机上安装

这里主要讲的是如何在 Windows 环境下使用 VMware 安装统信 UOS，在开始之前，需要提前下载好统信 UOS 镜像文件。

（1）打开 VMware，进入主界面，如图 1.26 所示。

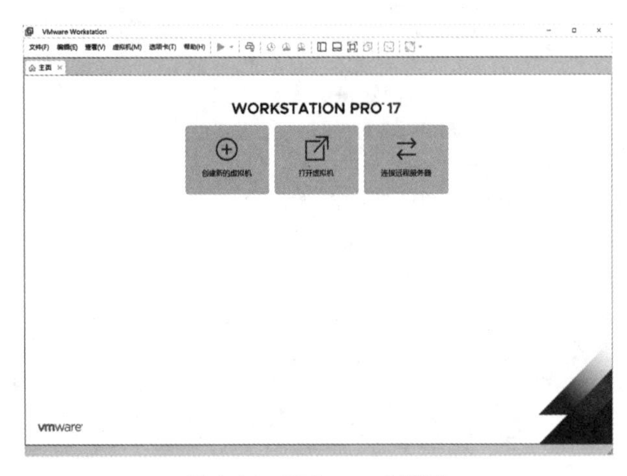

图 1.26 VMware 主界面

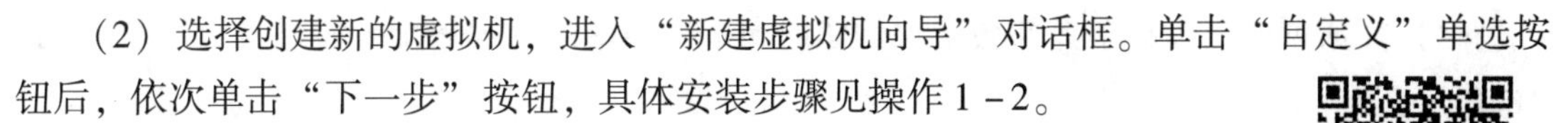

（2）选择创建新的虚拟机，进入“新建虚拟机向导”对话框。单击“自定义”单选按钮后，依次单击“下一步”按钮，具体安装步骤见操作 1－2。

操作 1－2
新建虚拟机

①在“选择虚拟机硬件兼容性”对话框中，硬件兼容性可根据 VMware 版本进行选择，低版本依此类推。

②在“安装客户机操作系统”对话框中，选择“稍后安装操作系统”，可以先进行虚拟机设置，设置完后再选择镜像文件安装系统。

③在“选择客户机操作系统”对话框中，客户机操作系统选择 Linux，版本选择 Debian 10. x。如果 VMware 版本较低，可能选择不了 Debian 10. x，可选择低版本 Debian。

④在“命名虚拟机”对话框中，可以设置虚拟机名称，位置建议选择在大容量硬盘分区上。

⑤在“处理器配置”对话框中，可以根据自身设备的情况配置处理器。

⑥在“此虚拟机的内存”对话框中，根据自身设备情况配置虚拟机的内容，建议不超过物理机内存的一半。

⑦在“网络类型”对话框中，网络类型选择桥接网络，有些设备桥接网络可能无法使用，后续可进行更改。

⑧在“选择 I/O 控制器类型”和“选择磁盘类型”对话框中，默认选择推荐的即可。

⑨在“选择磁盘”对话框中，选择创建新虚拟磁盘。

⑩在“指定磁盘容量”对话框中，根据自身设备配置磁盘容量，低于 64 GB 则无法安装系统，并选择将虚拟磁盘存储为单个文件。

⑪在“指定磁盘文件”对话框中，将磁盘文件更改至大容量硬盘分区。

（3）全部设置完毕后，弹出如图 1. 27 所示的对话框，单击“完成”按钮完成创建。

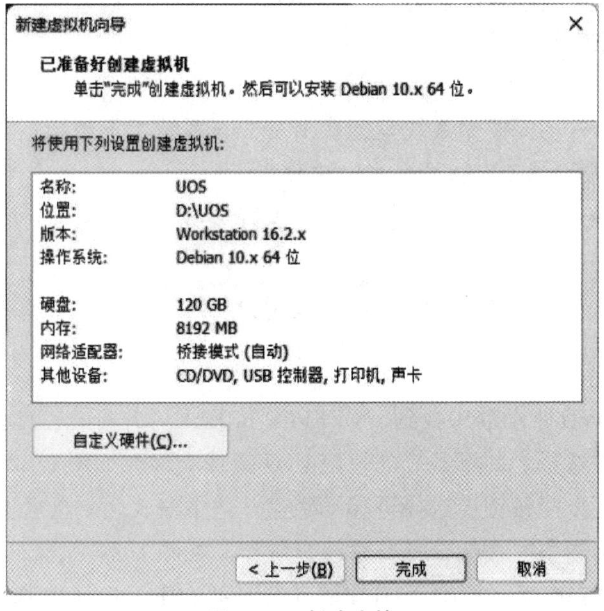

图 1. 27　创建完毕

（4）完成创建后，在主界面会出现创建的虚拟机，单击“编辑虚拟机设置”，如图 1.28 所示。

（5）在“虚拟机设置”对话框中选择“CD/DVD（IDE）”，并选择“使用 ISO 映像文件”，把之前下载的统信 UOS 镜像文件加载进去，如图 1.29 所示。

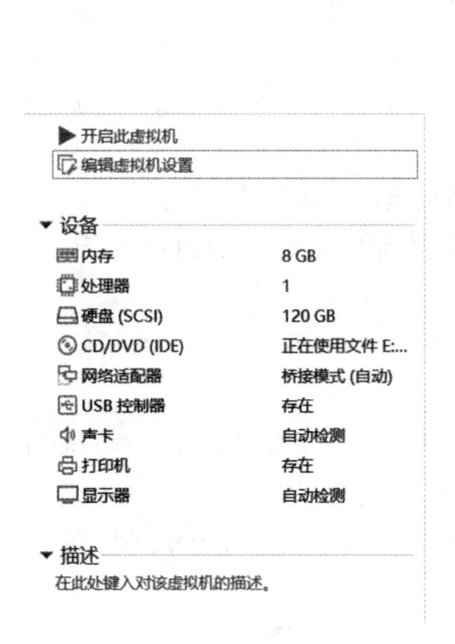

图 1.28　虚拟机设置

图 1.29　选择映像文件

操作 1－3
在虚拟机上安装 UOS 系统

（6）全部设置完毕后，单击“开启此虚拟机”，跟随系统引导进行安装，具体安装步骤见操作 1－3。

2. 裸机安装

裸机安装统信 UOS 前需要做系统盘，在 Windows 系统上下载统信 UOS 镜像文件和一个大于等于 8 GB 的可格式化的 U 盘。

（1）选中统信 UOS 镜像文件并右击，然后选择装载，如图 1.30 所示。

图 1.30　镜像文件

（2）在装载的 DVD 驱动器中找到“DEEPIN_B. EXE”并打开，如图 1.31 所示。

（3）插入 U 盘并选择之前下载好的统信 UOS 镜像文件，如图 1.32 所示。

（4）单击“下一步”按钮，选择可移动磁盘并选中格式化磁盘后，如图 1.33 所示。

（5）单击“开始制作”按钮，等待系统盘制作，如图 1.34 所示。

（6）系统盘制作完成后，选中“DVD 驱动器”并右击，选择“弹出”即可，如图 1.35 所示。

图 1.31　驱动器装载

图 1.32　选择镜像

图 1.33　选择磁盘

正在制作

正在制作，请稍候...

图 1.34　等待制作

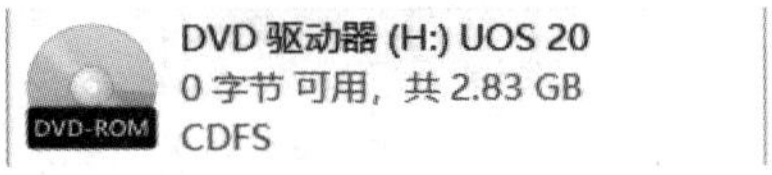

DVD 驱动器 (H:) UOS 20
0 字节 可用，共 2.83 GB
CDFS

图 1.35　驱动器弹出

（7）系统盘做好之后，进入 BIOS，更改启动项为“选择从 U 盘启动”，然后进入系统引导程序，系统安装选择“安装 UnionTech OS Desktop 20”选项，如图 1.36 所示。

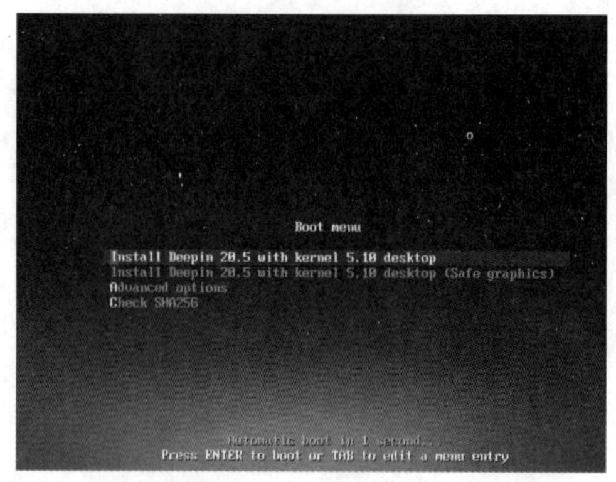

图 1.36　系统安装

（8）语言选择“简体中文”选项，如图 1.37 所示。

（9）在如图 1.38 所示的界面中选择可以安装系统的硬盘后，进入安装。

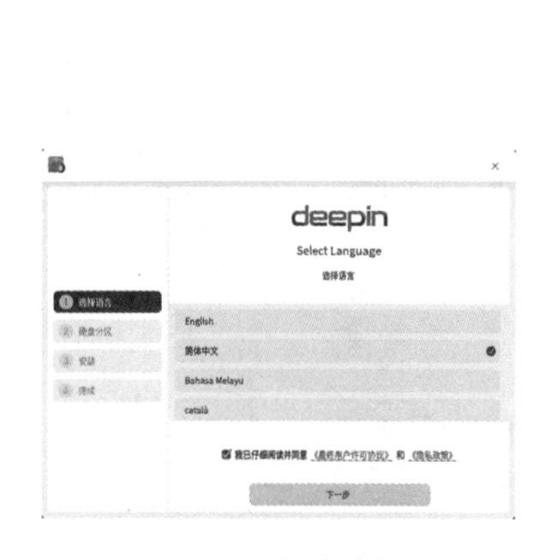

图 1.37　语言选择

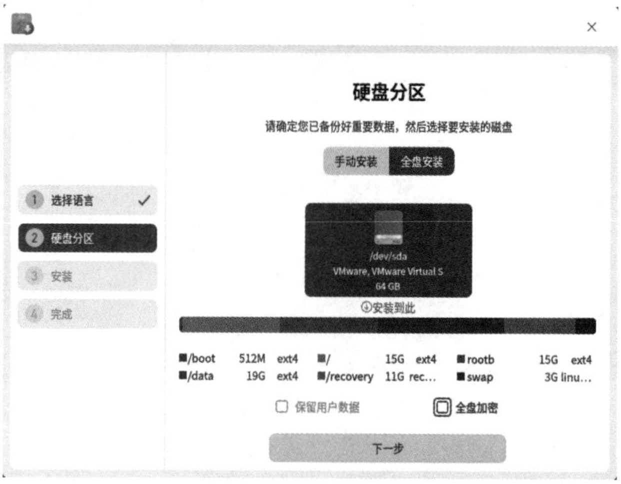

图 1.38　硬盘分区

（10）安装过程如图 1.39 所示。在准备安装完成后，需要重新启动系统，进入系统引导界面。

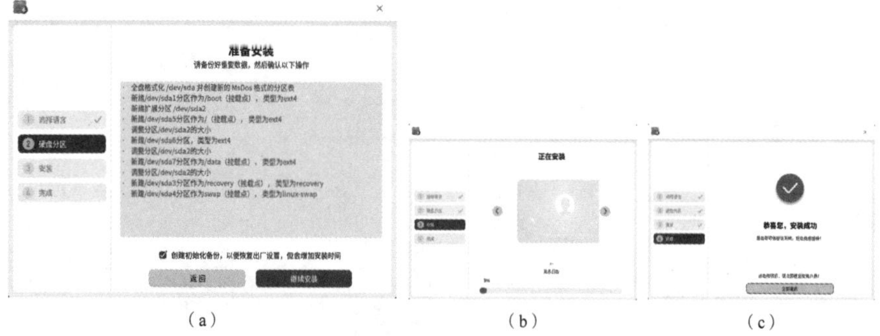

（a）　　（b）　　（c）

图 1.39　安装过程

（a）准备安装；（b）正在安装；（c）完成安装

（11）依次单击“下一步”按钮，完成各项系统设置，如图 1.40 所示。语言选择“简体中文”，键盘布局选择“汉语”，时区默认“上海”，然后单击“下一步”按钮进入账户设置，该阶段可根据自身喜好进行设置。

图 1.40　安装过程

（a）语言选择；（b）键盘布局；（c）账户创建

（12）设置完毕后，等待系统优化配置，优化完毕后，会自动进入系统，如图 1.41 所示。

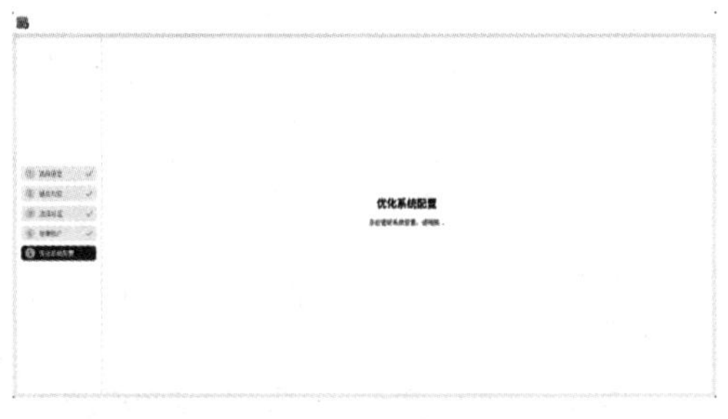

图 1.41　系统优化

【任务练习】 统信操作系统的安装

完成以下操作，提交操作视频，在表格中记录操作中出现的问题。

操作	操作中遇到的问题
在 Windows 环境下安装 VMware	
在统信 UOS 环境下安装 KVM 虚拟机	
在虚拟机上安装 UOS	
在裸机上安装 UOS	

任务二 统信 UOS 的基本操作

【任务描述】

在安装好统信操作系统后，小明需要掌握统信操作系统的基本操作，并能熟练使用该系统完成日常的工作任务。

【任务分析】

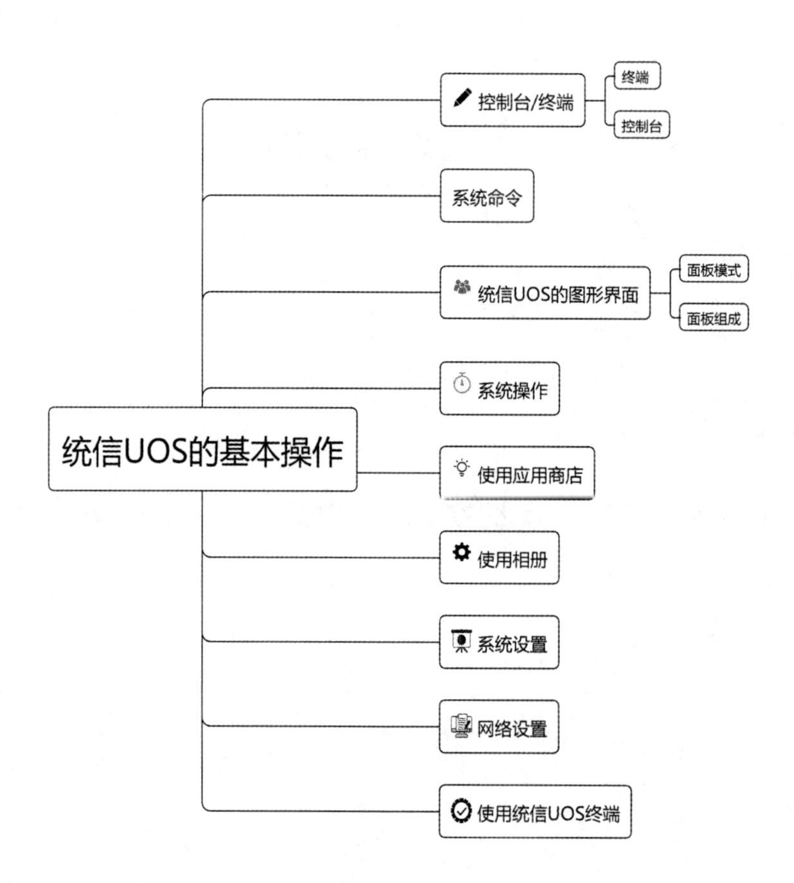

【知识准备】

一、控制台/终端（Console/Terminal）

用户可以通过按 Ctrl + Alt + T 组合键，或在系统桌面右击，打开终端界面，如图 1.42 所示。

图 1.42　UOS 终端

终端（又称终端机）是处理计算机主机输入/输出的一套设备，用来显示主机运算的输出，并且接受主机要求的输入，典型的终端包括显示器、键盘、打印机等。

在 Linux 操作系统中，我们常说的终端指的是虚拟终端或终端应用程序，可以通过它在图形用户界面中模拟一个图形终端。

显示系统消息的终端被称为控制台，Linux 默认所有虚拟终端都是控制台，控制台都能显示系统消息。另外，专门用来模拟终端设备的程序也可以称为控制台。

二、系统命令

1. sudo 命令

在统信 UOS 系统下，可在终端使用命令关闭或者重启系统，但每个命令的工作过程是不一样的。

获取 root 权限，语句如下：

```
sudo -i                                    #进入 root 用户
```

或者使用 sudo 命令借用 root 权限，语句如下：

```
sudo[要执行的代码]
```

2. halt 命令

halt 是最简单的关机命令，执行过程中，将终止所有的应用程序和系统，然后调用系统指令 sync 将所有数据存入存储介质中，最后关闭系统。其用法如下：

```
halt[-f][-p][-w][-n][-d][-i]
```

（1） -f：强制快速关闭或重启系统。

（2） -p：在关闭系统后关闭电源。

（3） -w：不真正重启或关机，而仅仅将关机写入文件里。

（4） -n：执行 halt 命令时，不调用系统指令 sync。

（5） -d：不记录此次关机情况。

（6） -i：在关机时关闭所有的网络接口。

3. reboot 命令

reboot 命令工作过程与 halt 基本一致，但 reboot 命令关机后会重新启动，其用法如下：

```
reboot
```

4. poweroff 命令

poweroff 命令等价于 halt -p 用法，关闭系统后关闭电源，其用法如下：

```
poweroff
```

5. init 命令

init 命令主要用于系统不同运行级别之间的切换，切换是立刻完成的。例如，init 0 将系统运行级别切换到 0（关机）；init 6 将系统运行级别切换到 6（重启系统）。其用法如下：

```
init[0-6]
```

init 命令可以修改运行级别。可选参数见表 1.1。

表 1.1 init 命令部分参数

运行级别	描述	运行级别	描述
init 0	关闭系统	init 4	用户自定义
init 1	单用户模式	init 5	完全多用户模式，X11 图形化界面模式
init 2	多用户模式，没有 NFS，没有图形界面	init 6	重启
init 3	完全多用户模式，标准命令行界面		

6. shutdown 命令

使用 halt、reboot、poweroff、init 命令关机时，命令发出就开始执行且操作不能撤销。shutdown 命令可以在真正执行系统关闭与命令发出之间指定一个时间延迟，让用户做好准备，执行 shutdown 命令时，计算机将在关机前向系统内的所有用户发出通知或警告信息。

使用 shutdown 命令可以安全地关闭系统。有些人会使用直接关闭电源的方法来关闭系统，这是十分危险的。在系统后台运行着很多进程，这些进程控制着系统的各种操作，如果强制关机，可能会造成系统的混乱，以致丢失数据。如果在系统工作负荷很高的情况下突然断电，不仅会损坏数据，甚至还会损坏硬件。

```
shutdown[-afFhknrc(参数名称)][-t 秒数]time(时间)[警告信息]
```

shutdown 命令的部分参数见表 1.2。

表 1.2　shutdown 命令的部分参数

参数	功能描述
-a	取消系统关机
-f	重启时不执行 fsck
-F	重新启动执行 fsck
-h	将系统关机，某种程度上功能与 halt 相当
-k	只是发送警告信息给所有用户，但并不会真正关机
-n	不调用 init 程序关机，而是由 shutdown 自己进行（一般关机程序是由 shutdown 调用 init 来实现关机动作的，使用此参数将加快关机速度，但不太建议使用）
-r	关机后重启系统
-c	取消前一个 shutdown 命令
-t	发送警告信息和关机信号之间要延迟的秒数
write	向系统中的某个用户发送消息
mesg	是否允许其他用户用 write 命令给自己发送消息
wall	广播信息。若不指定，则系统提供默认信息

若不带任何参数执行 shutdown 命令，会默认切换到运行级别 1。

当剩下的时间不足以设置 time 参数的时候，系统会自动生成/run/nologin 文件，拒绝普通用户登录。

shutdown 命令使用方法如下：

```
shutdown -r   now                          #立刻重新启动
shutdown -h   now                          #立刻关机
shutdown -k   now                          #发出警告信息,但并没有真正关机
    shutdown -h    19:18                   #19:18 关机
    shutdown -f/-F                         #重启时不执行/执行 fsck
    shutdown -r     +10                    #系统 10 分钟后重启
    shutdown        -a                     #取消系统关机任务
    shutdown -c                            #撤销已经发出的 shutdown 命令
    shutdownnow                            #切换至单用户模式
    mesg            y/n                    #是否允许其他用户给自己发送消息
    wall                                   #发送广播信息
```

三、统信 UOS 的图形界面

图形界面是在 Linux 操作系统中提供图形化的用户界面，其所支持的视窗系统也被称为 X – Window。X – Window 的工作方式与 Microsoft Windows 不同。Microsoft Windows 的图形界面与操作系统紧密结合，是操作系统的一部分；而 X – Window 并不是操作系统的一部分，而是 Linux 操作系统上运行的应用程序，可以不启动。Microsoft Windows 的图形支持是内核级的，而 Linux 的 X – Window 是应用程序级的。

X – Window 采用客户端/服务器模式，由 X 服务器、X 客户端和通信通道组成，X 服务器和 X 客户端可以运行于同一台主机上，也可以独立地运行于同一网络的不同主机上。

桌面系统是包括窗口管理器、面板、桌面，以及一整套应用程序和系统工具在内的套件。Linux 环境下广泛使用的桌面系统是深度操作系统、GNOME（GNU Network Object Model Environment）、KDE（K Desktop Environment）。

UOS 桌面基于 Deepin，Deepin 的画面流畅、美观，UOS/Deepin 可以设置为 Windows 风格的菜单栏，也可以设置为 Linux 风格的菜单，兼顾个性化和实用性。图形界面介绍见拓展阅读 1 – 6。

拓展阅读 1 – 6
图形界面

【任务实施】

一、系统操作

1. 登录系统

在用户登录界面选择用户登录，在输入框中输入密码，如图 1.43 所示。按 Enter 键或图标即可登录系统。根据自己机器的性能选择模式，在虚拟机环境下推荐使用普通模式。使用 UOS 系统，之后根据自己的喜好来初始化系统。首次登录成功后，进入的 UOS 桌面系统如图 1.44 所示。

图 1.43　用户登录界面

图 1.44　UOS 系统桌面

2. 激活统信 UOS 专业版系统

（1）进入 UOS 系统，单击左下角的图标，在弹出的快捷菜单中选择“控制中心”命令，进入“控制中心”页面，如图 1.45 所示。

图 1.45　“控制中心”页面

(2) 单击“通用”图标，进入“系统信息”页面。在左边的菜单列表中选择“系统信息”命令，进入“系统信息”页面，如图 1.46 所示。

图 1.46　“系统信息”页面

(3) 单击“关于本机 | 版本授权”命令，进入“版本授权”页面，如图 1.47 所示。输入序列号或者导入激活文件即可激活系统（激活文件一般为 . key 格式的文件）。

系统的试用期为 90 天。授权激活码和激活文件需要通过官方渠道获取进行激活。图 1.46 是统信社区版操作系统 - - 深度操作系统，该版本无需激活码，可免费使用。

3. 切换系统启动级别

使用下面的命令来查看系统默认的启动级别：

```
systemctl get -default
```

系统提供多个虚拟控制台，默认 6 个，使用 Alt + F1 ~ Alt + F6 组合键切换，在图形界面

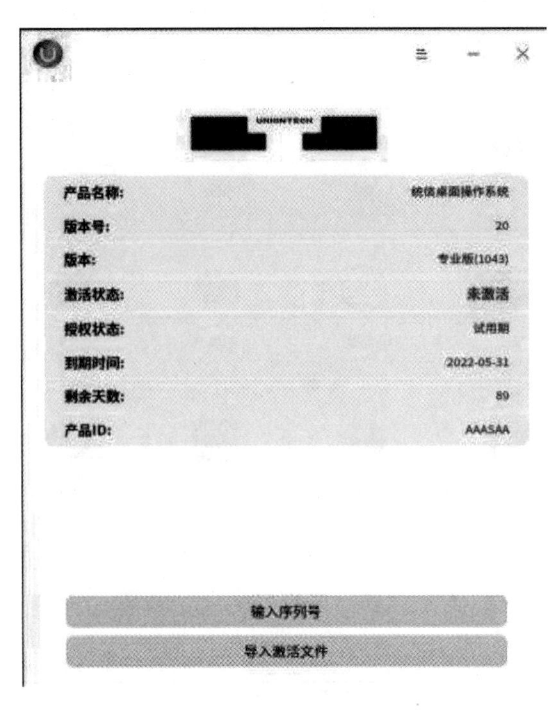

图 1.47 “版本授权”页面

可以按 Ctrl + Alt + F2 ~ Ctrl + Alt + F6 组合键切换到虚拟控制台，可以按 Ctrl + Alt + F1 组合键切换回图形界面之后，输入用户密码进入系统。

在终端下使用 init 或 telinit 命令来实现运行级别的切换，init 和 telinit 可视为同一个命令。命令的使用方法如下：

```
init[]              #[]内为表 1.1 中的 init 命令参数
telinit    []
```

操作 1 – 4
图形界面设置

4. 图形界面操作

在 UOS 图形界面下，用户可以使用应用商店，进行相册设置、系统个性化设置、网络设置等。图形界面设置的操作见操作 1 – 4。

二、使用统信 UOS 终端

1. 打开终端

单击左下角的“启动器”按钮，在弹出的菜单（图 1.48）中选择“所有分类”，再选择“系统管理”中的“终端”（图 1.49）即可打开终端。

终端打开样例如图 1.50 所示。

2. 认识终端

可以通过终端在图形界面中使用 UNIX shell 指令。

在终端界面中，通常有类似这样的字段：

```
uos@uos - PC: ~ $
```

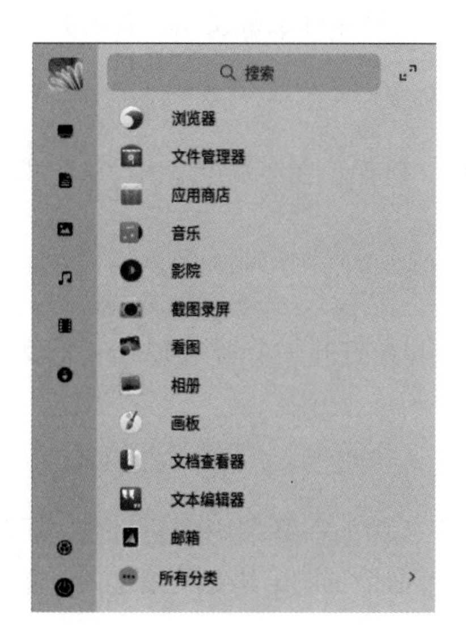

图 1.48　启动器菜单

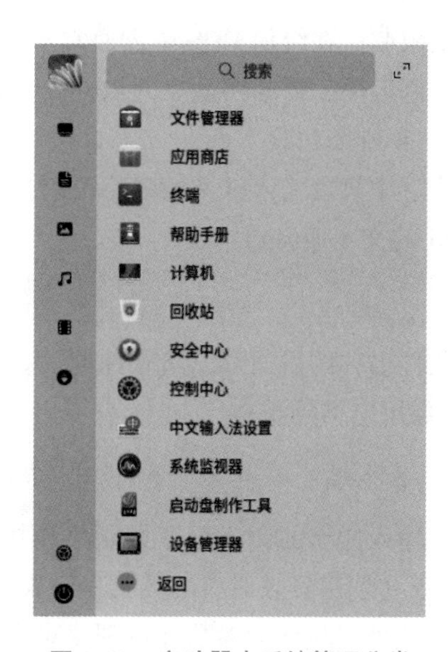

图 1.49　启动器中系统管理分类

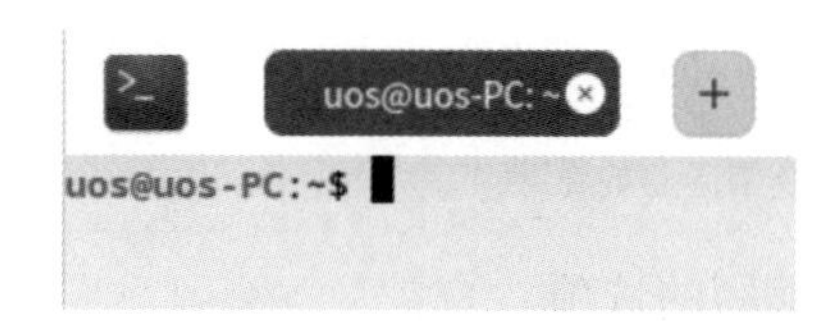

图 1.50　终端样例

（1）@前面的字段是用户名，用来提示执行指令的用户（如示例中的 uos），通过用户权限控制（将在后面的项目中讲到）可以轻松地控制不同用户的行为，保证计算机稳定地运行。

（2）@到：之间的字段是主机名，通过主机名可以方便地在域内识别设备，例如可以通过 uos – PC. local 代替计算机的 IP。主机名可用来识别和访问计算机。

（3）：到 $ 之间的字段是当前的工作目录，用来提示接下来执行的指令将以哪个磁盘路径作为“当前目录”，当需要在某个目录做大量操作的时候，可以通过./指代冗长的文件路径。首次打开终端时，通常显示的是 ~，这个符号指的是用户家目录，是一个专属于该用户的文件夹，默认该用户拥有在该目录下的所有权限，通常我们的操作都在这个目录下执行，所以这是一个经常访问的位置，用 ~ 指代，帮助用户轻松访问。

在某些情况下，可能会遇到类似这样的情况：

```
root@uos - PC: ~#
```

$ 变成了#，表示接下来的操作默认以超级用户（SuperUser）执行，这是一个非常危险的操作，意味着接下来的操作将不受保护地拥有计算机的完整控制权限，除非有特殊用途或计算机维护人员操作，建议所有用户通过更安全的方式操作：在命令前加 sudo，意思是这个操作将由替代的用户（Substitute User），如超级用户来执行（do），并且可以通过 sudoers 来配置权限限制。在统信 UOS 中，通常不需要超级用户权限即可正常使用。如需获得计算机的完整控制权限，需参照前文开启开发者模式。

3. Shell 命令快速入门

在终端中直接输入软件的名称可以打开应用软件，例如，在终端中输入“vi”即可打开名称为 vi 的文本编辑器：

```
$vi                          #打开名称为 vi 的文本编辑器
```

在软件名称的后面可以给软件传入参数，例如，用 vi 打开一个名叫 123.txt 的文本文件（多个参数用空格隔开）：

```
$vi 123.txt                  #打开名称为 123.txt 的文本文件
```

直接输入操作的命令可以控制终端执行某个操作，例如在终端中创建目录，可以使用 mkdir 命令（创建目录对应的英文是 make directory，该命令 mkdir 其实就是这两个单词的简写）加上文件名称作为参数即可创建对应名称目录。

```
$mkdir 123                   #创建名称为 123 的目录
```

通过在软件名或者某个操作后面加上带有 -- 的字段为操作添加选项。

```
$vi --help                   #查看 vi 的帮助信息
```

通常可以通过一个 - 使用缩写的选项。

```
$vi -h                       #使用缩写打开 vi 的帮助信息
```

4. 在终端中获取帮助

手册页是在 UNIX 或类 UNIX 操作系统在线软件文档的一种普遍的形式，内容包括计算机程序（库和系统调用）、正式的标准和惯例，甚至是抽象的概念。用户可以通过执行 man 命令调用手册页。

为查阅某个 UNIX 命令的手册页，用户可以在终端执行如下命令：

```
man[选项…][章节]手册页…
```

例如，“man mkdir”。为了方便用户查阅输出的信息，man 命令一般会提供一个 less 终端分页器。

常用的选项可以通过 man --help 来查询手册页的帮助信息，如图 1.51 所示。

所有的手册页遵循一个常见的布局，通过简单的 ASCII 文本展示，这种情况下可能没有任何形式的高亮或字体控制。一般包括 NAME（名称）、SYNOPSIS（概要）、DESCRIPTION（说明）、EXAMPLES（示例）、SEE ALSO（参见），见表 1.3。

手册页也可能存在其他内容，但这些部分没有得到跨手册页的标准化。常见的内容包括 OPTIONS（选项）、EXIT STATUS（退出状态）、ENVIRONMENT（环境）、BUGS（程序漏洞）、FILES（文件）、AUTHOR（作者）、REPORTING BUGS（已知漏洞）、HISTORY（历史）和 COPYRIGHT（著作权）。功能选项见表 1.4 ~ 表 1.6。

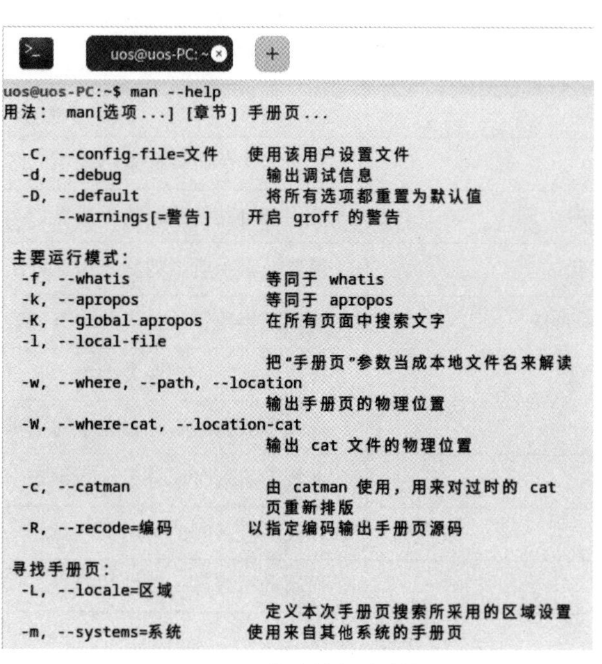

图 1.51　终端的帮助信息

表 1.3　帮助信息的功能布局

功能布局	说明
NAME（名称）	命令或函数的名称，接着是一行简介
SYNOPSIS（概要）	对于命令，该摘要描述该命令如何使用，比如描述该命令需要的参数格式和操作的对象
DESCRIPTION（说明）	命令或函数功能的文本描述
EXAMPLES（示例）	常用的一些示例
SEE ALSO（参见）	相关命令或函数的列表

表 1.4　主要运行模式

选项	解释
-f, --whatis	等同于 whatis
-k, --apropos	等同于 apropos
-K, --global-apropos	在所有页面中搜索文字
-l, --local-file	把“手册页”参数当成本地文件名来解读
-w, --where, --path, --location	输出手册页的物理位置
-W, --where-cat, --location-cat	输出 cat 文件的物理位置
-c, --catman	由 catman 使用，用来对过时的 cat 页重新排版
-R, --recode=编码	以指定编码输出手册页源码

表 1.5　寻找手册页

选项	解释
-L, --locale=区域	定义本次手册页搜索所采用的区域设置
-m, --systems=系统	使用来自其他系统的手册页
-M, --manpath=路径	设置搜索手册页的路径为 PATH
-S, -s, --sections=列表	使用以半角冒号分隔的章节列表
-e, --extension=扩展	将搜索限制在扩展类型为“扩展”的手册页之内
-i, --ignore-case	查找手册页时不区分大小写字母
-I, --match-case	查找手册页时区分大小写字母
-a, --all	寻找所有匹配的手册页
-u, --update	强制进行缓存一致性的检查

表 1.6　控制格式化的输出

选项	解释
-P, --pager=PAGER	使用 PAGER 程序显示输出文本
-r, --prompt=字符串	给 less 分页器提供一个提示行
-7, --ascii	显示某些 latin1 字符的 ASCII 翻译形式
-E, --encoding=编码	使用选中的输出编码
-p, --preprocessor=字符串	字符串表示要运行哪些预处理器
-t, --troff	使用 groff 对手册页排版
-T, --troff-device[=设备]	使用 groff 的指定设备
-H, --html[=浏览器]	使用 www-browser 或指定浏览器显示 HTML 输出
-X, --gxditview[=分辨率]	使用 groff 并通过 gxditview（X11）来显示
-Z, --ditroff	使用 groff 并强制它生成 ditroff
-?, --help	显示此帮助列表
-V, --version	打印程序版本

选项完整形式所必需用的或是可选的参数，在使用选项缩写形式时，也是必需的或是可选的。

【任务练习】 统信 UOS 的基本操作

完成以下操作，提交操作视频，在表格中记录操作中出现的问题。

实现功能	操作中出现的问题
登录系统	
聊天软件 QQ 的安装	
创建个性化的相册	
创建普通用户并赋予初始密码	
查看本机 IP 配置情况	
打开终端	

【项目总结】

小明通过本项目统信操作系统基本操作的学习，了解了深度系统的由来及其与 UOS 之间的关系，掌握了 UOS 的六大特点，学会了 VMware 软件的使用，能够在 Windows 和 UOS 环境下安装 VMware，并学会了两种方式安装 UOS 的方法；在掌握了安装统信 UOS 系统的基础上，小明进一步学习了控制台的使用，系统命令、应用商店软件的使用和系统设置等操作。通过本项目的学习，小明掌握了统信操作系统的基本操作，并能够完成将公司的服务器系统变更为统信操作系统的工作任务。

【项目评价】

序号	学习目标	学生自评
1	安装虚拟机	□会安装□基本会安装□不会安装
2	安装统信 UOS	□会安装□基本会安装□不会安装
3	系统操作	□会操作□基本会操作□不会操作
4	使用应用商店	□会操作□基本会操作□不会操作
5	使用相册	□会操作□基本会操作□不会操作
6	系统设置	□会设置□基本会设置□不会设置
7	网络设置	□会设置□基本会设置□不会设置
8	使用统信 UOS 终端	□会操作□基本会操作□不会操作
自评得分		

项目二

统信操作系统的基本命令与管理

【项目场景】

小华新进入一家公司，公司所使用的电脑是统信 UOS，需要小华掌握统信系统的基本操作和管理操作，需要会对具体目录进行操作与管理，对文件的属性和位置进行修改，掌握当前系统的基本使用，管理当前系统上的服务器、环境和网络，以及软件包安装管理、进程管理、防火墙配置等。

【项目目标】

知识目标

- 熟悉目录操作的基本命令及命令的基本参数。
- 熟悉文件操作的基本命令及命令的基本参数。
- 熟悉系统操作的基本命令及命令的基本参数。
- 熟悉系统管理的基本命令及命令的基本参数。

技能目标

- 会使用目录操作命令，并能够选择目录操作命令的参数。
- 会使用文件操作命令，并能够选择文件操作命令的参数。
- 会使用系统操作命令，并能够选择系统操作命令的参数。
- 会使用系统管理操作命令，并能够选择系统管理命令的参数。

素质目标

- 具有发现问题、分析问题和解决问题的能力。
- 具有主动学习知识的意识。
- 具有良好的心理素质和克服困难的能力。
- 培养精益求精、密益求密的工作态度。
- 培养认真负责、善于思考总结的工作作风。

任务一　目录操作

【任务描述】

在本任务中，小华在/data 目录下按照要求查看满足条件的文件，创建满足要求的目录，删除不需要的目录，切换到需要修改的目录，并查看当前文件所在目录。

【任务分析】

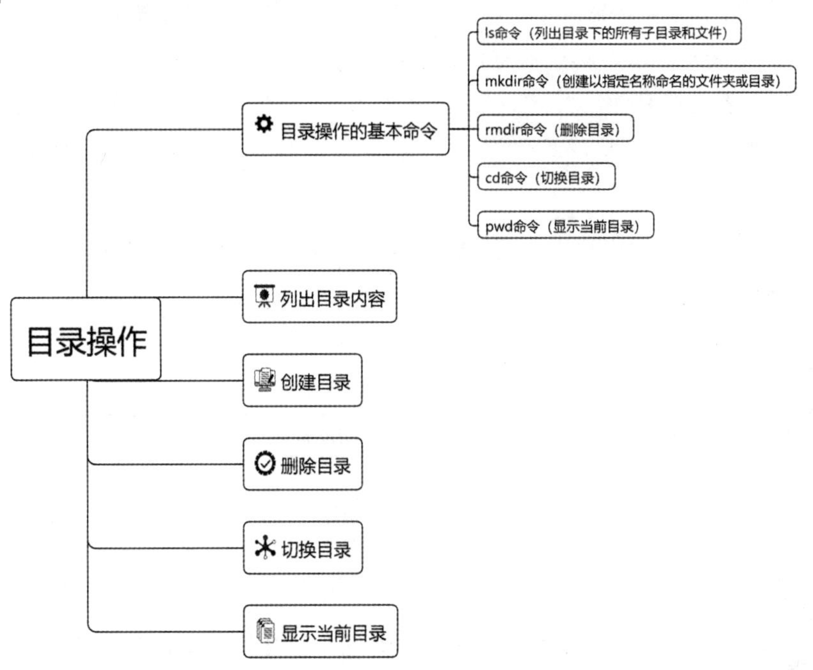

【知识准备】　目录操作的基本命令

目录操作的基本命令有 ls、mkdir、rmdir、cd、pwd。

1. ls 命令

ls 命令原意为 list，即列出，用来列出目录下所有的子目录与文件，是用户常用的命令之一，与 DOS 下的 dir 命令功能类似，其命令格式如下：

```
ls[选项][文件或目录]
```

ls 命令常用选项见表 2.1。

表 2.1　ls 的命令常用选项

选项	功能描述
-a	列出所有文件及目录，以点“.”开头的为隐藏文件，默认情况下不会列出
-l	以详细信息的形式列出当前目录下的文件
-R	递归列出目录及子目录

续表

选项	功能描述
-d	列出目录的时候只列出目录名称而不列出目录下的内容，即只查看目录属性
-i	列出目录的时候显示 i 节点信息
-r	将文件以相反排序方式列出
-x	按行显示（默认列表显示）

说明：

(1) ls 命令位于/bin 的目录下，系统还有一个别称是 ll，同等于 ls -l。

(2) Linux 文件或目录名称最长可以有 265 个字符。

(3) “.” 代表当前目录，“..” 代表上一级目录，以 “.” 开头的文件为隐藏文件。

(4) 需要使用参数 -a 才能显示。

2. mkdir 命令

mkdir 命令在指定位置创建以指定文件名命名的文件夹或目录，其命令格式如下：

```
mkdir[选项][目录名]
```

常用选项见表 2.2。

表 2.2 mkdir 命令常用选项

选项	功能描述
-v	查看文件创建过程
-p	如果路径中的文件不存在，则先创建目录

说明：

(1) 要创建文件夹或目录的用户必须对所创建文件夹的父文件夹具有写权限。

(2) 创建的文件夹（目录）不能与其父目录（即父文件夹）中的其他文件重名。

3. rmdir 命令

rmdir 命令在一个目录中删除一个或多个子目录，其命令格式如下：

```
rmdir[ -p]目录
```

在 rmdir 命令中添加参数 -p，该命令将会在删除指定目录中检测上层目录，如果上层目录已空，则将其一并删除。

说明：

(1) 删除某目录时，必须具有对父目录的写权限。

(2) 使用参数 -p 时，如果其子目录是空的，则一起删除。

4. cd 命令

cd 命令用来切换目录，改变用户当前工作目录，其命令格式如下：

```
cd[目录]
```

注意：该命令没有选项，其参数不可省略。

5. pwd 命令

pwd 命令用来显示当前目录，其命令格式如下：

```
pwd
```

【任务实施】

本任务对/data 目录进行以下操作。

一、列出目录内容

（1）按照时间排序，列出当前目录下所有名称以 a 开头的文件，命令如下：

```
$ls -ltr a*
```

（2）递归列出目录及子目录：

```
$ls -lR /bin/*
```

（3）列出所有文件名以“.”开头的文件，命令如下：

```
$ls -ad .*
```

（4）列出当前目录，在目录名字后面加/，可执行目录加“*”，命令如下：

```
$ls -AF
```

（5）以长格式列出文件并列出文件和 i 节点号，命令如下：

```
$ls -lid /usr
```

ls -lid /usr 输出中有以下内容：

	131 075	d	rwxr-xr-r	15	root	root	4 096	11 月 16 15:25	/usr
区域：	①	②	③	④	⑤	⑥	⑦	⑧	⑨

每个区域的意义如下：①i 节点号；②文件类型；③权限；④链接数；⑤主；⑥组；⑦普通文件表示长度，特别文件表示主次设备号；⑧最后修改时间；⑨文件名称。

二、创建目录

（1）在工作目录下，创建一个名称为 temp 的子目录，命令如下：

```
$mkdir temp
```

（2）一次性创建多个目录，命令如下：

```
$mkdir temp2 tmep3 tmep4
```

（3）在目录 temp5 下创建子目录 temp6，如果 temp5 不存在，则一同创建，命令如下：

```
$mkdir -p temp5/temp6
```

不使用 -p 参数时，如果父目录不存在，则子目录也不存在。

三、删除目录

（1）删除子目录 temp，如果目录不为空，则报错，命令如下：

```
$rmdir temp
```

（2）删除目录的同时删除其子目录，命令如下：

```
$rmdir -p temp5/temp6
```

如果目录 temp5 只有子目录 temp6，而子目录 temp6 为空，功能和上面的命令相同。

（3）先删除子目录 temp6，再删除父目录 temp5，命令如下：

```
$rmdir temp5/temp6; rmdir temp5
```

不使用 -p 参数，只删除 temp5/temp6，而目录 temp5 被保留下来。

四、切换目录

（1）切换到目录 tmp，命令如下：

```
$cd /tmp
```

（2）返回刚离开的目录，命令如下：

```
$cd -
```

该命令的功能与 cd $OLDPWD 相同。

（3）切换到上级目录，命令如下：

```
$cd ..
```

（4）切换到用户目录 $HOME，命令如下：

```
$cd
```

该命令的功能与 cd $HOME 的相同。

五、显示当前目录

（1）进入目录/dev，命令如下：

```
$cd /dev
```

（2）显示逻辑位置：/dev，命令如下：

```
$pwd -L
```

（3）显示物理位置：/dev，命令如下：

```
$pwd -P
```

【任务练习】 目录操作命令的使用

实现功能	语句
改变当前目录，切换到/home 目录下	
在当前目录下创建子目录 temp	
列出当前目录下所有以 a 开头的文件	

任务二　文件操作

【任务描述】

本任务中，小华要对文件进行查看、移动、复制、删除等基本操作，并对文件的属性、文本文件进行修改，对目录和文件进行比较。

【任务分析】

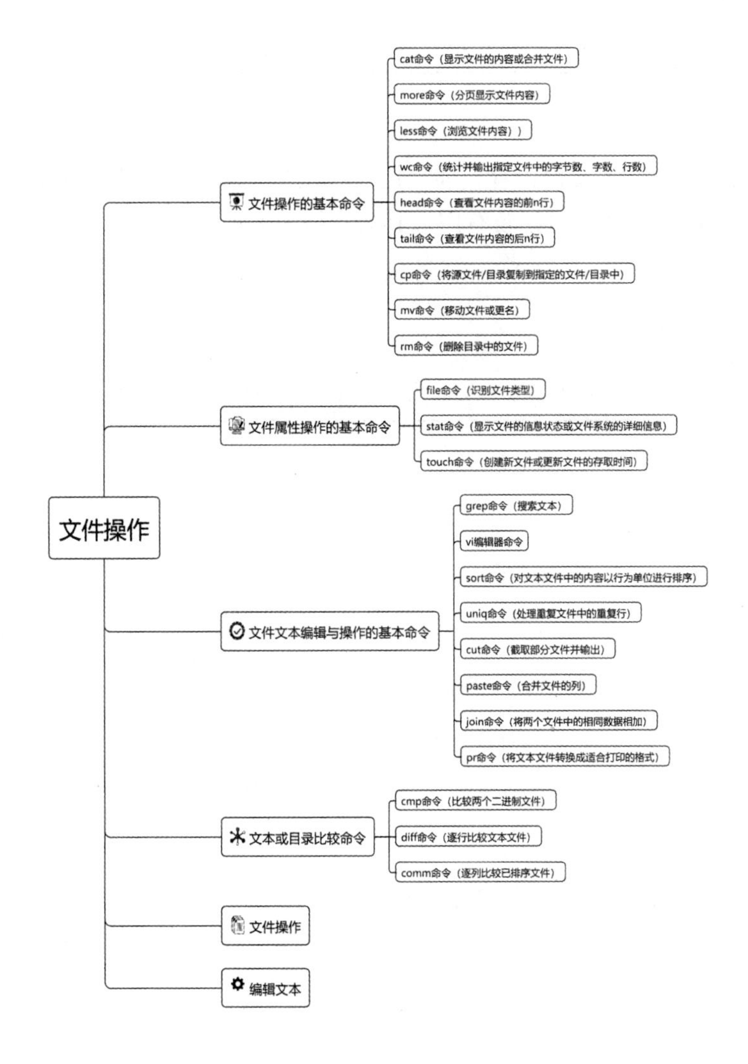

【知识准备】

一、文件操作的基本命令

文件操作的基本命令有 cat、more、less、wc、head、tail、cp、mv、rm/unlink 等。

1. cat 命令

cat 命令用来显示文件的内容或合并文件，其命令格式如下：

```
cat[选项][文件名]
```

cat 命令的部分选项见表 2.3。

表 2.3 cat 命令的部分选项

选项	功能描述	选项	功能描述
-E	在行末加 $	-S	当有一个或多个空行时只显示一个
-n	为所有行添加行号	-b	输出时不为空行添加行号
-T	将 Tab 键显示^I(Ctrl+I)	-v	显示所有内容。除了 Enter 键和 Tab 键外

2. more 命令

more 命令用来分页显示文件内容，能让用户一次只能分一行文件内容或一屏文件内容，在阅读文件内容比较多的文件时比较有用。其命令格式如下：

```
more[文件名]
```

more 的命令常用快捷键见表 2.4。

表 2.4 more 命令的常用快捷键说明

命令	功能描述
空格键	查看下一屏
回车键	往下滚动一行
b 键	往前查看一屏
q 键	退出
? 键	查看帮助
! cmd	执行 shell 命令

3. less 命令

less 命令用来浏览文件内容，其命令格式如下：

```
less[选项][文件名]
```

使用 more 命令浏览文件内容时，只能不断向后翻看，而使用 less 命令浏览时，既可以

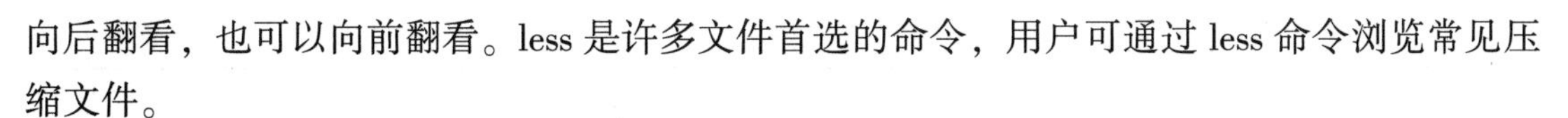

向后翻看，也可以向前翻看。less 是许多文件首选的命令，用户可通过 less 命令浏览常见压缩文件。

4. wc 命令

wc 命令用来统计指定文件中的字节数、字数、行数，输出统计结果，其命令格式如下：

```
wc[-c][-m][-w][-l][-L][文件名]
```

（1）[-c] [-m]：统计字节数；

（2）[-l]：统计行数；

（3）[-w]：统计单词字数，一个字被理解为由空白、跳格或换行字符分割的字符串；

（4）[-L]：统计最长行的字节；

（5）[文件名]：wc 命令要统计的文件。

5. head 命令

head 命令用来查看文件内容的前 n 行，其命令格式如下：

```
head[n][文件名]
```

6. tail 命令

tail 命令与 head 命令相反，用来查看文件的后 n 行内容，其命令格式如下：

```
tail[n][文件名]
```

7. cp 命令

cp 命令将源文件或源目录复制到指定的文件或目录中，其命令格式如下：

```
cp[选项][源文件或目录][目的文件或目录]
```

cp 命令的部分选项见表 2.5。

表 2.5　cp 命令部分选项

选项	功能描述
-i	在要覆盖目标文件时，会向用户确认是否覆盖，用户回答 y 时会进行覆盖，否则不覆盖
-f	在覆盖目标文件时，如果不是一个目录，则强制覆盖
-b	如果目标文件是存在的，则文件先进行备份。采用默认的备份方案，简单备份，后缀名是“~”，并且只能够保存一个备份
--backup [=CTL]	提供备份方案，按 CTL 控制方式备份
-S	提供后缀，用来指定备份的标识，默认的后缀名是“~”
-a	保留文件的结构和属性，不保留文件的目录结构
-s	不进行复制，只创建符号链接
-l	创建硬链接，并非进行复制

续表

选项	功能描述
– attributes – only	仅复制属性
-- copy – contents	在复制设备文件的时候，复制其内容
– H	跟踪源文件里的符号链接
– n	不覆盖
– P	不跟随符号链接，也就是只复制符号链接
– R	递归复制，如果遇到目录，则先递归复制目录及目录里的文件
– p	除了复制文件的内容外，还把访问权限和修改时间也复制到新文件中
-- preserve [= ATTR_LIST]	保留 ATTR_LIST 指定的属性
– u	只有当源文件比目标位置的同名文件新或是在目标位置不存在同名文件时才执行复制操作命令
– t	指定目标目录为 DIR

8. mv 命令

mv 是 move 的缩写，用来移动文件或将文件更名，或将文件由一个目录移入另一个目录，其命令格式如下：

```
mv[选项][源文件或目录][目的文件或目录]
```

9. rm 命令

rm 命令用来删除目录中的一个或多个文件，其命令格式如下：

```
rm[选项][文件或目录]
```

rm 命令的部分选项见表 2. 6。

表 2. 6　rm 命令的部分选项

选项	功能描述
– i	互动模式，在删除文件时需要确认
– f	强制删除文件，不需要进行确认
– I	在删除三个以上文件之前或递归删除时提示一次；比选项 – i 提示更简洁，但仍能防止大多数误操作
– r	递归删除目录下所有文件及子目录
– d	删除空的目录

二、文件属性操作的基本命令

文件属性操作的基本命令有 file、stat、touch。

1. file 命令

file 命令是用来识别文件的类型，通过检查文件的头部信息来得到文件的类型，同时，它也能用来识别部分文件的编码格式。file 命令使用如下：

```
file[选项][文件]
```

file 命令部分选项见表 2.7。

表 2.7　file 命令的部分参数

选项	功能描述
-b	列出文件识别结果时，不显示文件名称
-f	列出文件中文件名的文件类型
-z	尝试去解读压缩文件的内容

2. stat 命令

stat 命令用来显示文件的信息状态或文件系统的详细信息，其命令格式如下：

```
stat[选项][文件名]
```

stat 命令的部分选项见表 2.8。

表 2.8　stat 命令的部分参数

参数	功能描述	参数	功能描述
-L	支持符号链接	-t	以简洁方式输出信息
-f	显示文件所在的文件系统的状态	--help	显示命令的帮助信息
-Z	打印 SELinux 安全上下文信息	--version	显示命令的版本信息

3. touch 命令

touch 命令有两个功能：第一个是创建一个空文件，第二个是对文件的存取时间进行更新。在默认的情况下，文件属性的 3 个时间都默认修改为当前系统的时间，如果要修改的文件不存在，则会创建一个空文件。touch 命令使用如下：

```
touch[选项][文件名/目录]
```

touch 命令的部分选项见表 2.9。

表 2.9　touch 命令的部分选项

选项	功能描述
-a	只修改文件的访问时间
-c	禁止创建新文件
-d	以 yyyymmdd 的形式给出要修改的时间

三、文本文件编辑与操作的基本命令

1. grep 命令

grep 命令的全称是 Global Regular Expression Print，表示全局正则表达式输出，grep 命令是一种强大的文本搜索工具，能够使用正则表达式搜索文本，在一个或多个文件中搜索并打印与给定内容匹配的行。grep 命令的使用方法如下：

```
grep[选项][指定字符][源文件]
```

如果不指定要搜索的文件，则会按默认的标准输入。

grep 命令的部分选项见表 2.10。

表 2.10　grep 命令的部分选项

参数	功能描述
-A/ -B/ -C num	在匹配模式中的行前、行后、行前后各输出 num 行内容
-a	把二进制的文件当成文本文件来对待
-b	在每行前面都会显示以字符为单位的偏移量
-c, --count	不会显示出匹配的内容，只会显示出匹配的行数
-D,read/skip	可以对设备、管道和 socket 文件采取的动作：读或跳过
-d,read/skip/recurse	可以对目录文件采取的动作：读、跳过或递归
-F/ -E/ -G/ -P	使用固定字符串/基本表达式/正则表达式/扩展表达式
-e pattern, --regexp = PATTERN	使用表达式 pattern，用来保护以“ - ”开头的表达式
-f, --file = patternfile	从文件中读取表达式
-h, --no - file - name	输出结果的前面不带文件名，默认每行前面都会有该行所在的文件名
-I	忽略掉二进制文件
-i, --ignore - case	忽略掉字母的大小写区别
-l, --files - with - matches	默认情况下（不带参数），grep 会显示匹配到指定字符串文件中的每一行。采用 -l 这个参数对多个文件进行搜索时，如果文件包含该字符串，则只显示该文件名，并在第一次匹配到指定字符串后就退出该文件，继续对下一个文件内容进行匹配。如：grep -l install *x*，该命令操作搜索文件名中间有 x 的文件，如果其文件中有 install 这个字符串，那么将输出该文件名称
-m NUM	在文件里，搜索到 NUM 次时，就会停止对本文件的搜索
-n, --line - number	在输出时会显示行号

续表

参数	功能描述
-o, --only-matching	只会显示行中的匹配部分，不会显示整行
-q, --quite, --silent	没有输出，只有返回码，可以用 $? 来进行访问
-s, --no-messages	不会显示出工作过程中出现的错误信息
-U, --binary	文件会按照二进制对待
-v, --invert-match	进行方向搜索，会显示出不匹配的内容
-w, --word-regexp	整字匹配模式
-x, --line-regexp	整行匹配模式
-Z, --null	输出空字符来代替回车字符

2. vi 编辑器的命令

vi 是 Linux 中最常用的文本编辑器，vi 中没有菜单，只有命令，并且命令非常多，具有代码补全、编译及错误跳转等方便编程的功能。在命令提示符状态下，输入 vi［文件名］即可启动 vi 编辑器。若不指定文件名，则新建一个未命名的文本文件。

启动 vi 编辑器命令的方法如下：

```
vi[选项][文件名]
```

启动 vi 编辑器的部分命令见表 2.11。

表 2.11　vi 编辑器的部分命令

命令	功能描述
vi filename	打开或新建文件，把光标定位到 files 内的首个文件的首行开头
vi +n filename	打开文件，把光标直接定位到第 n 行的开头
vi + filename	打开文件，把光标直接定位到最后一行的开头
vi -r filename	从 vi 命令中因崩溃或非正常退出的文件恢复
vi filename1…filenameN	打开多个文件，依次编辑

启动 vi 编辑器后，进入 vi 工作模式，vi 有 3 种基本工作模式：命令行模式、输入模式和末行模式。

1）命令行模式

使用 vi 编辑器打开文件后，默认进入命令行模式。在这个模式中，用户可以通过输入 vi 命令来管理自己的文档。此时从键盘上输入的任何字符都将被作为编辑命令，若输入的是合法的 vi 命令，vi 编辑器则完成相应的动作，如文档内容的删除、复制、粘贴等。

（1）删除：在命令模式下，用户可以通过表 2.12 所列的命令来删除不需要的字符。

表 2.12　vi 的删除命令

操作符	功能描述	操作符	功能描述
x	删除光标处的单个字符	X	删除光标前面的字符
d0	删除光标处到行首的字符	D	删除光标处到行末尾的字符
db	删除光标处到当前行或上一行的行首的字符	dw	删除光标处到下一个词首的字符
dd	删除光标现在所在的行	ncmd	对 cmd 命令进行重复执行 n 次

（2）修改和替换：在命令模式下，用户可以通过表 2.13 所列的命令对字符进行修改或替换。

表 2.13　vi 的修改和替换命令

操作符	功能描述	操作符	功能描述
cc/S	替换光标所在行的字符	s	替换光标处的字符
C/R	修改当前行光标后的部分	r	替换光标处的一个字符
cw	修改光标到一个字符的结尾部分	cb	修改光标到一个字符的开始部分

（3）复制和粘贴：在命令模式下，用户可以通过表 2.14 所列的命令来实现对文档内容的复制、粘贴操作。

表 2.14　vi 的部分复制、粘贴命令

操作符	功能描述
yy	复制光标当前所在行
ye	从光标所在位置复制，直到当前单词结尾
p	将复制的内容粘贴到光标所在位置

2）输入模式

命令行模式可以实现文档的删除、复制、粘贴等，但无法完成文档内容的编辑，若需编辑文档内容，必须进入输入模式。在命令行模式下，可按下键盘上 a、A、r、R、i、I、o、O 中的任意一个字符键，此时界面会出现 INSERT 或 REPLACE 的字样，表示已进入输入模式，可进行文档编辑。若要从输入模式返回命令行模式，必须按下 Esc 键退出输入模式。表 2.15 为从命令行模式进入输入模式的部分命令符的含义。

3）末行模式

在命令行模式下，可通过按下“:”进入末行模式。末行模式可以对文档进行查找、保存、退出等操作。末行模式的可用命令见表 2.16。

表 2.15　切换到输入模式的命令字符

字符	功能描述	参数	功能描述
i	在光标处插入	I	在行的开头非空格符处插入
a	从目前光标所在的位置的下一个字符开始插入	A	在行的末尾最后一个字符处开始追加
o	在当前行的行后插入新的一行	O	在当前行的上一行开始插入新的一行

表 2.16　vi 命令的保存和退出命令

参数	功能描述
:w	文件保存后不退出 vi
:w!	强制把当前内容保存到文件
:x	文件保存后退出 vi
:q	退出（如果修改过文件，则不能退出）
:q!	文件不保存，直接退出文件
:w file	把当前内容保存到指定的 file 文件里
?word	向上寻找一个名词为 word 的字符串
:wq!	文件保存后退出 vi
ZQ	文件不保存，直接退出文件

4）三种模式转换

vi 编辑器的三种模式可以进行转换，转换方法如图 2.1 所示。

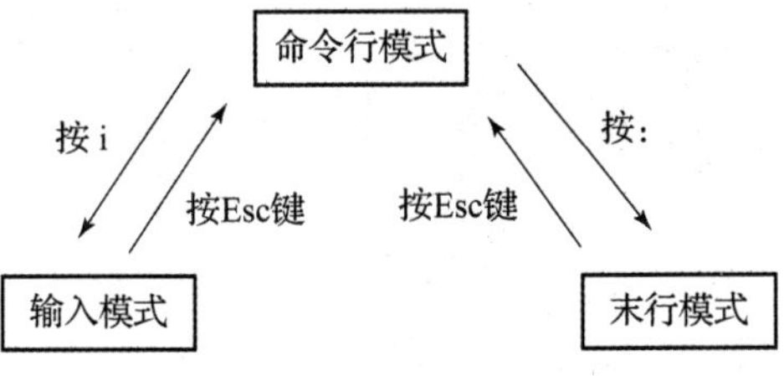

图 2.1　三种模式转换

3. sort 命令

sort 命令对文本文件的内容以行为单位进行排序。将文件的每一行作为一个单位，从首字符向后，依次按 ASCII 值进行比较，最后将它们按照默认升序的方式输出。sort 命令的使用方法如下：

```
sort[选项][文件名]
```

sort 命令的部分参数见表 2. 17。

表 2. 17　sort 命令的部分参数

参数	功能描述
-b	忽略每行开始前的空格
-c	检查文件是否已经按顺序排序
-d	排序时，仅处理英文字母、数字及空格字符，忽略其他字符
-f	将小写字母视为大写字母，忽略大小写
-i	仅比较可打印字符
-m	将几个排序好的文件进行合并
-n	依照数值的大小进行排序
-o	输出文件，将排序后的结果存入指定的文件
-r	反向排序
-t	分隔符，指定排序时所用的栏位分隔字符
-u	删除重复的行，相同的行只保留 1 行

说明：

sort 的排序结果受本地环境变量设置的影响。

4. uniq 命令

uniq 命令用来处理重复文件里的重复行，显示唯一的行，即连续重复的行只显示一次，其命令格式如下：

```
uniq[选项][文件]
```

uniq 命令的部分参数见表 2. 18。

表 2. 18　uniq 命令的部分参数

参数	功能描述
-c	在输出行的前面加入连续出现的次数
-d	只显示重复行中的首行或 1 行
-D	显示所有的重复行
-u	只显示不重复行
-i	在进行比较时，忽略字母大写

说明：

(1) uniq 命令会把结果输出到标准的输出或指定的文件中，默认情况下不会对输入的文件造成影响，但要避免输入文件与输出文件名称相同。

(2) 在一般情况下，uniq 命令用整行的方式和输入文件的所有行进行比较，输入和输出的文件名不能相同，否则可能无法得到正确的结果。

5. cut 命令

cut 命令从文件中的每一行中截取出一些部分，并输出到标准输出中，其命令格式如下：

```
cut[选项][文件]
```

cut 命令的部分参数见表 2.19。

表 2.19　cut 命令的部分参数

参数	功能描述
-b	指定字节列表
-c	指定字符列表
-d	指定 Sep 作为输入文件的域分隔符，默认是 Tab
-f	指定文件中输出的域列表
-s	不输出不包括定界符的列表

cut 命令的使用示例如下：

```
$cut -d: -f1 /user/passwd              #显示系统里的所有用户名,分隔符为":"
```

6. paste 命令

paste 命令可用于合并文件的列。在按照顺序排列时，可以将 paste 命令作为 cat 命令使用。paste 的命令格式如下：

```
paste[选项][文件]
```

例如：

```
$paste -s file
```

选项参数“-s”只是将 1. txt 文件的内容调整显示方式，并不会改变原文件的内容格式。

```
$paste file1 file2 file3
```

7. join 命令

join 命令处理两个文件之间的数据，主要将两个文件中的相同数据加在一起。join 的操作步骤：首先读取指定的文件，再根据“连接指标”来连接文件中的行，最后把结果写到标准输出中。“连接指标”表示的是两个输入文件里都有相同的域。join 命令的使用方法如下：

```
join[选项][文件1][文件2]
```

join 命令的部分参数见表 2.20。

表 2.20　join 命令的部分参数

参数	功能描述
-1 <space>	在第 1 个文件的 space 域连接文件
-2 <space>	在第 2 个文件的 space 域连接文件
-a #	除了显示原输出，还显示文件中无相同“连接指标”的行。#为 1 或 2，表示的是文件 1 或文件 2
-e string	对空的域使用 string 进行填充
--header	把每个文件的首行当作标题
-i	在进行比较域的内容时，会自动忽略字母大小写的差异
-j	和 -1 <space>、-2 <space>一样
-o <格式>	按照指定的格式来输出结果
-t <a>	指定 a 为域的分隔符
-v #	类似于 -a，但只显示文件#中没有相同“连接指标”的行

8. pr 命令

pr 命令把文本文件转换成适合打印的格式，可以把较大的文件分割成多个页面进行打印，并为每个页面添加标题。在 pr 命令的默认输出中，页面的标准长度为 66 行，每页的正文有 56 行，正文前后会各保留 5 行作为页眉和页脚。用户可以通过使用参数来控制 pr 的行为。pr 命令的格式如下：

```
pr[选项][文件]
```

pr 命令的部分参数见表 2.21。

表 2.21　pr 命令的部分参数

参数	功能描述
-#, --columns=#	分栏的数量，#表示数量，默认数量为 1
-a, --across	分栏的时候使用交叉的方式，而不是对分的方式
-c, --show-control-chars	显示控制字符
-F, -f, --form-feed	使用出纸页页标代替新行作为页面间的分隔符
-h, --header=string	在页眉中使用居中的指定字符代替文件名
-J, --join-lines	合并整个行，取消固定的列宽
-l, --length=#	使用指定页长的行数（默认 66）
-m, --merge	在同一行显示所有文件，每个文件占用一栏

续表

参数	功能描述
-n[SEP[#]], --number-lines[=SEP[#]]	显示行号，使用指定（默认5）位数，后接分隔符（默认Tab），默认是从输入文件的第一行开始计数
-s[CHAR], --separator[=CHAR]	设置分栏字符串CHAR，默认值为1
-S[STRING], --sep-string[=STRING]	使用指定的字符串STRING分栏
-t,--omit-header	忽略页眉和页脚
-w,--width=#	设置页宽为#个字符，主要作用是多栏输出
-W,--page-width=#	设置页宽为#，超过的部分会被移除，如果和-J配合使用，将不会被移除

四、文本或目录比较命令

1. cmp命令

cmp命令用来比较两个二进制文件，若被比较的文件完全相同，该指令不会显示任何信息；若被比较的文件存在差异，则会输出第一个不同之处的字符和列数编号。cmp命令的使用方法如下：

```
cmp[选项][file1][file2]
```

cmp命令的部分参数见表2.22。

表2.22　cmp命令的部分参数

参数	功能描述
-b	打印不同的字节
-n	会比较n字节
-c	显示控制字符
-l	标示出所有差异
-i SKIP1:SKIP2	跳过文件1的第一个SKIP1字节和文件2的第一个SKIP2字节
-s	不显示错误信息

2. diff命令

diff命令以逐行比较的方式比较文本文件的差异。如果指定要比较目录，那么diff会比较目录中文件名相同的文件，但不会比较其中的子目录。diff 命令的格式如下：

```
diff[选项][文件1/目录1][文件2/目录1]
```

diff 命令的部分参数见表 2.23。

表 2.23　diff 命令的部分参数

参数	功能描述
-n	指定要显示的 n 行文本
-a	逐行比较文本文件
-b	不对空格进行比较
-B	不检查空白行
-i	不检查字母大小写的不同
-q	仅显示有无差异，不显示其他信息
-r	比较子目录中的文件
-s	若没有发现任何差异，仍然显示信息
-t	在输出时，将 Tab 字符展开
-H	加速比较大文件
-w	忽略全部的空格字符
-x	不比较选项中所指定的文件或目录
-y	以并列的方式显示文件的差异

3. comm 命令

comm 命令用来一列一列地比较两个已排序文件的差异，并显示比较结果，其命令格式如下：

```
comm[-123][文件1][文件2]
```

在一般情况下，comm 的输出主要有 3 栏：第 1 栏是 fileA 中不同的行，第 2 栏是 fileB 中不同的行，第 3 栏是两个文件中相同的行。

禁止输出第 1、2、3 栏的用法是 -1、-2、-3，按照要求显示比较结果的示例如下：

```
$comm -12 fileA fileB          #只显示 fileA 和 fileB 中相同的行
$comm -23 fileA fileB          #只显示在 fileA 文件中不同的行
$comm -3 fileA fileB           #显示 fileA 和 fileB 两个文件中不相同的行
```

【任务实施】

一、文件操作

1. 分屏显示文件内容

（1）分屏显示 text. txt 文件内容，语句如下：

```
$more test.txt
```

（2）列出系统设备目录并通过 more 命令分页显示出来，语句如下：

```
$ls -l/dev|more
```

2. 统计指定文件中的字节数、字数、行数并输出统计结果

（1）综合统计 124. txt 文件，语句如下：

```
$wc 124.txt
```

（2）统计 124. txt 的单词数量，语句如下：

```
$wc -w 124.txt
```

（3）统计 124. txt 的行数，语句如下：

```
$wc -l 124.txt
```

（4）统计 124. txt 的字符数，语句如下：

```
$wc -c 124.txt
```

3. 复制源文件或源目录

（1）采用默认方式把/etc/hosts 复制到/lib，语句如下：

```
:#cp /etc/hosts /lib
```

（2）采用交互方式把/etc/sensors. d 复制到当前目录下，语句如下：

```
$cp -ir /etc/sensors.d ./
```

（3）把/lib 目录下的文件 *. so 和 *. d 复制到/lib/cups 目录下，语句如下：

```
#cp -r /lib/*.so *.d /lib/cups
```

（4）把目录 /lib/cups 复制到/srv 下并重命名为 cups2，语句如下：

```
#cp -r /lib/cups /srv/cups2
```

（5）把目录 /lib/cups 复制到目录/srv 下，并保持原来的属性，语句如下：

```
#cp -rp /lib/cups /srv
```

（6）把/lib 目录下的 libtennis. so 文件和 libavfs. so 复制到/srv/cups 目录下，语句如下：

```
#cp -R /lib/libtennis.so /lib/libavfs.so /srv/cups
```

（7）构造光盘映像到文件/usr/lib/deepin 下，语句如下：

```
$cp /dev/cdrom /usr/lib/deepin
```

（8）简单备份，将动态链接文件/srv/cups/libtennis. so 备份为 x. so，语句如下：

```
$cp -b /srv/cups/libtennis.so x.so
```

（9）逐次备份，依次生成 backupfile、backupfile. ~1~、backupfile. ~2~等文件，语句如下：

```
cp --backup=numbered /srv/cups/libtennis.so backupfile
```

4. 移动文件

（1）用 ast1 覆盖 ast2，语句如下：

```
$mv ats1 ats2
```

（2）将文件 crypttab 移动到 usr/msta 目录下，语句如下：

```
$mv crypttab /usr/msta
```

该语句也可以将文件 crypttab 重命名为/msta。

（3）将文件 ats1 和 ats2 移动到/etc 目录下，语句如下：

```
#mv ats1 ats2 /etc
```

（4）用备份的方式来移动文件，语句如下：

```
#mv -bf -S"ats1" 124.text /etc
```

5. 删除文件

（1）删除文件，删除前需要向用户确认，语句如下：

```
$rm asd1.txt asd2.txt
```

（2）删除文件 asd. txt 和目录 tusn，语句如下：

```
$rm -r -f asd.txt tusn
```

（3）删除具有特殊名字的文件 -xyz，语句如下：

```
$rm -- -xyz
```

（4）删除名称为“-”和“*”的文件，语句如下：

```
$rm \- \*
```

（5）删除文件 msta，语句如下：

```
$unlink msta
```

6. 查看文件

（1）查看/etc/bin 的类型，语句如下：

```
$file /etc/bin
```

（2）查看/data/home 下的软链接，语句如下：

```
$file -l /etc/bin
```

7. 显示文件信息

显示/data/home 的详细信息、状态及命令信息：

```
$stat /data/home                    #显示详细信息
$stat -L /data/home                 #显示/data/home 下的链接文件系统的状态
$stat -t /data/home                 #以简洁的形式显示/data/home 文件的 inode 内容
$stat --help                        #显示 stat 命令的帮助信息
$stat --version                     #显示 stat 命令的版本信息
```

stat /data/home 命令的输出如图 2.2 所示。

```
  文件: /data/home/
  大小: 4096            块: 8          IO 块: 4096   目录
设备: 807h/2055d        Inode: 131073      硬链接: 3
权限: (0755/drwxr-xr-x)  Uid: (    0/    root)   Gid: (    0/    root)
最近访问: 2022-12-17 19:01:12.792624008 +0800
最近更改: 2022-12-07 11:07:17.969144362 +0800
最近改动: 2022-12-07 11:07:17.969144362 +0800
创建时间: -
```

图 2.2　命令输出

输出结果几乎包括了 Linux 文件的所有属性，其中：

（1）大小——文件的大小；

（2）块——文件所占的块数；

（3）IO 块——文件系统 I/O 块的大小；

（4）设备——设备的 ID；

（5）Inode——节点号；

（6）硬链接——3，把计算机的文件系统使用的节点号和文件名使用的节点号链接起来；

（7）权限——赋予目录读/写/执行权限；

（8）Uid——用户的标识；

（9）Gid——组标识。

8. 更新文件时间

```
$touch testfile                   #把文件的访问时间修改为当前时间,如果不存在,则创建它
$touch -a -t 202001010030 testfile yourfile    #修改文件的访问时间
$touch -m -t 202001010030 yourfile              #修改文件的修改时间
$touch -m -d "Feb 2 2020 19:20" /usr/tstj       #/usr 下的指定文件 tstj 的修改时间
```

二、编辑文本

1. 文本搜索

（1）使用扩展正则表达式在 file 文件内搜索 Anyone、anyone、Someone、someone：

```
$grep -E'[Aa]ny|([Ss]ome)one' file
```

（2）使用扩展正则表达式在 file 文件内搜索 Henry、henry、Henrietta、henrietta：

```
$grep -E'[Hh]enr(y)|(ietta)' file
```

（3）在/user/passwd 文件里面搜索用户 root：

```
$grep "^root" /etc/passwd
```

（4）多文搜索，使用一般正则表达式在 a*、b*、c* 内搜索 ants：

```
$grep ants [abc]*
```

（5）流搜索，在目录/data 里搜索包含 t 的字符串的文件名：

```
$ls /data|grep't'
```

（6）在/etc/profile 文件内搜索所有的注释行（注释行的开头带有“#”）：

```
$grep "^#" /etc/profile
```

（7）反向搜索，在/etc/file 文件内搜索所有的非注释行：

```
$grep -v "^#" /etc/profile
```

2. 文本内容排序

（1）将 passwd 文本文件的第一列以 ASCII 码的次序排列，并将结果输出覆盖到 files 文件。

```
$sort /etc/passwd>files
```

（2）以第一个域为键，对/etc/passwd 进行排序：

```
$sort -t $':' -k1 -n /etc/passwd
```

（3）以第三个域为键，并用数字方式对/etc/passwd 进行排序：

```
$sort -t $':' -k3 -n /etc/passwd
```

3. 处理重复行

（1）把输入文件中的非重复行保存到另一个文件里：

```
$uniq filea fileb
```

或

```
$uniq filea>fileb
```

（2）显示重复行：

```
$uniq -d filea                #只显示重复行的首行
$uniq -D filea                #显示所有的重复行
```

4. 显示文件内容

（1）显示系统里的所有用户名，分隔符为“:”，语句如下：

```
$cat -n /etc/passwd
```

（2）对每行编号显示系统组信息并在行尾加 $，语句如下：

```
$cat -nE /etc/group
```

5. 合并文件

将多个文件按照栏粘贴在一起，语句如下：

```
$paste filesa filesb filesc
$paste -d“@”names places >emailusers     #用“@”来当作分隔符使用
```

6. 连接文件

（1）在默认域上连接文件，语句如下：

```
$join -t:/etc/passwd /etc/group
$join -e" --- " -t":" /etc/passwd /etc/group          #空域使用字符串" --- "代替
```

（2）连接文件并按照指定的格式输出，语句如下：

```
$join -t:-o1.1,1.3,1.4,2.4 /etc/passwd /etc/group
```

7. 输出文件

（1）为 C 语言程序 file. c 添加行号后输出，语句如下：

```
$pr -n prog.c
```

（2）用对分方式分成 2 栏输出文件 file. txt，语句如下：

```
$pr -2 file.txt
```

（3）用交叉方式分成 3 栏显示目录/dev 中的内容，语句如下：

```
$ls /dev |pr -a -3
```

（4）为 C 语言程序 file. c 添加行号并且以\f(ctrl + L) 分页后存放到 y，语句如下：

```
$pr -n -f prog.c >y
```

三、文本和目录比较

1. 比较二进制文件

```
$cmp fileA fileB                  #确定两个文件是否相同
$cmp -l fileA fileB               #显示两个文件中所有不同的字节对
$cmp -s fileA fileB               #比较两个文件,不输出信息,可以使用返回值
```

2. 逐行比较文本文件

```
$diff fileA fileB                 #比较文件 fileA 和文件 fileB
$diff -w fileA fileB              #比较两个文件,忽略空格符数量的区别
$diff -r file1 file2              #比较目录 file1 和目录 file2
```

在一般情况下，diff 命令在比较文本文件下使用，cmp 命令在比较非文本文件下使用。

【任务练习】 文件操作命令的使用

实现功能	语句
分屏显示 test. txt 文件的内容	
统计 test. txt 文件中的字符数并输出	
把文件 test. txt 中的非重复行保存至 newtest. txt 中	

任务三 系统操作

【任务描述】

小华需要掌握在终端上使用系统操作命令进行系统操作，如：清屏、字符串输出命令、变量输入命令、I/O 重定向命令、定位可执行程序及相关信息操作、任意精度计算、以指定格式或进制显示文件内容等。

【任务分析】

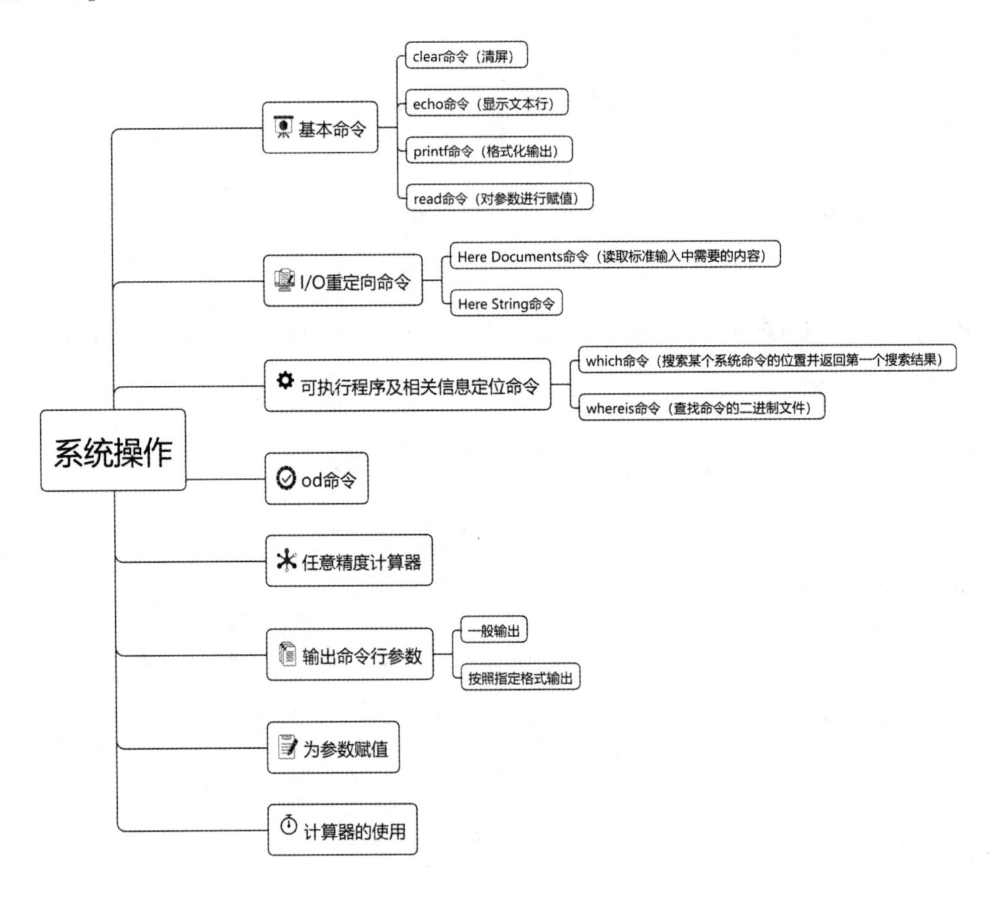

【知识准备】

一、基本命令

1. clear 命令

clear 命令用来清屏，其命令格式如下：

```
clear
```

在终端界面可以使用 Ctrl + L 快捷键清屏，在脚本里则需要使用清屏命令清屏。

2. echo 命令

echo 命令用于通过命令行参数显示文本行，在编写 shell 脚本时经常被用到，其命令格式如下：

```
echo[选项][输出内容]
```

echo 命令同时是内部和外部命令，在进行搜索时，默认情况下优先外部文件，常用到的选项参数如下：

（1） -e：处理转义字符。

（2） -E：与 -e 的作用相反，用来抑制转义字符的处理。

（3） -n：用来抑制默认的换行符。

3. printf 命令

printf 命令将命令行参数中的字符串或变量的值按照指定的格式输出到标准输出或变量中，就是将 printf 后面的 item 作为参数逐个传递给“FORMAT”进行格式化后输出，其命令格式如下：

```
printf[格式控制字符串][参数列表]
```

printf 命令的格式控制和 C 语言的相同。printf 支持% 进行格式控制，% s 代表输出字符，实际数据有多少，就输出多少。

4. read 命令

read 命令对参数进行赋值，与 C 语言中的 scanf 功能类似。它不仅可以为变量赋值，还可以为数组赋值；其输入不仅可以是屏幕，还可以是文件描述符。read 命令的使用方法如下：

```
read[ -a array][ -d delim][ -n num][ -p prompt][ -r][ -t time]
```

（1） [-d delim]：将 delim 指定为读取结束符号，取代换行符。

（2） [-n num]：最多读取 nchars 个字符后就停止，如果中途遇到回车或换行，则立即停止。

（3） [-p prompt]：打印 prompt 且不使用换行符。

（4） [-r]：禁止反斜线转义。

（5） [-t time]：设置超时时间，如果超过了这个时间还没有结束输入，read 不会存储任何数据。

二、I/O 重定向命令

1. Here Documents 命令

Here Documents 为即时文档命令，也被叫作即时文件，属于 I/O 重定向的内容。Here Documents 命令用来读取标准输入中需要的内容，其命令格式如下：

```
cmd <<[ - ]BEGIN_STR
    here - document
END_STR
```

（1）shell 对 BEGINE_STR 不进行扩展，意思是不进行参数替换、变量替换和命令替换，但可以用引号来将其包起来。

（2）EDN_STR 必须是一个不含任何引号的常量字符串，并且不能有尾部白空格。

（3）如果 BEGINE_STR 被引号包住，那么引号被去掉后的结果必须与 END_STR 相同，此时 BEGINE_STR 与 END_STR 之间的内容不进行变量替换、参数替换和命令替换等。如果 BEGINE_STR 没有被引号包住，那么它必须与 END_STR 相同，它们之间的内容会进行变量替换、参数替换和命令替换。

（4）如果使用了“ - ”作为 BEGINE_STR 的引导符，那么即时文档内容的每行的前导 tab 都会被自动去除。同时，在 END_STR 前面只可以插入 tab。如果不使用“ - ”，那么在 END_STR 的前后都不能有白空格。

即时文档常用的形式如下：

```
cmd <<[ - ]STR
        here - document
STR
```

或

```
cmd <<[ - ]"STR"
        here - document
STR
```

即时文档的使用示例如下：

```
cat << ESC
        I am "whoami",my Home dir is  $HOME
ESC
```

因为这上面的 BEGIN_STR 和 END_STR 都是“ESC”，所以 here - document 中的 whoami 命令会用执行后的结果替换，HOME 变量会用对应的字符串替代，其中，whoami 命令前后反引号表示命令替换，HOME 前面 $ 表示是变量替换。这句的输出结果为：

```
I am fjcpc,my Home dir is /home/fjcpc
```

如果要让即时文档命令的标准输出进行重定向，即时文档的命令形式如下：

```
cmd <<[ - ]STR >fileA
         here - document
STR
```

或

```
cmd <<[ - ]"STR" >fileA
         here - document
STR
```

2. Here String 命令

Here String 为即时字符串命令，也属于 I/O 重定向的内容，其命令格式如下：

```
cmd <<< string
```

可以对 string 字符串中的带反引号的命令、带 $ 的变量等进行替换，使用方法如下：

```
$cat <<< "I am \"'whoami'\",my Home dir is $HOME
```

三、可执行程序及相关信息定位命令

1. which 命令

which 命令在 PATH 变量指定的路径中搜索某个系统命令的位置，并返回第一个搜索结果，其命令格式如下：

```
which[选项][文件]
```

which 命令只能在 PATH 变量指定的路径内进行搜索，只能定位可执行文件，不能定位其他类型文件，可以使用 -- skip - alias 参数控制不输出别名。which 命令的示例方法如下：

```
$which which                      #查找命令 which 在 PATH 中所在位置
$which ls                         #查找命令 ls
$which --skip-alias ls            #查找命令 ls,不输出别名
$which date time
```

2. whereis 命令

whereis 命令的作用是查找命令的二进制文件。该指令会在特定目录中查找符合条件的文件，同时也会找到其他帮助文件。这些文件应属于原始代码、二进制文件，或是帮助文件。whereis 命令的使用方法如下：

```
whereis[选项][fileA ]…
```

要搜索 fileA 文件的二进制、源代码、手册页的所在位置，可以使用选项参数 - b、 - s、 - m，具体操作如下：

```
$whereis ls which             #查找命令 ls 和 which 的二进制、源代码、手册页所在位置
$whereis -b ls which          #查找命令 ls 和 which 的二进制所在位置
$whereis -m ls which          #查找命令 ls 和 which 的手册页所在位置
```

3. find 命令

find 命令用来查询文件或目录的位置，并将查询结果打印到终端上，其命令格式如下：

```
find[搜索路径][搜索关键字][目录或文件]
```

find 命令中常用的参数见表 2. 24。

表 2. 24　find 命令的部分参数

参数	功能描述
- name	指定搜索文件的名字
- type	指定搜索文件的类型
- group gname	搜索组名称为 gname 的文件
- iname	与 - name 类似

四、od 命令

od 命令以指定的格式或进制显示文件内容，即用八进制、十进制、十六进制和 ASCII 的格式显示文件或流，对于访问或可视地检查文件中不能直接显示在终端上的字符十分有用，其命令格式如下：

```
od[选项][文件]
```

od 命令的部分选项参数见表 2. 25。

表 2. 25　od 命令的部分参数

参数	功能描述
- A	按照指定的进制显示地址信息，地址类型有：o，八进制（系统的默认值）；d，十进制；x，十六进制；n，不打印位移值
- j <n>	跳过 n 个字符
- N <n>	只读取 n 个字符
- t	指定数据显示的格式，参数有：c，字符；d，有符号十进制数；f，浮点数；o，八进制数（系统默认值）；u，无符号十进制数；x，十六进制数
- w <n>	设置每列最大的字符数是 n
- v	在输出时不会省略掉重复的数据

五、任意精度计算器（bc）

bc 是一个支持任意精度计算器语言，可以进行加减乘除、进制转换，还支持变量、条件比较操作符、逻辑操作符、判断语句和循环语句。

```
bc[ -l][fileA …]
```

bc 是一个命令解释器，要退出它，只要直接输入 quit 并回车或者按 Ctrl + D 组合键即可。bc 命令可输入常数、变量、注释、继续行、表达式、函数等语句。

（1）bc 命令可以让用户指定八进制、十进制、十六进制或其他进制作为输入和输出进制：指定输入进制用的是 ibase = n，指定输出进制用的是 obasc = m，bc 命令默认的值是十进制。bc 都是用“.”（点）来表示小数点的，用户如果要指定输出数据小数部分的位数，可以使用 scale = n 来设置。

（2）在 bc 中，有简单变量和数组变量这两种类型的变量。数组变量的形式为 name[ ]。所有变量的字母小写。特殊变量有 scale、ibase、obase、last。last 代表最后显示数据的值。在输入变量名后，直接按 Enter 键可以显示该变量值，也可以通过直接输入数值或表达式后按 Enter 键来实现直接计算或数制转换。输入和输出进制都是由 ibase 和 obase 变量来决定的。

（3）用户可以使用 shell 的方式进行注释，也可以使用 C 语言中的“/ * … * /”进行注释，但不能使用“//”进行注释。

（4）如果一行的内容很长，那么 bc 命令可以和 C 语言、shell 脚本一样使用多行输入方式来输入命令。

（5）bc 命令和高级语言一样，可以使用表达式。bc 命令还支持 C 语言的语法和运算符等。

（6）bc 命令使用的标准函数有：read( )，读取字符串；length(var)，变量的有效长度；sqrt(var)，求一个数的开平方；scale(var)，求变量的小数位。

（7）bc 可使用的语句有 print list（输出列表）；if （expr） statementl else statement2 （if 结构）；for([expr1];[expr2];[expr3]) statements （for 结构）；while(expr) statement （while 结构）；break、continue（循环控制）、halt、quit（退出 bc）；return、return （expr）（从函数中返回）；limits（显示 bc 的最大值）等。

【任务实施】

一、输出命令行参数

1. 一般输出

```
$echo Hello                              #显示出字符串的常量
$echo -E "Hello \n"                      #忽略转义字符
$echo -e "Hello \n"                      #处理转义字符
$echo -n "Hello"                         #不处理换行
$echo "Hello"
```

2. 按照指定格式输出

```
$printf "Hello \n"                                  #处理转义字符
$printf -v y "Hello \n"                             #在标准输出窗口不输出,而是将输出
                                                    内容赋值给变量 y
$echo $y                                            #输出变量 y 的值
$printf "% -5s % -10s % -4.3f \n" 2022 jack 98.2248
```

二、为参数赋值

```
$read x y                                  #输入内容:Hello Read
$echo -e "x = $x \tVar y = $y"             #x = Hello Val y = Read
$read -p "name and telephone:" x y         #输入内容:asdf 123456
$echo "name is $x,and telephone is $y"
$read -s -p "Password Please:" a           #读取密码变量 a 的值,在输入时屏幕不会显示
$echo "Password p = " $a                   #显示出密码变量 a 的值
```

三、计算器的使用

（1）计算 $123+456\times850-[s(2)]^2$，语句如下：

```
$bc -l                                     #在 bc 环境下进行输出
    scale = 4                              #定义小数的位数为 4
    123 + 456 * 850 - s(2)^2               #计算 123 + 456 * 850 - s(2)^2
    387722.1734                            #结果
```

（2）将 32767 和 123456 转换成十六进制，语句如下：

```
$bc                                        #在 bc 环境下进行输出
    obase = 16                             #定义输出为十六进制
    32767                                  #结果为 7FFF
    123456                                 #结果为 1E240
```

（3）自定义函数 uts()：

```
$bc -l                                     #在 bc 环境下进行输出
    scale = 2
    define uts(x){                         #定义函数 uts 用于计算 1 到 x 的和
        auto i,j                           #定义自动变量
        j = 0
        for(i = 1;i < = x;i ++)
            j = j + i
        return(j)
```

```
}
uts(5)                                                    # uts(5)结果为 120
(uts(10)) +5^6                                            #(uts(10)) +5^6 结果为 15640.10
```

(4) 计算并显示圆周率 π，语句如下：

```
$echo "scale =10;4 * a(1)" | bc -1                        #计算 π 的值并显示
$p = $(echo 'scale =10;4 * a(1)' | bc -1)                 #计算 π 的值,并赋值给变量 p
$echo $p                                                  #结果为 3.1415926532
```

(5) 显示字符，语句如下：

```
$od -t x1 file                 #按照十六进制的格式显示文件 file
$od -N32 -ta f.config          #按照命令字符的格式来显示 f.config 的前 32 个字符
$od -N32 -tx1c f.config        #按照 1 为十六进制和字符的格式分别显示 f.config 的前 32
个字符
```

【任务练习】　系统操作命令的使用

实现功能	语句
在/etc 目录下查找以 test 开头的文件 t	
查找 cd 命令、ls 命令源代码所在的位置	
将/etc 目录下 file 文件用八进制显示	

任务四　Linux 系统的基本管理

【任务描述】

小华需要根据系统的环境进行操作，如别名管理、主机名修改、网络修改、系统时间修改、系统中软件包管理、对系统的进程和信号进行认识和修改、服务器安装和管理、防火墙安装与管理。

【任务分析】

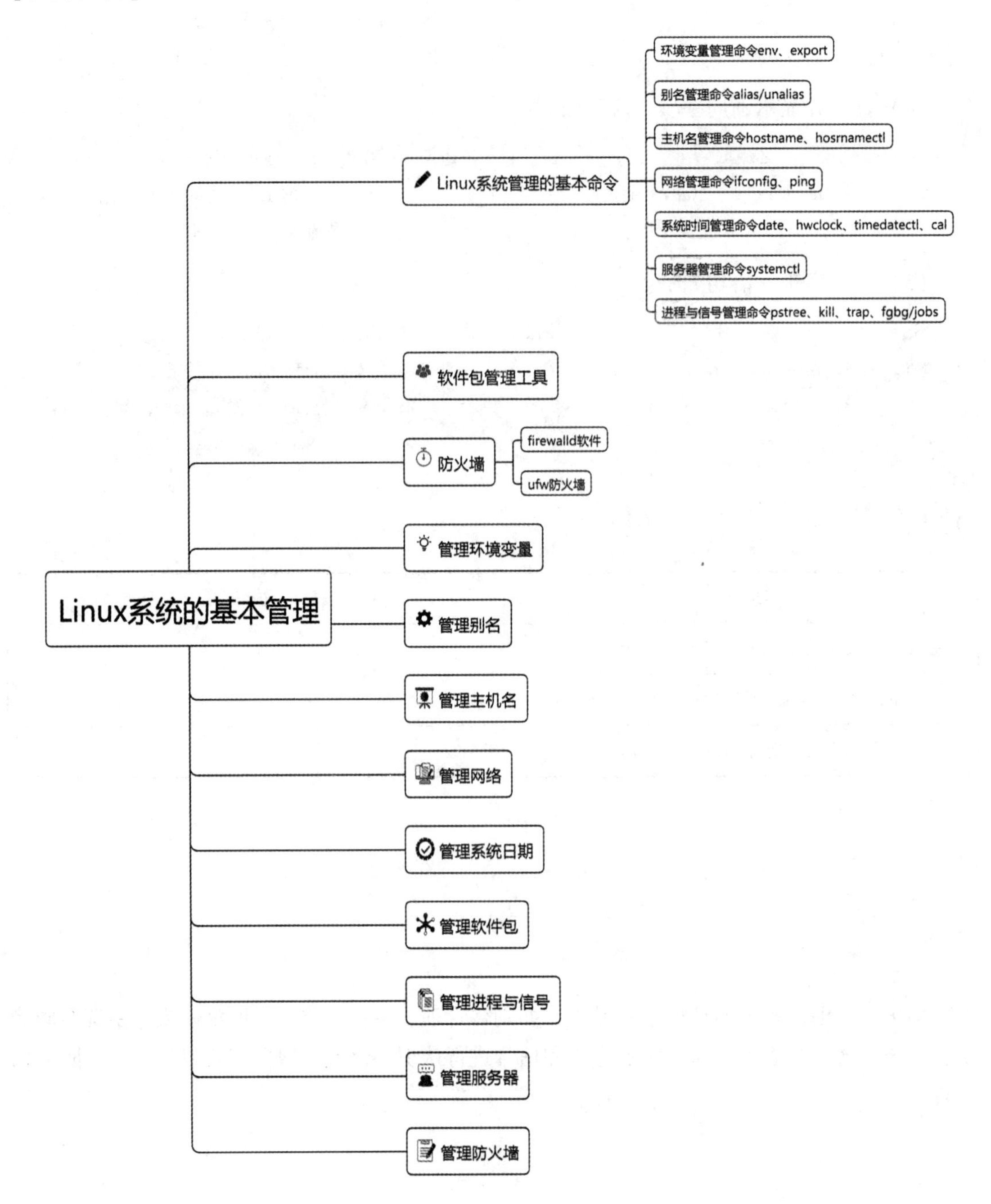

【知识准备】

一、Linux 系统管理的基本命令

1. 环境变量管理命令

用户可以通过 env、export 命令来管理环境变量。

1）env 命令

env 以不同的环境变量执行程序，在修改的环境中运行程序。

```
env [OPTION]…[ -i][NAME = VALUE]…[COMMAND [ARG]…]
```

（1） -i：从空环境开始。

（2） -u：取消某变量，val = value 用于设置新的环境变量，value 为环境变量值，cmd 在新环境下执行命令。

env 命令的运行只对 cmd 的运行以及其子环境有效，不影响当前环境。

如果没有任何参数使用命令 env，则显示所有环境变量，使用如下：

```
$date                                  #显示当前时间
$env TZ = GMT date                     #以新环境执行命令,显示格林尼治标准时间
```

2）export 命令

命令、脚本或程序在 shell 环境中被执行的时候，shell 已经预先提供一组环境变量供它们使用。export 命令用于新增、修改和删除 shell 环境变量，以供后续命令或脚本使用，这些新增、修改和删除的 shell 环境变量只对当前环境有效，退出本次登入后就会失效。

```
export[ -fnp][变量名称] = [变量设置值]
```

（1） -f：代表［变量名称］中为函数名字。

（2） -n：删除指定变量。变量实际上并没有删除，只是不在后面的指令中执行。

（3） -p：列出所有 shell 的程序环境变量。

误定义或者不再需要的环境变量可以删除。

2. 别名管理命令

1）alias 命令

alias 指定指令的别名。只输入 alias，则可列出目前所有的别名设置。alias 只在本次登录使用，每一次新的登录都重置。alias 别名设置的语法如下：

```
alias[name[ =value]]
```

alias 带参使用时，设置指令的别名。

2）unalias 命令

unalias 命令取消定义好的别名，语法如下：

```
unalias[ -a][name…]
```

3. 主机名管理命令

计算机通过 IP 地址可以访问网络包括在同一个局域网的其他主机。由于 IP 地址不便于记忆，普通用户一般使用的是主机名，主机名可以通过 DNS 服务来转换为对应的 IP 地址。

统信 UOS 使用 hostname /hostnamectl 命令显示和设置系统的主机名，用户可以通过修改 /ect/hostnamectl 的方法设置主机名，使用此命令的前提是需要获取 root 权限。

1）hostname 命令

hostname 命令用于查看主机名和设置主机名，用法如下：

```
hostname[参数]                              #按照指定格式显示主机名和 IP 地址消息
hostname[-f hostnamefile][hostname]       #按照参数设置临时主机名
```

hostname 命令的参数见表 2.26。

表 2.26　hostname 命令的参数

参数	意义
-A	显示所有的 FQDN
-s	显示短主机名
-f	显示 FQDN 型主机名
-y	显示 NIS 域名
-i	显示基于本地的 IP 地址
-F filename	指定主机名配置文件 hostnamefile
-I	显示所有的 IPv4 地址
hostname	指定主机名（临时有效）
注：FQDN（Fully Qualified Domain Name，完全限定域名）可以从逻辑上准确地表示出主机的位置，是主机名的一种完全表示形式，如主机名 www.baidu.com 是一个 FQDN，短主机名为 www。	

2）hostnamectl 命令

hostnamectl 命令用于查询和设置主机名，区分 3 个不同的主机名：静态主机名（static hostname）、临时主机名（transient hostname）和 pretty 主机名。

hostnamectl 命令的常用选项和子命令见表 2.27。

表 2.27　hostnamectl 命令的常用选项和子命令

选项	功能描述	子命令	功能描述
-h/--help	显示帮助	status	显示当前主机的设置信息
--transient	临时主机名	Set-host HOME	设置主机名为 NAME
--static	静态主机名	Set-icon-name NAME	设置图标名为 NAME
--pretty	漂亮/灵活主机名	Set-classis NAME	设置主机类型名为 NAME
-H/--host=[USER@]HOST	远程操作	Set-location NAME	设置主机位置为 NAME

hostnamectl 命令的用法如下：

```
hostnamectl[option]{cmd}
```

4. 网络管理命令

1）ifconfig 命令

ifconfig 是 TCP/IP 协议传统的网络接口命令，用来查看、配置、启用或禁用网络接口，其用法如下：

```
ifconfig[参数][端口]                    #查看端口的数据
ifconfig[端口][参数]                    #配置端口的数据
```

ifconfig 命令的部分参数见表 2.28，设置的项目有 IP 地址、子网掩码和网关，其他默认就可，ifconfig 可以由 ip 或者 nmcli 等替代。

表 2.28 ifconfig 命令的参数

参数	功能描述	参数	功能描述
down/up	关闭/启用指定网络接口	netmask addr	设置接口子网掩码
- arp	停用或者应用 ARP 协议	Interface	网络设备名
Add addr/perfixlen	设置网卡上的 IPv6 地址	Tunnel aa. bb. cc. dd	IPv4 和 IPv6 之间隧道通信地址
Del addr/prefixlen	删除网卡上的 IPv6 地址	metric N	设置数据包转送的次数

2）ping 命令

ping 命令使用 ICMP 传输协议，发出要求回应的信息，若远端主机的网络功能没有问题，则回应该信息，得知主机运行正常。

ping 命令的用法如下：

```
ping[参数] hostname/ip
```

ping 命令参数见表 2.29。

表 2.29 ping 命令使用参数

参数	功能描述	参数	功能描述
- c N	设置完成要求 N 次	- f	极限测试
- I N	指定收发信息的间隔时间为 N 秒	- R	记录路由过程
- l	使用指定的网络接口送出数据包	- s N	指定包的大小
- 4/ - 6	只发送 IPv4 或 IPv6 数据包	- t TTL	设置存活数值 TTL 的大小
- q	只显示开头和结尾	- v	详细显示指令的执行过程

5. 系统时间管理命令

统信 UOS 的系统时间管理有日期、时间与时区管理。Linux 有 date、hwclock、timedatectl 等函数，用于时间管理，还可以通过控制中心来设置。

时区是时间和日期的基础，必须要设置正确，否则会导致系统的时间和现实时间不一样，有些网站在特定时间会关闭，如果没有设置好时间，则网站无法访问。系统时间必须设置正确而且不能随便改变。

统信 UOS 的时区信息存储在/usr/share/zoneinfo，时区控制文件是/etc/localtime，是链接/usr/share/zoneinfo 里的某个文件的符号链接。中国时区信息的文件为/usr/share/zoneinfo/

Asia/Shanghai。设置中国时区的命令如下：

```
# ln -f -s /usr/share/zoneinfo/Asia/Shanghai
```

日期和时间也受到环境变量 TZ 的影响，在 Linux 下，格林尼治标准时区是TZ = UTC，中国的标准时区是 TZ = CST。

1）date 命令

date 命令用来显示和设置系统的日期和时间，其用法如下：

```
date[参数][+FORMAT]
date[参数][MMDDhhmm[[CC]YY][.ss]
```

date 参数说明见表 2.30。

表 2.30　date 参数说明

参数	功能描述
[MMDDhhmm[[CC]YY][.ss]	设置系统时间格式
+FORMAT	指定显示时间格式
-d datestr	显示 datestr 中所设定的时间（非系统时间）
-s datestr	datestr 字符串所指定的时间
-u	显示当前的格林尼治标准时间

用户可以使用 +FORMAT 控制时间的显示格式，一个开头“+”后，可以接入数个显示控制格式标志（见表 2.31 和表 2.32），如果参数没有用“+”，就表示设定时间，时间格式为［MMDDhhmm[[CC]YY][.ss]，MM 为月，DD 为日，hh 为小时，mm 为分钟，YY 为年份后面的两位，ss 为秒。时间可以设置成人们易懂的格式，比如，“2022-03.19 16:21:31”，只有 root 用户才可以设置时间。

表 2.31　日期显示控制格式

标志	作用	标志	作用
%n	Enter 键	%t	Tab 键
%a	星期（英文简写）	%A	星期（英文全拼）
%b/%h	月份（英语简写）	%B	月份（英文全拼）
%c	日期和时间	%C	年的高两位，比如 20
%d	年月日中的日	%D	MM/DD/YY 格式日期，比如 03/19/2022
%g%y	年份后 2 位	%g%y	年份，4 位
%j	当前年的第几天	%m	当前月份
%u	当前日期（1 对应周一），中式	%U/%V/%W	当前年的第几周
%w	当前日期（0 对应周一），美式	%x	MM/DD/YYYY 格式日期

表 2.32　时间显示控制格式

标志	作用	标志	作用
%H	时（00~23），不足前面补0	%I	以12小时制显示小时，不足加0
%k	时（0~23），不足前面补空格	%l	以12小时制显示小时，不足加空格
%M	分（00~59），不足前面补0	%N	纳秒（000000000~99999999）
%p	AM，PM	%P	am，pm
%r	12小时制显示时间	%R	24小时制显示时间，如%H:%M
%s	从1970/1/1到现在的时间的秒数	%S	秒（0~59）
%z	数字格式时区	%Z	字符格式时区
%T	24小时制显示时间，同%H:%M:%s	%X	本地时间

2）hwclock 命令

hwclock 命令用来读写硬件时间，可以显示和修改硬件时间，将系统时间设置为硬件时间，或者将硬件时间设置为系统时间。其用法为：

```
hwclock[功能][参数]
```

hwclock 常见的子功能见表 2.33。

表 2.33　hwclock 常见的子功能

子功能	描述
-r	读取硬件的时间，并以（yyyy-mm-dd hh:mm:ss.*+ZZ）格式显示
-s	根据当前硬件时钟设置系统时钟
--set	将以 date 的 datestr 时间格式设置硬件时间格式，并且更新/etc/adjtime
-w	将系统时间更新为硬件时间，并且更新/etc/adjtime

hwclock 命令常用参数 -l 和 u，用于显示本地和 UTC 的 RTC 时间刻度值。

3）timedatectl 命令

timedatectl 命令用来设置和显示系统时间，其用法为：

```
timedatectl[参数]{cmd}
```

cmd 是 timedatectl 的子功能，timedatectl 常用子功能见表 2.34。

表 2.34　timedatectl 的子功能

子功能	描述
status	显示系统时钟和 RTC 的当前设置，包括网络时间同步是否处于活动状态。如果未指定命令，则这是默认
list - timezones	列出所有可以使用的时区
set - time ［TIME］	设置系统和硬件时间，时间格式为“YYY - MM - DD h:m:s”
set - timezone ［TIMEZONE］	设置时区（设置中国时区时，TMEZONE 为 Asia/Shanghai）
set - local - rtc ［BOOL］	通常系统使用 UTC，可用此设置是否使用 UTC. BOOL：0/no 表示 UTC，1/yes 表示本地时区
Set - ntp ［BOOL］	设置是否使用网络世界

4）ncal 命令

ncal 命令用于显示日历和日期，用法如下：

```
ncal[参数]
```

ncal 命令的部分参数见表 2.35。

表 2.35　cal 的参数

参数	功能描述	参数	功能描述
-1	显示一个月日历	-3	以当前月为中心的 3 个月的日历
-S	显示星期天为一个星期第一天	-m	显示指定的月份。如果月份指定为十进制数字，则 month 后加“f”或“p”将分别显示近一年或上一年的 month 指定的相同月份
-h	显示在当年中的第几天	-y	显示当前年份的日历

只有一个参数代表年份（1～9999），年份位数要全写，例如 ncal 20 显示的不是 2020 年，而是公元 20 年。

6. 服务器管理命令

1）systemd 的 unit、服务 unit 与服务名

systemd 软件包是统信 UOS 系统的系统和服务管理器，支持并行化任务，提供了 11 类 unit，其中一类为 service unit。文件名一般为 *. service。每一个服务都有一个服务名字。每个服务软件都必须有这个 unit 软件。可以在这个位置找到服务器的名字：

```
/usr/lib/systemd/system/
```

比如，在以上目录下存在 deepin - login - sound. service，该服务为 UOS 的登录声音服务。系统通过命令 systemctl 对这些 unit 进行控制和操作。

2）systemctl 命令

systemctl 命令用于控制 systemd 系统和管理服务，其用法如下：

```
systemctl[参数]{功能}{对象}
```

（1） enable：只启用而不启动。

（2） start：只立即启动而不启用。

（3） disable：只禁用而不停止。

（4） stop：只停止而禁用。

（5） reenable：先禁用再启用。

（6） restart：先停止再启动。

（7） preset：将 unit 初始化到默认状态。

systemctl 有许多的参数，部分参数见表 2. 36。

表 2. 36　systemctl 部分参数

参数	功能	参数	功能
-h	帮助	-t	指定类型
-a	列出所有的 unit	-- failed	只列出失败的 unit
-q	抑制标准输出	-- no - pager	不分页显示
-f	强制。当与 enable 配合使用时，覆盖原来的。当与 halt、poweroff、reboot 和 kexec 配合使用时，不等关闭所有 unit，直接关闭系统	- returntime	只在运行时有效，当与 enable、disable、is - enable 配合使用时，只临时修改文件，不会永久地保存到磁盘
-- full	显示完整 unit 的信息	-- kill - who =	与 kill 配合使用，指定被杀进程，默认所有进程
-- root =	指定 unit 文件搜索路径	- s，　-- signal =	与 kill 配合使用，指定信号

systemctl 可实现很多子功能，部分子功能见表 2. 37。

表 2. 37　systemctl 部分子功能

类型	命令	功能描述
Unit Commands	list - units ［PATTERN. ］	列出指定或所有 unit
	start/stop/restart/reload PATTERN...	启动/停止/重启/重载指定 unit
	status ［PATTER. . PD... ］	检查指定或所有 unit 的状态
	is - active/is - failed PATTERN	检查是否正在运行/是否处于失败状态
	show ［PATTERN. . JOB. . ］	显示由 PATERN. . 指定的 unit 或由 JOB. . 指定的作业的属性，若不指定，则显示自身的属性
	cat PATTERN...	显示指定 unit 的文件内容
	kill PATTERN...	向指定 unit 发送信号。-- kill - who = 进程，-- signal = 信号

续表

类型	命令	功能描述
Unit File Commands	list - unit - files[PATTERN. .]	显示指定或全部的 unit 文件
	enable/disable/is - enabled UNIT. .	启用、禁用或判断是否已经启用指定 unit
	get - default	获得当前运行级别
	set - default TARGET	设置默认运行级别
System Commands	default	切换默认运行级别
	rescue/emergency	切换到 rescue 或 emergency 模式
	halt poweroff/reboot	关闭系统/关机/重启
	suspend/ hibemate	挂起/休眠
	mask/unmask UNT. . .	将 unit 链接到 dev/null，使其不能再启动/与 mask 相反
other	daemon - reload	重新加载配置文件

列出所有的 unit，语句如下：

```
# systemctl list - unit                          #列出所有的 unit,分屏显示
# systemctl list - unit  --- no - pager           #列出所有的 unit,没有分屏显示
#systemctl systemctl list - unit - file          #列出所有已经安装的 unit 文件
```

关闭系统，语句如下：

```
#systemctl poweroff      #使用 poweroff.target 关闭系统,等价于 poweroff 或者 init 0
```

重启系统，语句如下：

```
#systemctl reboot        #使用 reboot.target 关闭系统,等价于 reboot 或者 init 6
```

切换到系统维护模式，语句如下：

```
#systemctl rescue        #切换到系统维护模式,等价于 init 1
```

7. 进程与信号管理命令

Linux 系统在启动的时候新建了很多进程，程序的运行是靠进程实现的。进程的创建者是父进程，父进程下的进程是子进程。子进程也可以创建子进程。子进程和父进程在操作系统中都表现为进程。为了方便进程的管理，每一个进程都有一个编号——进程号。进程号也称为进程标识，用 PID（Process identification）来表示。在进程中，父进程和子进程之间按照先后顺序构造成进程树。进程树的每一个分支都对应着一个关系。用户可以使用 pstree 查询进程树。

系统中使用多个信号实现进程间通信，见表 2. 38。

表 2.38 Linux 的系统信号

信号名字	信号数值	默认动作	意义和功能描述
SIGHUP	1	终止运行	挂机或断线信号，可能是终端控制程序死亡
SIGINT	2	终止运行	收到键盘 Ctrl + C（有的系统为 Delete）信号
SIGQUIT	3	退出进程映像	收到键盘退出信号（Ctrl + \）
SIGILL	4	退出进程映像	非法指令
SIGTRAP	5	退出进程映像	单步执行，程序跟踪
SIGABRT	6	退出进程映像	ABORT 信号
SIGBUS	7	退出进程映像	总线错误（非法内容访问）
SIGFPE	8	退出进程映像	协处理器错误
SIGKILL	9	终止运行	KILL 信号，不可屏蔽
SIGUSR1	10	终止运行	用户自定义信号 1
SIGSEGV	11	退出进程映像	段错误
SIGUSR2	12	终止运行	用户自定义信号 2
SIGPIPE	13	终止运行	断的管道：有写者，无读者
SIGALRM	14	终止运行	定时器信号
SIGAERM	15	终止运行	进程终止信号
SIGSTKFLT	16	终止运行	协处理器堆栈错误
SIGCHLD	17	忽略	子进程退出
SIGCONT	18	停止执行	继续信号。暂停者一旦收到此信号，便继续运行
SIGsTOP	19	停止执行	停止执行信号 STOP，不可屏蔽
SIgtstp	20	停止执行	键盘输入的 STOP 信号（Ctrl + Z）
SigtTIn	21	停止执行	后台进程读 tty
SIGTTOU	22	停止执行	后台进程写 tty
SIGURG	23	忽略	Socket 上的紧急事件（带外数据可用）
SIGXCPU	24	退出进程映像	超出 CPU 时限
SIGXFSZ	25	退出进程映像	超出文件最大限量
SIGVTALRM	26	终止	虚拟定时器报警
SIGPROF	27	终止	统计信息定时器报警
SIGWINCH	28	忽略	窗口大小变化
SIGIO	29	终止	异步 I/O 事件
SIGPWR	30	停止执行	电源失效

进程之间可以通过信号来进行通信，以实现程序之间的程序控制。用于进程间信号通信的命令包括 kill 和 trap 等。

在 Linux 中，信号的产生分为三种类型：硬件产生、软件产生、人工制造。人工制造又可以称为人工信号。人工信号可以被捕获，有 SIGHUP、SIGQUIT、SIGTERM、SIGUSR1、SIGUSR2 等，命令为 trap。

1）pstree 命令

pstree 命令用于显示系统进程间的关系进程树，将系统进程间的关系以树状图显示。系统中所有进程的进程树的基本进程 init 或 systemd 为根，init 或 systemd 的 PID 为 1，因此被称为 1#进程。如果指定用户，则只显示此用户所拥有的子进程树。pstree 命令的用法为：

```
pstree[参数]
```

pstree 命令的部分参数见表 2. 39。

表 2. 39　pstree 命令

参数	功能描述	参数	功能描述
pid	显示指定进程的子进程树	-H pid	突出显示进程表示为 PID 的基础以及其祖先进程，若指定进程不存在，则执行失败
user	显示指定用户（user）的子进程树	-l	以长列格式显示树状图，默认情况下超长者将被截去
-a	显示完整的命令行参数	-n	安装 PID 排序，而非默认进程名排序
-c	不使用精简方式	-p	显示 PID
-h	突出显示当前进程及其祖先进程	-u	显示用户名称

2）kill 命令

kill 命令向操作系统内核发送一个特殊的信号和目标进程的 PID，系统内核根据收到的信号类型，对指定进程进行相应的操作，命令使用：

```
kill[信号][PID]
kill -l [信号];
```

kill 命令是按照 PID 来确定进程的，只能识别 PID，而不能识别进程名。Linux 定义了几十种不同类型的信号，用户可以使用 kill -l 命令查看所有信号及其编号，见表 2. 40。

表 2. 40　kill 命令常用信号及其含义

信号编号	信号名	含义
0	EXIT	程序退出时收到该信息
1	HUP	挂掉电话线或终端连接的挂起信号，这个信号也会造成某些进程在没有终止的情况下重新初始化

续表

信号编号	信号名	含义
2	INT	表示结束进程，但并不是强制性的，常用的 Ctrl + C 组合键发出的就是一个 kill -2 信号
3	QUIT	退出
9	KILL	杀死进程，即强制结束进程
11	SEGV	段错误
15	TERM	正常结束进程，是 kill 命令的默认信号

3）trap 命令

trap 命令用于信号的捕获。一般我们只处理一些人工信号，在这些信号中，SIGHUP、SIGINT、SIGQUIT、SIGUSR1、SIGUSR2、SIGTERM 可屏蔽，而 SIGKILL 不可屏蔽。

对一个信号处理的方法有 3 种：系统默认（一般来说，都是终止程序运行）、忽略、定义一个新动作

trap 命令的使用方法：

```
trap[参数][[arg][信号]]
```

如果 arg 被忽略，则信号将恢复为调用 trap 前的动作；如果 arg 是空串，则信号被忽略；如果 trap 没有参数，则显示当前所有已定义的信号动作。

4）fg/bg/jobs 命令

fg、bg 和 jobs 进程挂起或作业的前/后运行切换。当交换式进程运行时，用户可以通过按 Ctrl + Z 组合键将它挂起。之后，可以让其在后台等待运行，也可以让其从后台状态调度到前台运行。实现功能命令有 fg（foreground）和 bg（background），它们都是 bash 的内部命令。jobs 用于查询和管理作业队列。用法：

```
fg[job]
bg[job]
job[参数][job …]
```

fg 命令让被挂起的进程或作业来前台运行，bg 命令将进程或作业挂后台。比如现在运行 cat > 1. txt，可以用 Ctrl + Z 组合键将这个进程挂在后台，屏幕上会显示提示符：

```
[1] + 已停止                    cat >1.txt
```

表明为 cat > 1. txt，作业编号为 1，+表示当前作业，可以继续进行其他作业。如果再进入一个进程，也可以用 Ctrl + Z 组合键挂起：

```
[2] + 已停止                    cat >2.txt
```

回到提示符。使用 jobs 命令查看后台进程。

```
[1] -  已停止                          cat >1.txt
[2] +  已停止                          cat >2.txt
```

把 cat >2. txt 放到前台运行，使用：

```
fg 2
```

把 cat >1. txt 放到前台运行，使用：

```
fg 1
```

二、软件包管理工具

统信 UOS 系统的软件包管理工具为 dpkg 和 apt 等，在系统被安装的时候同时安装。统信 UOS 使用 Debian 软件包的管理机制。统信系统有两种类型的软件安装包：二进制（. deb）和源代码包（. dsc）。软件包的命名规则如下：

```
filename version reversion architecture.deb
```

或者

```
filename version reversion architecture.dsc
```

其中，filename 为软件包名；version 为版本号；reversion 为修订版本号；architecture 为体系结构或类型；. deb 和 . dsc 为扩展名。

统信系统用于软件包管理的工具是 dpkg 和 apt，常用工具有 dpkg、apt – get、apt – cache 和 apt，这里只从安装软件的方式来简单讲解。

1. dpkg

dpkg 用于本地软件包的管理，其用法为：

```
dpkg[参数]行为
```

dpkg 的常用参数见表 2. 41。

表 2. 41　dpkg 的常用参数

参数	功能描述
– i pkg – file. . .	安装 pkg – file.
-- unpack pkg – file. . .	解包 pkg – file. . .
– V pkg – name. . .	校验指定或全部包
-- list pkg – name pattern. . .	列出指定或已经安装的包，类似于 pm – qa
– list pkg – name.	列出已经安装指定软件包的内容，类似于 pm – ql
– s filename – pattern. . .	显示文件归属的软件包，类似于 rpm – qf
– s pkg – name. . .	报告软件包的状态信息
– r pkg	删除软件包

2. apt - get

apt - get 用来管理软件包，用法为：

```
apt -get[参数][功能]
```

apt - get 的常用参数见表 2.42。

表 2.42　apt - get 的常用参数

参数	功能描述	参数	功能描述
-d -only	只下载	-- no - upgrade	安装时不升级
-- assume - no	默认为 no	- how - progress	显示进度
-f -broken	试图修复已破坏的依赖关系	-h	帮助
-- s -yes	默认为 yes	-- reinstall	重新安装最新版本
-q	安静工作	-m	忽略丢失包
-- only - upgrade	只升级	-s， -just - print，-r -- recon， -- no - aca	仅模拟而不真正工作

apt - get 的常用功能见表 2.43。

表 2.43　apt - get 的常用功能

参数	功能描述	参数	功能描述
install	安装软件包	upgrade	更新软件包
update	更新包索引	download	下载软件包
dist - upgrade	将系统升级到新版本	purge	删除并清理
source	获取源代码包	check	更新缓存，检查失联的依赖关系
remove	删除软件包	clean	删除包缓存中的所有包
autoremove	删除为满足其他包的依赖而安装的但现在已不再需要的包	autoclean	类似于 clean，但只清除那些不能再下载也不再使用的包

3. apt 命令

apt 是整合 apt -get 和 apt - cache 等功能的软件包综合管理命令，用法如下：

```
apt[参数]{功能}
```

三、防火墙

统信 UOS 支持 firewalld 和 ufw 防火墙，在默认情况下两个防火墙是没有安装的，需要手动安装。

1. firewalld 软件

firewalld 软件包包括 firewalld 相关支持包、图形界面 firewalld 进行配置工具的工具包 firewalld - config。

firewalld 提供了动态管理的防火墙，支持通过网络/防火墙区域来定义网络连接或接口的信任级别，支持 IPv4、IPv6 防火墙设置及以太网桥接，并且拥有运行时配置和永久配置选项，还提供服务或应用的接口程序，可直接添加防火墙规则。

（1）防火墙的网络区域定义了网络连接的安全级别，数据包要进入内核，必须通过这些区域中的一个，而不同的区域中定义的规定不一样，安全级别不一样，过滤的强度不一样。可以根据网卡所连接网络的安全性来判断网卡的流量到底使用哪个区域。一个网卡同一时间只能绑定到一个区域，可以把这些区域想象成火车站（地铁）的入口，不同的入口检测的严格程度不一样。

用户可以根据当前环境使用不同的区域，firewalld 预定义的区域及作用见表 2.44，这些预定义的区域定义文件在/us/ib/firewalld/zones 目录内。用户可以自定义区域，必须要存放在/etc/firewalld/zones 目录内。

表 2.44　firewalld 预定义的区域及作用

区域	作用
Trusted	受信域。可接受所有的网络连接，允许所有的数据包通过
Home	家庭域。拒绝外部连接，信任网内主机，只接受选定的外部连接
Internal	内部域。等同于 home 区域
Work	工作域。拒绝外部连接，信任网内主机，只接受选定的外部连接
Public	公共域。不相信任何主机，允许选定连接
External	外部域。不相信任何主机，允许选定连接
Dmz	非军事域。可支持公开访问但限制访问内部网络，只接受选定的传入连接
Block	封锁域。拒绝任何外部连接，只有系统内启动的网络连接才可能允许
Drop	丢弃域。丢弃所有外来包，只有向外部的连接才可能允许

（2）网络服务在/etc/services 文件中，其中的有效行定义了服务名、使用的端口号和协议等。这里的服务也是这个意思，被 firewalld 管理的服务定义在/user/lib/firewalld/service/目录下格式为 servicename.xml 的文件中，servicename 为 firewalld 的服务名，与/etc/service 中的服务名相关，但不完全相同，用户可以定义为自己服务，但要存放在/etc/firewalld/services 目录内。

（3）字符界面管理工具为 firewall - cmd 命令，通过该命令可以启用或关闭防火墙的相关特性，添加、删除或修改防火墙相关规则。firewall - cmd 命令的常见选项或子命令及作用见表 2.50。

表 2.50　firewall - cmd 命令的常见选项或子命令及作用

参数	作用
-- get - default - zone	查询默认的区域名称
-- set - default - zones - zone	设置默认的区域，永久生效

续表

参数	作用
-- get - zones	显示可用的区域
-- get - service	显示预定义的服务
- get - active - zones	显示当前正在使用的区域与网卡名称
-- add - source = source	将来源于此 IP 地址或子网的流量导向指定区域
-- remove - source = source	不再将此 IP 地址或子网的流量导向某个指定区域
-- add - interface - interface	将来源于该网卡的所有流量都导向某个指定区域
-- change - interface - interface	将某个网卡与区域关联
-- list - all	显示当前区域的网卡配置参数、资源、端口及服务等信息
-- list - all - zones	显示所有区域的网卡配置参数、资源、端口及服务等信息
- list - service	显示当前区域允许的服务
-- add - service = service	设置默认区域允许该服务
-- add - port - port	设置默认区域允许该端口
-- remove　- service = service	设置默认区域不再允许该服务
-- remove - port = port	设置默认区域不再允许该端口
- reload	让“永久生效”配置规则立即生效，覆盖当前的规划
-- state	查看防火墙状态

（4）图形界面管理工具是 firewall - config，需要先安装，安装命令为：

```
#apt install firewall - config
```

启动方法：按 Alt + F2 组合键启动终端的雷神模式，在对话框中输入 firewall - config，然后按 Enter 键，打开如图 2.3 所示的 firewall - config 的图形化界面。

图 2.3　firewall - config 的图形化界面

用户可以根据需求选择某个区域、设置该配置的访问，很多复杂的命令被图形化所替代，设置得也轻松、容易、简单。

2. ufw 防火墙

ufw 防火墙管理工具是 ufw，用户可以通过 ufw help 命令得到简单的帮助，通过 man ufw 命令获得更详细帮助。

```
ufw[参数]enable|disable|reload                                  #启用|停用|重新加载
ufw[参数]default allow|deny|reject[incoming|outgoing|routed] #允许|拒绝|拒绝并提示[进|出|路由]
ufw[参数]logging on|off|LEVEL                                   #打开|关闭|设置日志级别
ufw[参数]reset                                                   #重置
ufw[参数]status[verbose|numbered]                               #显示状态及级别
ufw[参数]show REPORT                                             #报考状态
ufw[参数][delete][insert NUM][prepend]allow|deny|reject|limit[in|out][log|log-all][ PORT[/PROTOCOL] | APPNAME][comment COMMENT]  #[删除][插入第 N 行]允许|拒绝|拒绝并提示|限制[入|出][记录|全记录][端口]
ufw[参数]delete N                                                #删除第 N 行规则
ufw[参数]app list|info|default|update                           #应用列表|信息|默认策略|更新
```

ufw 选项如下。

（1） --dry-run：只显示应该的变化，但并不真正操作。

（2） -h/--help：显示帮助信息。

（3） ufw 使用示例如下：

```
#ufw status                        #检查 ufw 状态
#ufw allow ftp                     #允许 ftp 服务
#ufw app list                      #查询应用列表
```

##允许来自 192.168.0.0~192.168.255.255 的数据通过 ens33 网卡进入主机

```
ufw allow in on ens33 from 192.168.0.0/16
```

##允许来自 10.0.0.0~10.255.255.255 的数据通过 ens37 网卡进入主机

```
ufw allow in on ens37 from 192.168.0.0/24
```

##拒绝任意 TCP 协议访问 80 端口

```
ufw deny proto tcp to any port 80
```

##拒绝来自 10.0.0.0/8 域，指向 192.168.0.1 的 TCP 协议访问端口 25

```
ufw deny proto tcp to 10.0.0.8/8 to 192.168.0.1 port 25
```

以 vsftp 来实现防火墙的设置过程。想要 vsftp 对外能工作，必须让防火墙允许 FTP 的数据包通过，可以进行以下操作。

（1）检查防火墙，命令如下：

```
#firewalld-cmd --list-service                #firewalld 防火墙
```

如果输出没有 ftp，则需要添加允许 ftp 通过规则。

（2）添加允许 ftp 通过的规则，命令如下：

```
#firewall-cmd -add-service ftp                    #firewall 防火墙
```

（3）添加后进行检查，命令如下：

```
#firewalld-cmd                                    #firewalld 防火墙
    dhcp6-client ftp ssh
```

结果表明，防火墙规则已经允许通过 ftp，所以 vsftp 可以对外提供服务。

【任务实施】

一、管理环境变量

```
$export my_env1="My_env1"                 #新增一个环境变量 My_env1
$export my_env2="My_env2"                 #新增一个环境变量 My_env2
$env|grep my_env                          #显示出刚刚新增的两个变量
$echo $my_env1 $my_env2                   #显示出 my_env1 和 my_env2 变量值
$export -n my_env2                        #删除环境变量 my_env2
```

二、管理别名

alias 带参使用命令如下：

```
$alias                                    #显示所有已经定义的别名
$alias l='ls-l'                           #定义别名 l,其功能为 ls-l
$alias li='ls-l-i'                        #定义别名 li,其功能为 ls-l-i
$alias l li                               #显示 l 和 li 的别名
```

参数 -a 用于取消所有的别名，用法如下：

```
unalias li              #用于取消 li 的别名
unalias -a              #用于取消所有的别名
```

三、管理主机名

1. 显示和设置主机名

```
# hostname txuos5.hucj.edu.cn           #临时设置主机名为 txuos5.hucj.edu.cn
# hostname -F /etc/hostname             #根据文件/etc/hostname 设置主机名
$hostname                               #显示主机名
$hostname -s                            #显示短主机名
$hostname -l                            #显示本机所有 IPv4 地址
```

2. 主机名控制

1）使用 hostnamectl 命令

```
$hostnamectl                                    #显示当前主机的设置信息
# hostnamectl set -hostname linux.for/learing    #同时设置临时和永久主机名
```

2）直接修改主机名配置文件（/etc/hostname）

系统启动的时候，使用主机名配置文件/etc/hostname 设置主机名，因此可以通过修改主机配置文件/etc/hostname 设置主机名。/etc/hostname 有一行可以标识主机名的字符串，其中可以有注释行，主机名应该符合域管理规定，总长不超过 64 字符，不能包括空格。系统一般建议主机名为不超过 7 个字符的字符串，主机名可以是一个字符串 FQDN，也可以是点分域名，比如：fjcpc. edu. cn。

对/etc/hostname 的修改一般要在系统重启后才生效，要想马上生效，可以使用以下语句：

```
#hostname -F/etc/hostname
```

四、管理网络

1. 配置网络接口

（1）显示网卡显示配置信息，语句如下：

```
$ifconfig                    #不带参数 ifconfig 命令,可以显示所有网卡配置的信息
$ifconfig ens33              #显示指定网络接口的 ens33 的信息
$ifconfig ens33:1            #显示指定网络接口的 ens33:1 的信息
```

（2）停用指定网卡，可以指定某个网卡名称使用 down 参数，启用则用 up 参数。

```
#ifconfig ens33 down                    #停用 ens33 网卡
#ifconfig ens33 up                  #启用 ens33 网卡
```

（3）修改网卡配置，语句如下：

```
##把 ens33 网卡配置 IP 地址和子网掩码分别改为 192.168.1.1 和 255.255.255.0
# ifconfig ens33 192.168.1.1 netmask 255.255.255.0
```

（4）在指定网卡中增加一个 IP 地址，语句如下：

```
##在指定网卡 ens33 上增加一个 IP 地址为 192.168.1.2、子网掩码为 255.255.255.0 的网络
#ifconfig ens33:1 192.168.1.2 up
##在指定网卡 ens33 上增加一个 IP 地址为 192.168.1.3、子网掩码为 26 位长的网络
#ifconfig ens33:2 192.168.1.3/26 up
```

用户也可以使用图形界面配置有线网络，操作如下：

①在控制中心界面的左侧选择“网络”→“有线网络”命令，如图 2.4 与图 2.5 所示。

②单击下方的“+”按钮，进入配置 IPv4 的界面和 IPv6 的界面。一般来说，都是连上网线自动获取 IP。也可以自己配置 IP 地址，在网络详情中可以看到自己配置的 IP 地址。

IP 地址可以手动配置，DNS 也可自己设置。

图 2.4　控制中心界面

图 2.5　配置有线连接

2. 测试网络连接情况

使用 ping 命令测试网络连接情况，语句如下：

```
$ping -c 3 www.baidu.com
PING www.a.shifen.com(110.242.68.3)56(84)bytes of data.
64 bytes from 110.242.68.3(110.242.68.3):icmp_seq =1 ttl =128 time =53.5 ms
64 bytes from 110.242.68.3(110.242.68.3):icmp_seq =2 ttl =128 time =53.5 ms
64 bytes from 110.242.68.3(110.242.68.3):icmp_seq =3 ttl =128 time =55.5 ms
--- www.a.shifen.com ping statistics ---
3 packets transmitted,3 received,0% packet loss,time 6ms
rtt min/avg/max/mdev =53.524/54.188/55.494/0.923 ms
```

输出的倒数第二行是发送的数据包、接收的数据包、丢失的包、所用的时间，这样可以看出网络质量。正常情况不会发生丢包的情况，丢包率超过 5% 时，网络的使用会出问题。倒数最后一行为数据包来回用时（rtt）统计，min、avg、max、mdev 分别为最小偏差、平均偏差、最大偏差、中位数偏差。rtt 偏差越大，网络的稳定性越差。

```
$ping -q -c 3 www.baidu.com                    #只发送 3 个数据包,不显示工作过程
$ping -s 1024 www.baidu.com                    #只发送长度为 1024 字节的包,输入^C 结束测试
```

五、管理系统日期

1. 显示和设置系统时间

```
#date                                  #以默认格式显示系统时间
#date +% T% n% D                        #以指定格式显示系统时间
#date 05311010                          #设置时间为当年的 5 月 31 日 10:10:00
#date +"% Z% t% z% t"                   #以不同的字符显示时区
#date -s"+2minutes"                     #将系统时间向前调 2 分钟
```

2. 读写硬件时间

```
# hwclock -- show                                    #读取硬件时间,并以 ISO 8601 格式
显示
# hwclock --set --date"yyyy-mm-dd HH:MM" --localtime #将本地时间设置为硬件时间
# hwclock --systoh -localtime                        #将本地系统时间同步为硬件时间
# hwclock -bctosys                                   #将硬件时间同步为系统时间
```

3. 设置和显示系统时间

```
# timedatectl status                               #显示配置信息
# timedatectl set-time 12:30:00                    #设置时间
# timedatectl set-time 2017-03.31                  #设置日期
# timedatectl set-time 2017-0-03 13000             #同时设置日期和时间
# timedatectl list-timezones                       #显示所有时区
# timedatectl set-timezone Asia/Shanghai           #将时区设为 Asia/Shanghai
# timedatectl set-ntp yes                          #配置使用网络时间
```

如果在时间服务器运行时候设置时间和日期，可能会失败，错误信息为“Failed to set time NTP unit is active”。

六、管理软件包

1. 管理本地软件包

```
# dpkg -l                                   #列出所有已经安装的软件包
#dpkg -l|awk'{print $2,$3. $4}'             #列出所有已经安装的软件包的名字、版本和平台信息
#dpkg -l|awk'{print $2,$3,$4 )}'|grepbash   #列出已经安装的与 bash 相关的软件包
# dpkg L bash                               #列出 bash 包的内容
```

2. 管理软件包

```
# apt -get update:                #更新包索引。在更新包源后运行,以确保包索引是最新的
# apt -get upgrade;               #更新所有软件包
# apl -get dist -upgrade;         #将系统升级到新版本
# apt -get install vsftpd:        #安装 vsftpd 服务器
# apl -get source vsftpd;    #下载 vsftpd 源代码。需要在 source.list 中至少有一个 urls
```

3. 查询 bash 包和 ntp 包，安装 ntp 包

```
#apt list bash ntp
正在列表…完成
bash/未知,now 5.0.1 -1 +deepin amd64 [已安装]          #显示 bash 已经安装
bash/未知 5.0.1 -1 +deepin i386                        #ntp 未安装
root@ linux:/home/fjcpc# apt install ntp
..............................................
libevent -core -2.1 -6 libevent -pthreads -2.1 -6 libopts25 sntp
建议安装:
ntp -doc
下列"新"软件包将被安装:
libevent -core -2.1 -6 libevent -pthreads -2.1 -6 libopts25 ntp sntp
升级了 0 个软件包,新安装了 5 个软件包,要卸载 0 个软件包,有 0 个软件包未被升级。
需要下载 1 174 kB 的归档。
解压缩后会消耗 2 910 kB 的额外空间。
您希望继续执行吗? [Y/n]
输入 y,安装 ntp 以及其依赖包,输入 n,放弃安装。也可以使用 -y 参数直接安装 npt 包。
# apt  -y install ntp
```

七、管理进程与信号

1. 查询进程树及进程状态

```
$pstree                       #显示系统进程树
$pstree  -p|less              #分屏显示系统进程树,也包括 PID 信息
$pstree  -p|grep vsftpd       #查询 vsfpd 的进程信息
$pstree user                  #显示指定用户(user)的子进程树
```

2. 终止进程

（1）列出可用信号：

```
#kill -l                      #列出所有可用的信号
```

（2）终止已经知道的 PID 的进程：

```
#kill -9 3231                 #发送信号 9(KILL)终止 PID 为 3231 的进程
```

（3）终止已知进程名的进程：

```
##终止名为 vsftpd 的进程(不止 vsftpd,也可以是其他的)
#pstree -p|grep vsftd                          #查询进程信息
#|-vsftpd(1656)                                #命令输出 vsftpd 的进程号为 1656
#kill -9 1656                                  #向 PID 为 1656 的进程发送信号 9,终止它
#kill -KILL 1656                               #同上
#kill -SIGKILL 1656                            #同上
```

3. 捕获信号

```
#trap "whoami;echo -e You press Ctrl+C" 2              #捕获信号 2,并指定处理方法
# trap -p 2              #显示 INT
##按快捷键 Ctrl+C,观察效果
# trap                                          #列出当前信号动作
# trap" 2 3 1 5                               #捕获并忽略它们,"为两个单引号,中间内容无效
##按快捷键 Ctrl+C,观察效果
#trap 2 3 1 5                                   #恢复捕获 2 3 1 5 信号
##按快捷键 Ctrl+C,观察效果
```

-l 输出所有信号名称和它们对应的编号的列表；-p 输出与指定信号相关联的陷阱命令。

trap [-lp] [[arg] 信号声明 ...]，其中，arg，如以上例子的第一条，需要用双引号将捕获到指定信号后的执行命令包裹起来，如果命令有多条，则用“;”连接命令序列或 shell 函数，表示信号到来时将执行 arg 规定的动作。

八、管理服务器

Linux 有很多服务器，本任务介绍对 vsftpd 和 MySQL 服务的管理。要管理一个服务，必须知道服务名称，vsftpd 的服务名称为 vsftpd. service。

1. vsftpd 服务管理

Linux 下有许多 vsftpd 可以安装使用，这里介绍的是 vsftpd 服务器，对服务器进行简单的配置和管理。

（1）软件安装。vsftpd 的安装包为 vsftpd，如果系统没有安装，需要先安装，使系统方便使用，还得下载一个客户端软件包的 ftp，安装方法如下：

```
#apt -y install vsftpd ftp
```

（2）服务管理。在统信 UOS 中，vsftpd 的服务器名称都是 vsftpd. service，管理方法如下：

```
#systemctl enable vsftpd                        #开启 vsftpd 服务
#systemctl start vsftpd                         #开启 vsftpd 服务
#systemctl status vsftpd                        #检查 vsftpd 服务状态
```

可以根据服务状态来判断 vsftpd 当前状态，没有问题的话，就按照默认的进行配置。

需要启动/停止/重启/重载/vsftpd 服务，可以使用以下命令：

```
#systemctl start/stop/restart/reload/vsftpd.service       #成功返回 0,否则返回非 0
```

需要禁用 vsftpd 服务，可以使用以下命令：

```
#systemctl disable vsftpd.service        #成功返回0,否则返回非0
```

（3）配置文件与默认配置。到现在，对 vsftpd 的操作还是默认阶段，没有涉及配置文件。统信 UOS 中的配置目录是在/etc/，所使用的配置文件如下：

vsftpd. conf：主配置文件。

ftpusers：本地用户控制文件，谁在其中，谁就不能登录 vsftpd。

在默认情况下，统信 UOS 系统不开放给匿名用户，对于本地用户，统信 UOS 只允许下载。要实现以下两点：第一，允许匿名用户访问；第二，允许本地用户访问，且可以上传，也可以下载。需要进行如下操作：

用 vi 编辑器打开/etc/vsftpd/vsftpd. conf 文件，允许匿名访问的修改方法如下：

```
anonymous_enable = NO
```

修改为

```
anonymous_enable = YES
```

允许本地用户上传，方法是将其中的

```
#write_enable = YES
```

修改为

```
#write_enable = YES
```

对于本地用户，还需要修改文件 ftpusers，注释或删除允许本地用户名。允许 root 用户访问、注释掉其中 root 用户所在地。

在完成上述操作步骤后，要让 vsftp 服务能够按上述设置正常使用，系统必须要让被修改过的配置文件生效，操作方法是重启服务或者重载文件。

```
#systemctl reload vsftpd
```

2. MySQL 的服务管理

MySQL 有几个版本，在统信下安装 mariadb 来进行 MySQL 的管理。

1）软件安装

mariadb 数据库包括客户端软件包（mariadb - client）和服务器软件包（mariadb - server），没有安装的话，安装命令的方法如下：

```
#apt  -y install mariadb - cilent mariadb - server
```

2）服务管理

服务器的服务名均为 mariadb. service，管理方法如下：

```
#systemctl enable mariadb                    #启动 mariadb 服务
#systemctl start mariadb                     #启动 mariadb 服务
# systemctl status mariadb                   #检查状态
```

3）MySQL 访问

MySQL 有一个客户端程序 mysql，可以用于对 MySQL 访问。用户可以在 mysql 的界面使用 mysql 的命令。

```
mysql[参数]db_name
```

mysql 的命令行参数见表 2.46。

表 2.46　mysql 的命令行参数

参数	功能描述
-?	简单帮助
-B	批处理，输出结果以 Tab 分离
-DI -- database = dbname	指定数据库名
-- execute = command	执行 command 后立即返回
-bl -- host - hostname	指定 MySQL 服务器主机名，或 IP 地址。若不指定，则默认为本机设置
-P	指定服务端口。若不指定，则使用默认端口（3306）
-S	本地链接时，UNIX 使用 socket 文件；Windows 使用命名管道
-s	安静方式，减少不必要的输出量
-u	指定用户名。若不指定，则使用默认设置
-vi	显示版本信息

mysql 命令使用示例：显示帮助的命令如下：

```
# mysql -help
```

使用 help 可以获取到参数的使用方法和相应的帮助说明。测试 mysql 服务器是否运行的命令如图 2.6 所示。

```
root@fjcpc-PC:~# mysql
Welcome to the MariaDB monitor.  Commands end with ; or \g.
Your MariaDB connection id is 36
Server version: 10.3.34-MariaDB-0+dde Debian 20.7

Copyright (c) 2000, 2018, Oracle, MariaDB Corporation Ab and others.

Type 'help;' or '\h' for help. Type '\c' to clear the current input statement.

MariaDB [(none)]>
```

图 2.6　进入 mysql

如果输入 mysql 命令后出现如图 2.6 所示的输出信息，说明 mysql 服务器正在运行，可以提供服务。提示符为 MariaDB[(none)]>，在这个提示符下输入 quit，退出 mysql 界面，如图 2.7 所示。

```
MariaDB [(none)]> help

General information about MariaDB can be found at
http://mariadb.org

List of all MySQL commands:
Note that all text commands must be first on line and end with ';'
?         (\?) Synonym for `help'.
clear     (\c) Clear the current input statement.
connect   (\r) Reconnect to the server. Optional arguments are db and host.
delimiter (\d) Set statement delimiter.
edit      (\e) Edit command with $EDITOR.
ego       (\G) Send command to mysql server, display result vertically.
exit      (\q) Exit mysql. Same as quit.
go        (\g) Send command to mysql server.
help      (\h) Display this help.
nopager   (\n) Disable pager, print to stdout.
notee     (\t) Don't write into outfile.
pager     (\P) Set PAGER [to_pager]. Print the query results via PAGER.
print     (\p) Print current command.
prompt    (\R) Change your mysql prompt.
quit      (\q) Quit mysql.
rehash    (\#) Rebuild completion hash.
source    (\.) Execute an SQL script file. Takes a file name as an argument.
status    (\s) Get status information from the server.
system    (\!) Execute a system shell command.
tee       (\T) Set outfile [to_outfile]. Append everything into given outfile.
use       (\u) Use another database. Takes database name as argument.
charset   (\C) Switch to another charset. Might be needed for processing binlog with multi-byte charsets.
warnings  (\W) Show warnings after every statement.
nowarning (\w) Don't show warnings after every statement.
```

图 2.7　help 界面

source 是用于运行 MySQL 脚本命令的脚本程序（假设脚本程序为 cripts，执行方法是 source cripts）。

mysql 是 MySQL 的字符界面客户端，大多数的 mysql 命令可以在该界面运行。

mysql 是客户端，同时也可以获得 MySQL 服务器的帮助。方法如下：

```
help contents
```

比如：

```
MariaDB[(none)]>help create database          #对 create database 进行帮助
MariaDB[(none)]>help create table             #对 create table 进行帮助
```

MySQL 的使用与实际操作方法为：在 shell 下面执行 mysql 命令，然后在“mysql>”提示符下输入后面的命令。

查询当前数据库信息的命令如下：

```
MariaDB[(none)]>SHOW DATABASES;
```

查询数据库中 mysql 中的表的命令如下：

```
MariaDB[(none)]>SHOW TABLES from mysql;
```

创建数据库 test_db 的命令如下：

```
MariaDB[(none)]>CREATE DATABASE test _db;
```

再次查询数据库的命令如下：

```
MariaDB[(none)]>SHOW DATABASES;
```

打开数据库的命令如下：

```
MariaDB[(none)]>USE test _db;
```

创建两张表的命令如下：

```
MariaDB[(none)]>CREATE TABLE units
 ->unit id char(13)not null,
 ->unitname char(40)not null,
 ->curr jnl bigint default 1
 ->);
MariaDB[(none)]>CREATE TABLE users
                    ->user_no char(13)not oull primary key,
                    ->usemame char(40)not null,
                    ->user.jid char(18)not null,
                    ->usertype char(2)deiault,
                    ->uscraddr char(40)default,
                    ->password char(30),
                    ->usertime datetime,
                    ->preserve char(20)
                    ->);
```

查询数据中的表的命令如下：

```
MariaDB[(none)]>SHOW TABLES.
```

九、管理防火墙

1. firewalld 软件包安装与启动管理

（1）firewalld 的安装命令为：

```
#apt install firewalld firewall-config
```

（2）firewalld 防火墙的服务名 firewalld. service，使用 systemctl 管理，方法如下：

```
#systemctl start/disable/status/firewalld.service        #启用/禁用/查询态度
#systemctl start/stop/restart/reload firewalld.service   #启用/关闭/重启/重载配置
```

（3）firewall 的基本操作：

```
#firewall-cmd --state                                    #查看防火墙的状态
#firewall-cmd --get-service                              #显示所有预定义的服务
#firewall-cmd --list-service                             #显示当前分区允许的服务
```

```
#firewall-cmd --list-all-zones                     #显示所有区域的网卡参数、资源、端口及服务等信息
#firewall-cmd -get-default-zone                    #查看默认区域名称
#firewall-cmd -get-zone-of-interface=ens33         #查询 ens33 网卡区域
#firewall-cmd -zone=public -query-service=ssh      #在 public 中分别查询 ssh 服务是否被允许
```

（4）firewall 的配置：

```
##设置默认规则为 public
#firewall-cmd --set-default-zone=public
##允许 https 服务流量通过 public 区域,要求立即生效且永久有效
# firewall-cmd --permanent -zone=public --add-service=https; firewall-cmd -reload
##不允许 http 服务流量通过 public 区域,要求立即生效且永久有效
# firewall-cmd --permanent -zone=public --remove-service=https; firewall-cmd -reload
##永久启用 home 区域中的 ipp-client 服务
#firewall-cmd --permanent -zone=home --add-service=ipp-client
```

2. ufw 软件安装与启动管理

（1）ufw 的安装命令为：

```
apt install ufw
```

（2）ufw 防火墙的服务名 ufw. service，使用 systemctl 管理它，方法如下：

```
#systemctl start/disable/status/ufw.service                 #启用/禁用/查询态度
#systemctl start/stop/restart/reload ufw.service            #启用/关闭/重启/重载配置
```

与 firewalld 不一样，ufw 服务启用并启动后，未真正开始工作。ufw 采用两组控制，启动 ufw 后，能否真正工作取决于 ufw 本身。

【任务练习】 Linux 系统管理命令的使用

实现功能	语句
显示 user 用户的子进程	
终止 vsftpd 进程	
启动指定网卡并测试网络连接	

【项目总结】

完成本项目需要熟悉目录操作的基本命令，能够使用目录操作基本命令列出目录内容、创建目录、删除目录、切换目录、显示当前目录；熟悉文件操作、文件属性操作、文件文本

编辑与操作、文本和目录比较等命令，会文件操作，编辑文本；熟悉系统操作的基本命令、I/O 重定向命令、可执行程序及相关信息定位命令、od 命令、任意精度计算器，会输出命令行参数、为参数赋值，会用计算器；熟悉 Linux 系统管理的基本命令、软件包管理工具、防火墙，会管理环境变量、别名、主机名、网络、系统日期、软件包、进程与信号、服务器、防火墙。

【项目评价】

序号	学习目标	学生自评
1	目录操作	□会用□基本会用□不会用
2	文件操作	□会用□基本会用□不会用
3	系统操作	□会用□基本会用□不会用
4	Linux 系统管理	□会用□基本会用□不会用
自评得分		

项目三

用户、组、密码和文件管理

【项目场景】

小华新进入一家公司负责计算机维护，公司电脑使用的系统是统信 UOS，他需要学会使用统信系统对用户、组、密码和文件进行管理。

【项目目标】

知识目标

➢ 熟悉用户管理操作的基本命令及命令的基本参数。

➢ 熟悉组管理操作的基本命令及命令的基本参数。

➢ 熟悉用户和组相关文件管理操作的基本命令及命令基本参数。

➢ 熟悉密码管理操作的基本命令及命令的基本参数。

➢ 熟悉文件管理操作的基本命令及命令的基本参数。

技能目标

➢ 会使用用户管理操作的基本命令对用户进行管理，并选择合适的参数。

➢ 会使用组管理操作的基本命令对组进行管理，并选择合适的参数。

➢ 会使用用户和组相关文件管理操作的基本命令对用户和组相关文件进行管理，并选择合适的参数。

➢ 会使用密码管理操作的基本命令对密码进行管理，并选择合适的参数。

素质目标

➢ 培养守规意识，在工作过程中严格遵守规章制度。

➢ 培养岗位所需的规范操作的能力，具备相应的职业道德。

➢ 培养规范、优质的工作习惯，按规操作，认真负责。

➢ 培养精益求精的工作态度。

任务一 用户和组管理

【任务描述】

本任务需要小华在图形界面创建用户“xiaohua”，并删除其他用户；在终端界面完成创建用户、查看用户属性、删除用户的操作。

【任务分析】

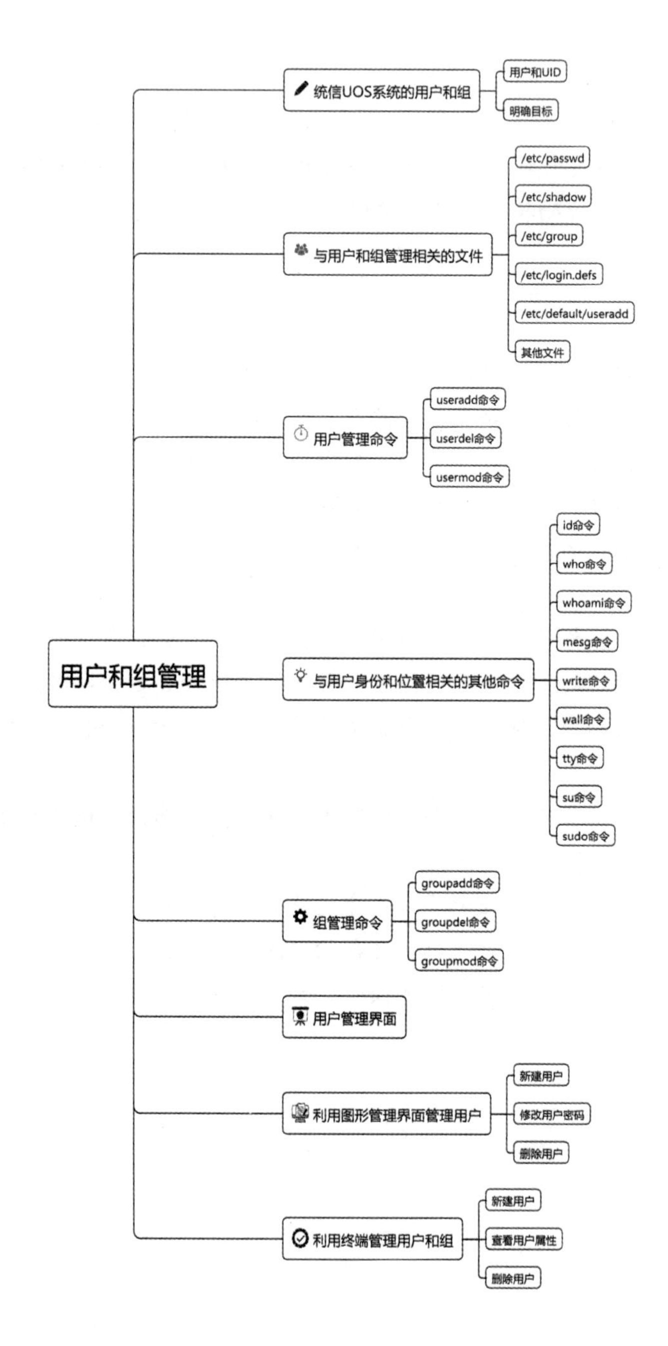

【知识准备】

一、统信 UOS 系统的用户和组

在统信 UOS 系统的管理与使用中，是以用户（User）为主体的。用户使用系统时，必须使用系统中已存在的用户身份登录，并且需要通过密码验证后才能进入系统，按照权限使用系统。系统中已经存在的用户，可以在图形或者字符界面下登录，也可以通过网络远程登录。

统信 UOS 系统中有两类用户：超级用户和普通用户。超级用户有着至高无上的权限，可以处理任何事情；普通用户只能在给定权限的范围内进行工作。用户按实际需要可以分成不同的组（Group），同一组的用户按规定和目的享有某些共同的权限。

1. 用户和 UID

在统信 UOS 系统中，每个用户都有一个用户名（User Name），系统给每个用户分配了一个用户标识（User Identification，UID）。UID 是系统辨识用户的唯一标识，而用户名则是用户的外部表示。

用户的信息存放在/etc/passwd 文件中。UID 可以使用 id 命令来查询。

2. 组和 GID

系统在创建用户时，为每个用户安排了一个用户组。系统中的每个组有一个组名（Group Name）和一个组标识（Group Identification，GID）。

组是具有某种联系或关系的用户集合。例如，某类业务需要把共同操作某些数据文件或数据库的用户放在一个组中，以实现数据共享或共同操作。一个组中可以包含多个用户，一个用户不可以参与多个不同的组。

组信息存放在/etc/group 文件中，GID 也可以使用 id 命令来查询。

二、与用户和组管理相关的文件

与用户和组管理相关的文件有/etc/passwd、/etc/shadow、/etc/group、/etc/login. defs、/etc/default/useradd 等。

1. /etc/passwd

/etc/passwd 是系统用户数据文件，包括系统内所有已经注册用户的信息。该文件是一个文本文件，每一行描述一个用户的信息，由“:”分隔为 7 个字段，其结构为：

```
username:password:uid:gid:comment:dir:shell
```

（1）username：用户名，是一串代表用户身份的字符串，仅是为了方便用户记忆。

（2）password：密码，在 Linux 系统中一般设置为“x”，表示用户设置了密码，但不是真正的密码，真正的密码保存在 /etc/shadow 文件中。

（3）uid：用户标识，每个用户都有唯一 UID，Linux 系统通过 UID 来识别不同的用户，分配用户权限。

（4）gid：组标识，也称组 ID，表示用户初始组的 ID。

（5）comment：说明域，一般包括用户的详细信息，比如用户的全称、办公室的房间号、办公电话、家庭电话等，内容中不能包含冒号，但可以为空。该字段只是用来解释用户的意义。

（6）dir：用户主目录（$HOME），用户登录后有操作权限的访问目录。

（7）shell：用户登录成功后使用的 shell 程序，也可以是用户使用程序，为空时，系统默认为/bin/sh。

要查看/etc/passwd 文件内容，可以在终端输入命令：

```
cat /etc/passwd
```

以下是/etc/passwd 文件中的部分内容：

```
root:x:0:0:root:/root:/bin/bash
bin:x:1:1:bin:/bin:/sbin/nologin
```

2. /etc/shadow

/etc/shadow 是影子密码文件。当系统启用影子密码时，该文件用于存放系统内用户加密后的密码、用户登录控制信息和密码时效信息，其结构为：

```
username:password:lastchanged:min:max:warn:inactive:expired:resv
```

（1）username：用户名，同上一个文件内容对应的用户名。

（2）password：加密后的密码，这里保存的是真正加密的密码，无密码的情况下为空。开头为“!!”时，说明用户被上锁，现在不可使用。

（3）lastchanged：最后修改日期，从 1970-01-01 到最后一次修改密码的天数间隔。

（4）min：最小修改间隔时间，该字段规定了从第 3 字段（最后一次修改密码的日期）起，多长时间之内不能修改密码。如果是 0，则密码可以随时修改；如果是 10，则代表密码修改后 10 之内不能再次修改密码。

（5）max：密码最长有效天数。这个字段可以指定距离第 3 字段（最后一次更改密码）多长时间内需要再次变更密码，否则该账户密码将过期。

（6）warn：更改密码前警告的天数，当账户密码有效期快到时，系统会发出警告信息给此账户，提醒用户“再过 n 天你的密码就要过期了，请尽快重新设置你的密码!”。

（7）inactive：用户到期后被取消激活前的天数。在密码过期后，用户如果还是没有修改密码，则在此字段规定的宽限天数内，用户还是可以登录系统的；如果过了宽限天数，系统将不再让此账户登录，也不会提示账户过期，而是完全禁用。

（8）expired：用户距离到期日的天数。从 1970-01-01 到到期日的天数间隔，该字段表示，用户在此字段规定的时间之外，不论密码是否过期，都将无法使用。

（9）resv：保留。

要查看/etc/shadow 文件内容，可以在终端输入命令：

```
cat /etc/shadow
```

一般情况下，不需要直接对/etc/shadow 文件进行操作。

3. /etc/group

/etc/group 是组定义文件，是用户组配置文件，用户组的所有信息都存放在此文件中，每行描述一个组，结构为：

```
groupname:password:gid:userlist
```

（1）groupname：组名，不能重复。

（2）password：组密码。“x”仅仅是密码标识，真正加密后的组密码默认保存在/etc/gshadow 文件中，如果为空，则不使用密码。可以使用 gpasswd 命令设置此密码，并由 newgrp 等命令使用。

（3）gid：组标识。就是群组的 ID 号，Linux 系统通过 gid 来区分用户组，使用组名只是为了便于管理员记忆。

（4）userlist：组成员，以逗号分隔用户名。

以下是/etc/group 文件的一行内容：

```
bin:x:1:root,bin,deamon
```

4. /etc/login. defs

/etc/login. defs 文件定义了与用户创建和密码管理相关的常量值，以下是该文件的部分有效内容：

```
MAIL_DIR                /var/spool/mail         #mail 目录
PASS_MAX_DAYS            99999                    #密码有效期
PASS_MIN_DAYS            0                        #两次修改密码之间的最短天数
PASS_MIN_LEN             5                        #密码最小长度
PASS_WARN_AGE            7                        #密码到期前给出警告的天数
UID_MIN                 1000                      #UID 的最小值
UID_MAX                  60000                    #UID 的最大值
GID_MIN                 1000                      #GID 的最小值
GID_MAX                  60000                    #GID 的最大值
CREATE_HOME              yes                     #在创建用户时,默认创建主目录
UMASK                    077                     #创建用户主目录所用的 umask
USERGROUPS_ENAB            yes                   #创建用户时创建同名组
ENCRYPT_METHOD             SHA512                #加密算法
```

5. /etc/default/useradd

/etc/default/useradd 文件定义了创建用户时所使用的默认值，文件的部分有效内容如下：

```
GROUP=100                                  #users 的默认 gid
HOME=/home                                 #普通用户的基本目录或主目录所在目录
INACTIVE=-1                            #从密码过期到账户被永久禁用的天数
EXPIRE=                                #默认到期日
SHELL=/bin/bash                        #默认的 shell
SKEL=/etc/skel                         #默认的 skel 目录
CREATE_MAIL_SPOOL=yes                  #创建 MAIL_SPOOL(/var/spool/mail/USER)
```

6. 其他文件

在统信 UOS 系统中，与创建用户相关的文件还有/etc/skel 等其他相关的配置文件或目录。此外，统信 UOS 系统提供了 pwck 和 grpck 等命令，用于检查 password、group 和 shadow 等文件间的关系正确性；提供了 vipw 命令和 vigr 命令编辑 password、shadow 和 group 等文件。关于组密码的使用，可参考 gpasswd 命令和 newgrp 命令。

三、用户管理命令

1. useradd 命令

useradd 用来建立用户账号，使用 useradd 命令建立的账号信息保存在/etc/passwd 文本文件中，命令格式如下：

```
useradd[选项]username
```

useradd 命令的部分选项参数见表 3.1。

表 3.1　useradd 命令的部分选项参数

参数	功能描述
-b, --base-dir BASE_DIR	新账户主目录的基目录
-c, --comment COMMENT	新账户的 GECOS 字段
-d, --home-dir HOME_DIR	新账户的主目录
-D, --defaults	显示或更改默认的 useradd 配置
-e, --expiredate EXPIRE_DATE	新账户的过期日期
-f, --inactive INACTIVE	新账户的密码不活动期
-g, --gid GROUP	新账户主组的名称或 ID
-G, --groups GROUPS	新账户的附加组列表
-h, --help	显示此帮助信息并推出
-k, --skel SKEL_DIR	使用此目录作为骨架目录
-k, --key KEY=VALUE	不使用/etc/login.defs 中的默认值
-l, --no-log-init	不要将此用户添加到最近登录和登录失败的数据库
-m, --create-home	创建用户的主目录
-M, --no-create-home	不创建用户的主目录
-N, --no-user-group	不创建同名的组
-o, --non-unique	允许使用重复的 UID 创建用户
-p, --password PASSWORD	加密后的新账户密码

续表

参数	功能描述
-r, --system	创建一个系统账户
-R, --root CHROOT_DIR	设置执行 chroot 命令后的根目录
-s, --shell SHELL	新账户的登录 shell
-u, --uid UID	新账户的用户 ID
-U, --user-group	创建与用户同名的组
-z, --selinux-user SEUSER	为 SELinux 用户映射使用指定的 SEUSER

在使用 useradd 命令时，若不加任何参数选项，后面直接跟所添加的用户名，系统首先会读取/etc/login. defs（用户定义文件）和/etc/default/useradd（用户默认配置文件）文件中所定义的参数和规则，然后根据所设置的规则添加用户，同时还会向/etc/passwd（用户密码文件）和/etc/group（组文件）文件内添加新用户和新用户组记录，向/etc/shadow（用户密码文件）和/etc/gshadow（组密码文件）文件里添加新用户和组对应的密码信息的相关记录。同时，根据/etc/default/useradd 文件所配置的信息建立用户的主目录，并将/etc/skel 中的所有文件（包括隐藏的环境配置文件）复制到新用户的家目录中。

（1）查看 useradd 默认值的命令：

```
useradd -D
```

（2）不加任何参数，仅创建用户的命令：

```
useradd myuser
```

（3）-d 目录用于指定用户主目录，如果目录不存在，则同时使用 -m，可以创建主目录：

```
useradd -d /data/myuser -m myuser
```

（4）-g 用户组用于指定用户所属的用户组：

```
useradd -g mygroup myuser
```

创建用户时，会默认创建一个和用户名相同的用户组，但是有时需要指定新的用户组，可以使用 -g 命令来完成用户创建，前提条件是指定的用户组已存在。

2. userdel 命令

userdel 命令用于删除给定的用户，以及与用户相关的文件。若不加选项，则仅删除用户账号，而不删除相关文件。其命令格式如下：

```
userdel[选项]username
```

userdel 命令的部分选项参数见表 3.2。

表 3.2　userdel 命令的部分选项参数

参数	功能描述
-f, --force	在删除用户的同时，强制删除用户的主目录和邮箱，即使用户正在工作。即使不属于此用户，也强制删除文件
-h, --help	显示此帮助信息并退出
-r, --remove	在删除用户的同时，删除用户的主目录和邮件池
-R, --root CHROOT_DIR	chroot 到的目录
-Z, --selinux-user	为用户删除所有的 SELinux 用户映射

3. usermod 命令

usermod 命令用于修改已创建的系统账户的属性，命令格式如下：

```
usermod[选项]username
```

usermod 命令的部分选项参数见表 3.3。

表 3.3　usermod 命令的部分选项参数

参数	功能描述
-c, --comment 注释	GECOS 字段的新值
-d, --home HOME_DIR	用户的新主目录
-e, --expiredate EXPIRE_DATE	设定账户过期的日期为 EXPIRE_DATE
-f, --inactive INACTIVE	过期 INACTIVE 天数后，设定密码为失效状态
-g, --gid GROUP	强制使用 GROUP 为新主组
-G, --groups GROUPS	新的附加组列表 GROUPS
-a, --append GROUP	将用户追加至上边 -G 中提到的附加组中，并且不从其他组中删除此用户
-h, --help	显示此帮助信息并退出
-l, --login LOGIN	新的登录名称
-L, --lock	锁定用户账号
-m, --move-home	将主目录内容移至新位置（仅与 -d 一起使用）
-o, --non-unique	允许使用重复的（非唯一的）UID
-p, --password PASSWORD	将加密过的密码（PASSWORD）设为新密码
-R, --root CHROOT_DIR	chroot 到的目录
-s, --shell SHELL	该用户账号的新登录 shell

续表

参数	功能描述
-u, --uid UID	用户账户的新 UID
-U, --unlock	解锁用户账号
-v, --add-subuids FIRST-LAST	添加从属 uid 的范围
-V, --del-subuids FIRST-LAST	删除从属 uid 的范围
-w, --add-subgids FIRST-LAST	添加从属 gid 的范围
-W, --del-subugids FIRST-LAST	删除从属 gid 的范围
-Z, --selinux-user SEUSER	用户账户的新 SELinux 用户映射

usermod 不允许改变正在线上的使用者用户名称。当使用 usermod 改变 userID 时，必须确认该用户没有执行任何程序。

四、与用户身份和位置相关的其他命令

在统信 UOS 系统中，还有一些命令可用于确定或改变用户的位置以及身份，如 id、who、whoami、mesg、write、wall、tty、su、sudo 等。

1. id 命令

id 命令用来显示真实有效的用户和组相关的身份信息，其命令格式如下：

```
id[选项]user
```

id 命令的部分选项参数见表 3.4。

表 3.4　id 命令的部分选项参数

参数	功能描述
-a	显示与用户相关的所有 id 信息，可忽略
-g, --group	显示用户的有效 gid
-G, --groups	显示指定用户所归属的其他组 gid
-n, --name	以名字方式显示信息，可与 -u、-g、-G 搭配使用
-r, --real	显示真实 uid 或 gid，可与 -u、-g、-G 搭配使用
-u, --user	显示有效 uid，并不是真实 uid

id 命令示例如下：

```
id -G -n                    #以组名方式显示自己的 gid 信息
id text1                    #显示指定用户 text1 的 id 信息
```

2. who 命令

who 命令显示当前在本地系统上的所有登录用户的信息，显示的内容包括登录名、tty、登录日期和时间。其命令格式如下：

```
who[选项][文件|参数1 参数2]
```

who 命令的部分选项参数见表 3.5。

表 3.5　who 命令的部分选项参数

参数	功能描述
-a, --all	等于 -b -d --login -p -r -t -T -u 选项的组合
-b, -boot	上次系统启动时间
-d, --dead	显示已死的进程
-H, --heading	输出头部的标题列
--ips	打印 ips 而不是主机名，使用 -lookupu，根据存储的 IP 进行规范化，如果可用，输出本机 IP 地址
-l, --login	显示系统登录进程
-l, --lookup	尝试通过 DNS 查验主机名
-m	只面对和标准输入有直接交互的主机和用户
-p, --process	显示由 init 进程衍生的活动进程
-q, --count	列出所有已登录用户的登录名与用户数量
-r, --runlevel	显示当前的运行级别
-s, --short	只显示名称、线路和时间（默认）
-T, -w, --mesg	用 +、-或？标注用户消息状态
-u, --users	列出已登录的用户
-u, --help	显示此帮助信息并退出
-u, --version	显示版本信息并退出

who 命令实例如下：

```
who                          #显示所有正在系统中工作的用户信息
who -H                       #显示所有正在系统中工作的用户信息，并显示标题
who -r                       #显示系统当前的运行级别
```

3. whoami 命令

whoami 命令用于显示与当前有效 id 相关的用户名，也就是显示使用者自己的用户名，功能相当于 id -un。在使用时直接输入 whoami 即可。

4. mesg 命令

mesg 命令用于设置本终端是否允许其他用户写，或者是否允许其他用户向本终端发送

信息。其命令格式如下：

```
mesg[y|n]
```

y 表示允许；n 表示不允许。直接输入 mesg 命令时，显示当前的状态。需要注意的是，mesg 命令不能阻止 root 用户或同名用户发来的信息。

5. write 命令

write 命令用于在同时登录的用户间相互发送消息，其命令格式如下：

```
write user[ttyname]
```

user 是系统中的用户名，ttyname 是用户使用的终端设备名。当向系统中多处同时登录的同名用户之一发送信息时，需要指定终端名。

6. wall 命令

wall 命令用于向系统当前所有打开的终端上输出信息。通过 wall 命令可将信息发送给每位同意接收公众信息的终端机用户，若不给予其信息内容，则 wall 命令会从标准输入设备读取数据，然后再把所得到的数据传送给所有终端机用户。

wall 命令格式如下：

```
wall[选项][message]
```

当不带参数 message 直接运行 wall 时，wall 将使用标准输入，用户在输入完毕后，按 Ctrl + D 快捷键结束。wall 的工作可能会受终端接收信息状态的影响。

7. tty 命令

tty 命令用于显示用户使用的终端设备，以及实际使用的位置。其命令格式如下：

```
tty -s
```

若不输入 -s，则会在所使用的终端上显示所用的终端名。若输入 -s，则什么也不输出，只返回状态，状态为 0 时，说明命令是在终端上运行的，否则命令是在后台或者其他非终端的环境下运行的。

8. su 命令

su 命令用于在使用者不退出系统的情况下暂时变更登录的身份，其命令格式如下：

```
su[选项][-][newuser[argument]]
```

su 命令的常用选项参数见表 3.6。

表 3.6　su 命令的常用选项参数

参数	功能描述
-, -l, --login	以新用户登录方式启动一个 shell
2	以新用户身份和环境执行 CMD 命令
-m, -p	切换用户时，不重新设置环境变量
-s, --shell = shell	切换用户时指定 shell

在切换用户时，若是在输入 su newuser 的情况下，将使用原来的环境，这样可能会导致新用户与原来的环境不配套，输入 su - newuser 才会在使用新用户的时候，切换成新环境。在新用户完成工作后，就会变回原来的用户，在交互方式下，可以使用快捷键 Ctrl + D 返回。

在不指定用户 newuser 的情况下，默认是 root 用户。指定任务时，会以新用户执行任务，若不指定任务，则会以新用户启动一个 shell。在新用户执行任务时，有效的 uid 和有效的 gid 会变为新用户 uid 和 gid。

su 命令实例如下：

```
su newuser                    #切换到 newuser 用户后,使用原来的环境工作
su -newuser                   #切换到 newuser 用户后,使用新用户环境工作
su -newuser -c"su"            #以 newuser 执行"su"
```

9. sudo 命令

sudo 命令的用法是允许用户以 root 用户或其他用户执行任务，其用法如下：

```
sudo -h |-K|-k| -V
sudo -v [ -AknS][ -g group][ -h host][ -p prompt][ -u user]
sudo -l [ -AknS][ -g group][ -h host][ -p prompt][ -U user][ -u user][command]
sudo [ -AbEHknPS][ -r role][ -t type][ -C num][ -g group][ -h host][ -p prompt]
     [ -T timeout][ -u user][VAR = value][ -i |- s][command]
sudo -e [ -AknS][ -r role][ -t type][ -C num][ -g group][ -h host][ -p prompt]
     [ -T timeout][ -u user] file…
```

sudo 命令的部分选项参数见表 3.7。

表 3.7　sudo 命令的部分选项参数

参数	功能描述
- A, -- askpass	使用助手程序进行密码提示
- b, -- background	在后台运行命令
- C, -- close - from = num	关闭所有≥num 的文件描述符
- E, -- preserve - env	在执行命令时保留用户环境
- E, -- preserve - env = list	保留特定的环境变量
- e, -- edit	编辑文件而非执行命令
- g, -- group = group	以指定的用户组或 ID 执行命令
- H, -- set - home	将 HOME 变量设为目标用户的主目录
- h, -- help	显示帮助消息并退出
- h, -- host = host	在主机上运行命令

续表

参数	功能描述
-i，--login	以目标用户身份运行一个登录 shell；可同时指定一条命令
-K，--remove-timestamp	完全移除时间戳文件
-k，--reset-timestamp	无效的时间戳文件
-l，--list	列出用户权限或检查某个特定命令；对于长格式，使用两次
-n，--non-interactive	非交互模式，不提示
-P，--preserve-groups	保留组向量，而非设置为目标的组向量
-p，--prompt=prompt	使用指定的密码提示
-r，--role=role	以指定的角色创建 SELinux 安全环境
-S，--stdin	从标准输入读取密码
-s，--shell	以目标用户运行 shell；可同时指定一条命令
-t，--type=type	以指定的类型创建 SELinux 安全环境
-T，--command-timeout=timeout	在达到指定时间限制后终止命令
-U，--other-user=user	在列表模式下显示用户的权限
-u，--user=use	以指定用户或 ID 运行命令或编辑文件
-V，--version	显示版本信息并退出
-v，--validate	更新用户的时间戳而不执行命令
--	停止处理命令行参数

在使用许多命令时，会出现权限不足的情况，这时可以直接在终端界面输入：

```
sudo <命令>
```

输入当前用户的密码，即可使用 root 用户执行指定命令。

五、组管理命令

管理组的命令有 groupadd、groupdel、groupmod，分别用于组的创建、删除和修改。

1. groupadd 命令

groupadd 命令用于创建一个用户组，其命令格式如下：

```
groupadd[选项]group
```

系统创建用户时，默认情况下会创建一个与用户同名的组。

groupadd 命令的部分选项参数见表 3.8。

表 3.8　groupadd 命令的部分选项参数

参数	功能描述
-f, --force	如果组已经存在，则成功退出，并且如果 GID 已经存在，则取消
-g, --gid GID	为新组使用 GID
-h, --help	显示此帮助信息并退出
-k, --key KEY = VALUE	不使用/etc/login. defs 中的默认值
-o, --non - unique	允许创建有重复 GID 的组
-p, --password PASSWORD	为新组使用此加密过的密码
-r, --system	创建一个系统账户
-R, --root CHROOT_DIR	chroot 到的目录

2. groupdel 命令

groupdel 命令删除系统中已经存在的组，其命令格式如下：

```
groupdel[选项]group
```

groupdel 命令的部分选项参数见表 3.9。

表 3.9　groupdel 命令的部分选项参数

参数	功能描述
-h, --help	显示此帮助信息并退出
-R, --root CHROOT_DIR	chroot 到的目录
-f, --force	删除组，即使它是用户的主要组

groupdel 不能删除系统中仍然存在用户的基本组。在有些系统中，如果组内成员不为空，则该组不能被删除。

3. groupmod 命令

groupmod 命令修改已有用户组的属性，其命令格式如下：

```
groupmod[选项]group
```

groupmod 命令的部分选项参数见表 3.10。

表 3.10　groupmod 命令的部分选项参数

参数	功能描述
-g, --gid GID	将组 ID 改为 GID
-h, --help	显示此帮助信息并退出

续表

参数	功能描述
-n, --new-name NEW_GROUP	改名为 NEW_GROUP
-o, --non-unique	允许使用重复的 GID
-p, --password PASSWORD	将密码更改为（加密过的）PASSWORD
-R, --root CHROOT_DIR	chroot 到的目录

六、用户管理图形界面

在统信 UOS 系统中，可以使用用户管理图形界面完成用户管理的部分功能。在用户管理图形界面可以执行创建用户、修改密码、设置用户类型等操作。

单击任务栏控制中心图标，出现控制中心界面。在控制中心界面中单击账户图标，进入用户管理界面，如图 3.1 所示。

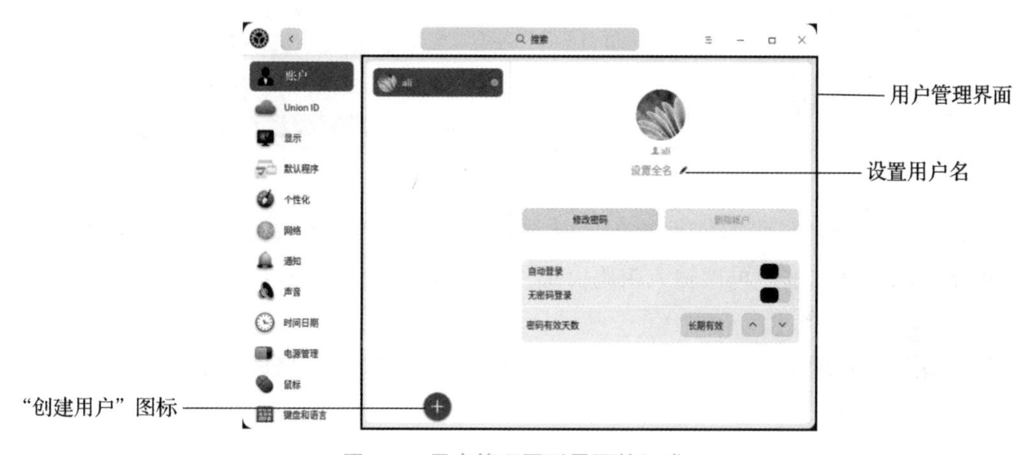

图 3.1　用户管理图形界面的组成

在用户管理图形界面可以设置用户名称、修改密码、删除用户，以及设置自动登录、无密码登录和密码有效天数。

（1）设置用户名称：在用户图形管理界面可以直接输入用户名称，用户名称可以是汉字、英文、数字、下划线。

（2）修改密码：用来重新设置用户密码。

（3）删除用户：用来删除原来的用户。

（4）自动登录：用户设置自动登录后，可以直接登录系统。

（5）无密码登录：用户设置无密码登录后，不需要输入密码即可登录系统。

（6）密码有效天数：用户可以将密码的有效天数设置为“长期有效”，或者其他天数。用户设置密码有效天数后，当天数达到用户设置的数值时，密码会自动失效。

【任务实施】

一、利用图形界面管理用户

1. 创建用户

（1）在“控制中心”界面单击“账户”图标，进入用户管理图形界面。

（2）在用户管理图形界面单击“创建用户”图标，进入“创建新用户”界面，如图 3.2 所示。

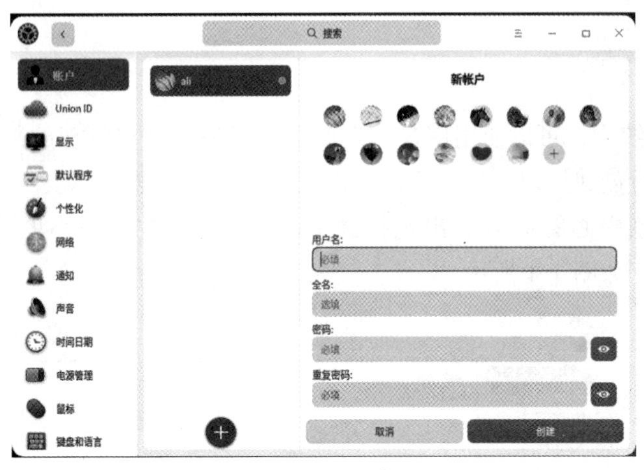

图 3.2 “创建新用户”界面

（3）在“用户名”文本框中输入用户名“xiaohua”，在“密码”文本框中输入密码，在“重复密码”文本框中再次输入密码，单击“创建”按钮，完成用户创建。

2. 修改用户密码

（1）在用户管理图形界面单击“修改密码”图标，进入“修改密码”界面，如图 3.3 所示。

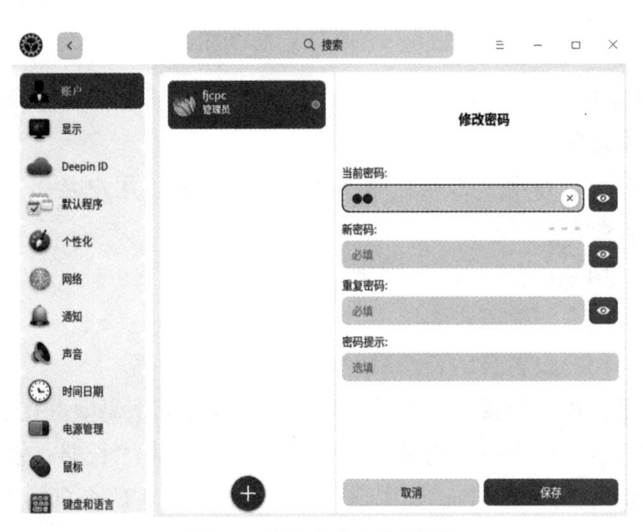

图 3.3 “修改密码”界面

（2）输入当前密码和两次新密码。

（3）单击“保存”按钮。

3. 删除用户

（1）在用户管理图形界面，选中账户，单击“删除账户”按钮。

（2）在弹出的确认对话框中单击“删除”按钮。

当有多个用户时，可以在用户管理图形界面中删除用户。删除时，可以选择不删除用户的目录，如图3.4所示。

图3.4　“删除用户”界面

二、利用终端管理用户和组

在终端模式下，需要在root模式下进行用户管理操作。在终端下输入如下命令切换到root模式：

```
sudo su
```

系统提示输入密码，输入的密码就是用户密码。切换到root模式后，提示符为#号。

1. 新建用户

（1）新建用户test1、test2，并为其设置密码：

```
useradd -p 123 test1
useradd -p 456 test2
```

（2）新建用户组grp1、grp2，并手动更改grp2的组ID：

```
groupadd grp1
groupadd -g 903 grep2
```

（3）新建用户test3，用户ID号为901，主用户组为grp1，附属用户组为grp2，用户描述信息“test”，用户主目录为/var/t3，并为其设置密码：

```
useradd -u 901 -g grp1 -G grep2 -c "test" -d /var/t3 -p 789 test3
```

2. 查看用户属性

（1）在/etc/passwd、/etc/shadow、/etc/group 文件中观察用户 test1、test2 的属性：

```
more /etc/passwd                                    //查看 /etc/passwd
test1:x:1001:1001::/home/test1:/bin/sh
test2:x:1002:1002::/home/test2:/bin/sh
more /etc/shadow                                    //查看 /etc/shadow
test1:213:19196:0:99999:7:::
test2:456:19196:0:99999:7:::
more /etc/group                                     //查看 /etc/group
test1:x:1001:
test2:x:1002:
```

（2）在/etc/group 文件中观察用户组 grp1、grp2 的属性：

```
grp1:x:1003:
grep2:x:903:
```

（3）在/etc/passwd、/etc/shadow、/etc/group 文件中观察用户 test3 的属性：

```
more /etc/passwd                          //查看 /etc/passwd
test3:x:901:1003:test:/var/t3:/bin/sh
more /etc/shadow                          //查看 /etc/shadow
test3:789:19196:0:99999:7:::
more /etc/group                           //查看 /etc/group
grep2:x:903:test3
```

3. 删除用户

（1）删除用户组 grp1、grp2：

```
groupdel -f grp1
groupdel -f grep2
```

（2）删除用户 test1、test2、test3：

```
userdel test1
userdel test2
userdel test3
```

【任务练习】 用户管理命令和组管理命令的使用

实现功能	语句
新建两个用户，并为其设置密码	
查看新建用户的属性	

任务二　密码管理

【任务描述】

小华需要在统信 UOS 系统中对密码的管理进行操作。

【任务分析】

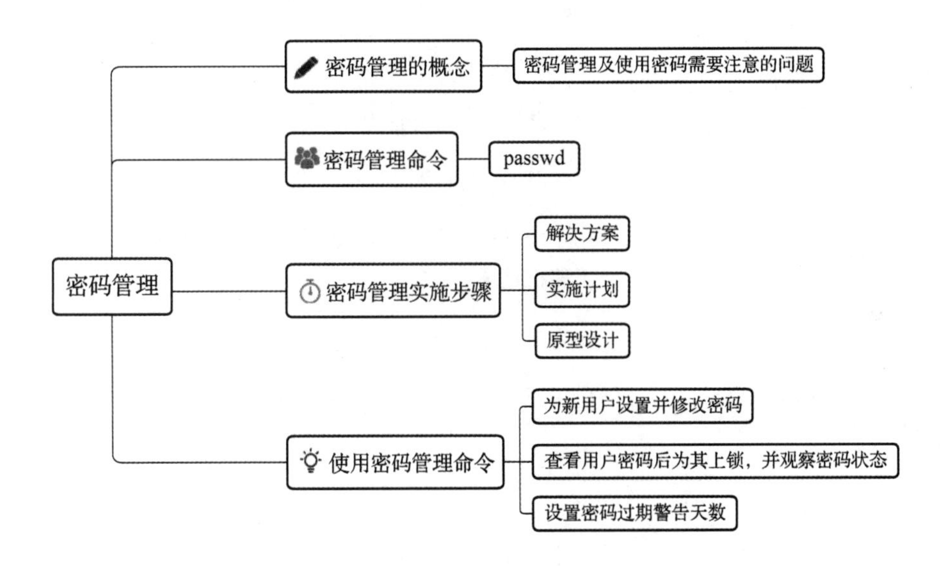

【知识准备】

一、密码管理的概念

密码管理是实现身份认证的基础，具有用户身份认证、访问控制和操作的可靠性等特点。可用于密码的字符是广泛的，一般来说，可以使用大小写字母、数字、标点符号等，有的系统甚至可以使用光标键和功能键等。

在使用密码时，应注意以下几个问题：

（1）密码应定期或不定期进行修改。

（2）密码内不应包含完整的单词、生日、电话号码、姓名、用户名、地址等信息。

（3）不同的系统或用户应该有不同的密码。

（4）密码要保密，勿共享密码，更改的密码应容易记忆。

（5）输入密码时不让人看见，也不去窥视别人的密码。

二、密码管理命令

passwd 命令用于管理密码，包括改变或者删除用户密码、为用户上锁或解锁、改变或显示用户的密码属性等。其用法如下：

```
passwd [选项]username
```

passwd 命令的部分选项参数见表 3.11。

表 3.11 passwd 命令的部分选项参数

参数	功能描述
-a, --all	报告所有账户的密码状态
-d, --delete	删除指定账户的密码
-e, --expire	强制指定账户的密码过期
-h, --help	显示此帮助信息并退出
-k, --keep-tokens	仅在过期后修改密码
-i, --inactive INACTIVE	用于设置一个用户账户密码已经过期 INACTIVE 天之后，账户将不能再登录
-l, --lock	锁定指定的账户
-n, --mindays MIN_DAYS	设置到下次修改密码所需等待的最短天数为 MIN_DAYS
-q, --quiet	安静模式
-r, --repository REPOSITORY	在 REPOSITORY 库中改变密码
-R, --root CHROOT_DIR	chroot 到的目录
-S, --status	报告指定账户密码的状态
-u, --unlock	锁定被指定账户
-w, --warndays WARN_DAYS	设置过期警告天数为 WARN_DAYS
-x, --maxdays MAX_DAYS	设置到下次修改密码所需等待的最多天数为 MAX_DAYS

除 root 用户以外，用户在修改密码时，系统会提示用户先输入旧密码；密码在到期前是有效的，如果在有限时间内没有设置或修改密码，则在下次登录时必须修改密码；一个用户可被锁定，锁定后的用户一经退出，将不能再登录；只有 root 用户能够上锁或解锁一个用户；密码可以被删除或置空，但不建议这么做。

【任务实施】

（1）新建一个用户 test，并为其设置密码后更改密码。

```
useradd -p123 test
passwd test
```

（2）查看用户 test 密码的状态后将其上锁，上锁后观察密码状态。

```
passwd -S test
passwd -l test
passwd -S test
```

（3）将用户 test 的密码过期警告天数设置为 2 天、下次修改密码所需等待的最长天数设置为 3 天、下次修改密码所需等待的最短天数设置为 4 天。

```
passwd -w 2 test
passwd -S test
passwd -x 3 test
passwd -S test
passwd -n 4 test
passwd -S test
```

【任务练习】　密码管理命令的使用

实现功能	命令语句
为用户自己修改密码	
为用户 test1 修改密码	
为用户 test1 删除密码	
对用户 test1 上锁	
对用户 test1 解锁	
设置用户 test1 的密码最长有效期为 2 天	

任务三　文件系统的管理

【任务描述】

小华要在本任务中学会文件相关的操作技能，以便能够顺利完成公司分配的文件系统管理任务。

【任务分析】

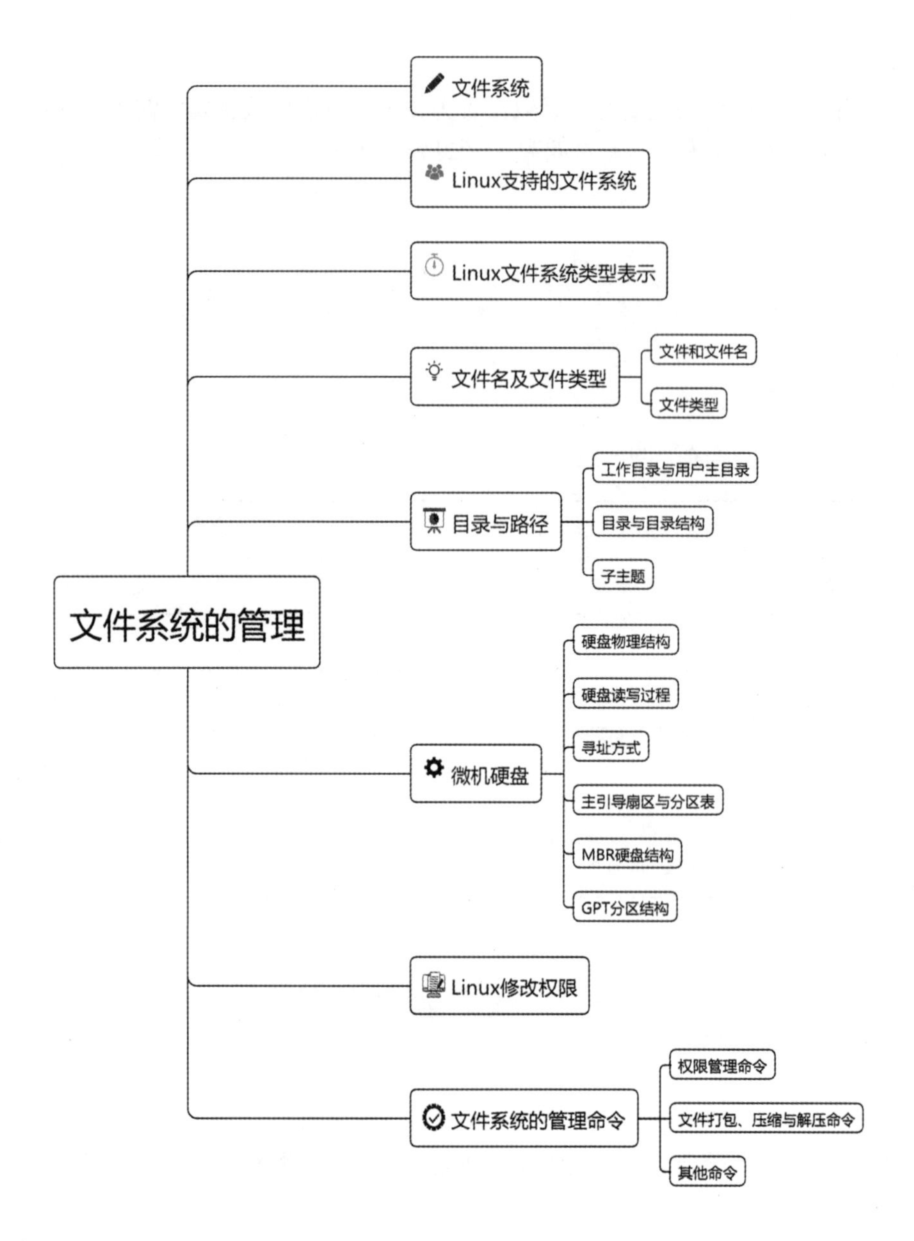

【知识准备】

一、文件系统

Linux 操作系统中，与管理文件有关的软件和数据称为文件系统，文件系统负责建立、存取、复制、修改文件等操作。

在 Windows 操作系统中，MS－DOS 和 Windows 3. x 使用 FAT16 文件系统，默认情况下 Windows 98 操作系统支持 FAT16、FAT32 两种文件系统，Windows 2000 支持 FAT16、

FAT32、NTFS 三种文件系统。

每种文件系统的功能与特点各不相同。FAT32 文件系统采用 32 位的文件分配表，磁盘的管理能力大为增强，但文件分配表增大，性能降低，并且不能向下兼容。NTFS 文件系统是随着 Windows NT 操作系统而产生的，具有更高的稳定性和安全性，不易产生文件碎片，NTFS 分区对用户权限做出了非常严格的限制，提供容错结构日志，从而保护系统的安全。NTFS 分区格式的兼容性不好，Windows 98/ME 操作系统均不能直接访问该分区。

4 GB 以上的硬盘使用 NTFS 分区，可以减少磁盘碎片数量，大大提高硬盘的利用率，NTFS 可以支持的文件大小可以达到 64 GB，远远大于 FAT32 的 4 GB，支持长文件名，支持的最大分区为 2 TB。

在 Linux 系统中，每个分区都是一个文件系统和自己的目录层次结构。Linux 的最重要特征之一就是支持多种文件系统，并可以和许多其他操作系统共存。

Linux 的文件系统除了具有一般文件系统的特点，还具有以下特点：

（1）文件是无结构的字符流。

（2）文件可以通过设置权限的方式进行保护。

（3）外部设备被看成文件，在系统内与普通文件一样被统一管理。

随着 Linux 的不断发展，Linux 支持的文件格式系统迅速扩充。Linux 2.4 内核正式推出后，出现了大量新的文件系统。Linux 系统支持的文件系统类型包括 jfs、ext、ext2、ext3、ISO 9660、MSDOS、UMSDOS、VFAT、NTFS、SMB 等，Linux 用文件存取控制表来解决存取权限的控制问题。将用户按关系分为若干类，同时规定每类用户的存取权限。

二、Linux 支持的文件系统

不同的操作系统总是按照自己的需求支持一些特定的文件系统。Linux 支持多种微机上常用的文件系统。Windows 2000 及以后的版本支持 FAT12、FAT16、FAT32、ntfs 等文件系统。Linux 正统的文件系统（如 ext2、ext3）中，一个文件由目录项、inode 和数据块组成。

（1）目录项包括文件名和 inode 节点号。

（2）inode 又称文件索引节点，用来存放文件基本信息和数据块的指针。

（3）数据块：文件和具体内容存放地。

1. ext、ext2、ext3

ext 是 minix 的文件系统拓展，是第一个专门为 Linux 设计的文件系统类型，被称为扩展文件系统，在 Linux 发展的早期起过重要作用。由于稳定性、速度和兼容性方面存在许多缺陷，ext 现已很少使用，已经被 ext2 替代。

ext2 是为解决 ext 文件系统存在的缺陷而设计的可扩展、高性能的文件系统，称为二级扩展文件系统。ext2 于 1993 年发布，是 Linux 系统高效、可靠的文件系统，可用在硬盘或可移动的存储介质上。它是 ext 的扩展，被认为是基于速度和 CPU 使用最高效的文件系统。ext3、ext4 是它的相继扩展，它们在原来的基础上增加了日志功能。

ext3 是 ext2 的升级版本，ext3 在兼容 ext2 的基础上，增加了文件系统日志记录功能，称为日志式文件系统，是目前 Linux 默认采用的文件系统。日志式文件系统在因断电等异常而停机重启后，会根据文件系统的日志，快速检测并恢复文件系统到正常的状态，并提高系统的恢复时间，提高数据的安全性。若对数据有较高安全性要求，建议使用 ext3 文件系统。

日志文件系统是目前 Linux 文件系统发展的方向，常用的还有 jfs 和 reiserfs 等日志系列文件系统。

2. swap 文件系统

swap 文件系统用于 Linux 的交换分区。在 Linux 中，使用整个交换分区来提供虚拟内存，其分区大小一般应是系统物理内存的 2 倍，在安装 Linux 操作系统时，就应该创建交换分区，它是 Linux 正常运行所必需的，其类型必须是 swap，交换分区由操作系统自行管理。

3. ISO 9660 文件系统

对 Linux 对该文件系统也有很好的支持，不仅能读取光盘和光盘 ISO 映像文件，还支持在 Linux 环境中刻录光盘。ISO 9660 文件系统是符合 ISO 9660 标准的 CDROM 文件系统，它有两种标准：High Sierra 和 Rock Ridge。

High Sierra 是标准 ISO 9660 的先驱文件系统，在标准的 ISO 9660 文件系统内，它能被自动识别。Rock Ridge 是一种 UNIX 格式的文件系统，在这种格式下可提供长文件名、uid、gid、POSIX 文件权限和设备特别文件等支持。

4. proc、sysfs

proc 文件为访问系统内核数据的操作提供接口，它不占用磁盘空间，是 Linux 系统上一种特殊文件系统，即 proc 文件系统。与其他常见的文件系统不同的是，/proc 是一种伪文件系统（即虚拟文件系统），存储的是当前内核运行状态的一系列特殊文件，用户可以通过这些文件查看有关系统硬件及当前正在运行的进程的信息，甚至可以通过更改其中某些文件来改变内核的运行状态。可以理解为 PCB 表结构在内存中的登记，在 Linux 系统中可以理解为 task_struct 结构，其中记录了系统中每个进程的活动情况、资源占用等信息。当系统创建一个进程时，就要在/proc 中按进程的 PID 为进程创建一个目录，以记录该进程的动态行为和资源需求等。用户可以进入/proc 目录查看其中内容。

基于 proc 文件系统如上所述的特殊性，其内的文件也常被称作虚拟文件，并具有一些独特的特点。例如，其中有些文件虽然使用查看命令查看时会返回大量信息，但文件本身的大小却会显示为 0 字节。此外，这些特殊文件中大多数文件的时间及日期属性通常为当前系统时间和日期，这跟它们随时会被刷新（存储于 RAM 中）有关。为了查看以及使用上的方便，这些文件通常会按照相关性分类存储于不同的目录或者子目录中，如/proc/scsi 目录中存储的就是当前系统上所有 SCSI 设备的相关信息，/proc/N 中存储的则是系统当前正在运行的进程的相关信息，其中 N 为正在运行的进程（可以想象得到，在某进程结束后，其相关目录会消失）。

大多数虚拟文件可以使用文件查看命令如 cat、more 或者 less 进行查看，有些文件信息

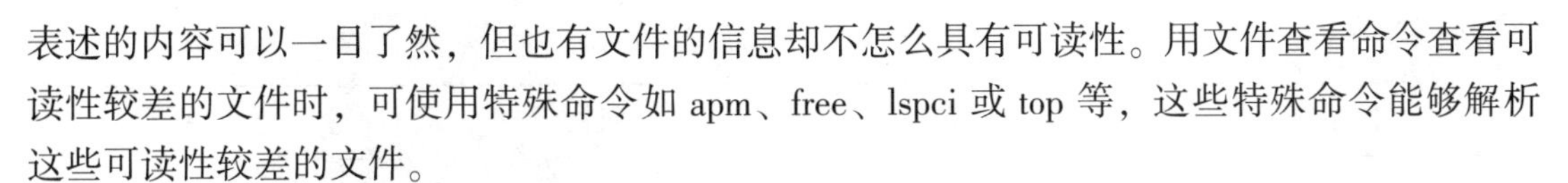

表述的内容可以一目了然，但也有文件的信息却不怎么具有可读性。用文件查看命令查看可读性较差的文件时，可使用特殊命令如 apm、free、lspci 或 top 等，这些特殊命令能够解析这些可读性较差的文件。

5. msdos、umsdos、vfat、ntfs

msdos 文件系统是早期 IBM 或 MSDOS 所支持的 FAT12 或 FAT16 文件系统。是在 DOS、Windows 和某些 OS/2 操作系统上使用的一种文件系统，其名称采用“8 + 3”的形式，即 8 个字符的文件名加上 3 个字符的扩展名。随着 MSWindows 的发展，在 DOS 文件的基础上，又出现了 FAT32 文件系统。

umsdos 是一种 Linux 下的 msdos 文件系统驱动，支持长文件名、所有者、允许权限、连接和设备文件。允许一个普通的 MSDOS 文件系统用于 Linux，而且无须为其建立单独的分区。

6. nfs

nfs 是一种网络文件系统，用于在系统间通过网络进行文件共享，用户可以把 NFS 服务器提供的共享目录挂在本地目录下，然后可以像操作本地文件系统一样操作 nfs 文件系统的内容。

7. xfs

xfs 是一种高性能的日志文件系统，它起源于 SGI IRIX 平台，从 Kernel 2.4.20 版本开始引入 Linux。它完全是多线程的，可以支持大文件和大文件系统、扩展属性、可变块大小，基于 Extent 的分配方式，提供平滑的数据传输。

8. sysv、xenix、coherent

sysv 是 System V/Coherent 在 Linux 平台上的文件系统。它包含了 xenix、SystemV/368 和 coherent 文件系统。

9. jfs

jfs 是 IBM 公司为 Linux 系统开发的一个日志文件系统，从 IBM 的实力以及它对 jfs 的态度来看，jfs 应该是未来日志文件系统中最具实力的一个文件系统。它提供了基于日志的字节级文件系统，该文件系统是为面向事物的高性能系统而开发的。jfs 几乎能够在几秒或几分钟内就能把文件系统恢复到一致状态。jfs 能够保证数据在任何意外宕机的情况下，不会造成数据的丢失与损坏，增加了系统的安全性。

10. ncpfs、ntfs

ncpfs 是一种 Novell NetWare 使用 NCP 协议的网络操作系统。ntfs 是由 Windows 2000/XP/2003 操作系统支持，一个特别为网络和磁盘配额、文件加密等安全特性设置的磁盘格式。

11. smb、smbfs、cifs

smb 是一种支持 Windows for Workgroups、Windows NT 和 Lan Manager 的基于 SMB 协议的网络操作系统。在 Linux 上可以通过 Samba 等系统实现与 Windows 系统的文件共享。

三、Linux 文件系统类型表示

以上的文件系统必须使用规范的类型标识，常见的文件系统类型表示见表 3.12。

表 3.12　文件系统类型表示

文件系统	类型表示	文件系统	类型表示
msdos	vfat	ntfs	ntfs
minix	minix	sysv、xenix、coherent	sysv
ext2、ext3、ext4	ext2、ext3、ext4	xfs	xfs
proc	proc	sysfs	sysfs
smb、cifs	smb/cifs	nfs	nfs
光盘文件系统	iso9660	jfs	jfs

四、文件名及文件类型

Linux 文件类型和文件名所代表的意义是不同的，在 Linux 中，文件类型与文件扩展名没有关系。它不像 Windows 那样是依靠文件后缀名来区分不同文件类型的。Linux 中，文件名只是为了方便使用而取的名字。Linux 中常见文件类型有普通文件、目录、块设备文件、符号链接文件、字符设备文件等。

1. 文件和文件名

操作系统都有文件的概念。文件是被命名并存储在存储介质上的一组信息的集合。统信 UOS 系统的文件均为无结构的字符流。文件名是文件存在的标识，在一般情况下使用数字、字母、下划线等，在统信 UOS 系统中，可用作文件名的字符是广泛的，只要是用户能够输入的字符，都可用作文件名。在实际意义中，一般文件名字都是定义成有意义的。

统信 UOS 支持长文件名字，文件名字最长可以使用 255 个字符，可以使用扩展名用于表示文件类型，扩展名对文件的分类十分有用，我们可以根据自己已经知道的扩展名来定义文件。比如 C 语言的文件用 . c 扩展名。

在统信 UOS 系统中，允许文件有多个“.”，也允许用字符“.”开头。注意：以“.”开头的文件是隐藏文件，需要开启“显示隐藏文件”才能查看。

2. 文件类型

统信 UOS 系统中有 5 种常见的基本文件类型：普通文件、文本文件、二进制文件、目录文件和设备文件。

（1）普通文件用于存放数据，是用户经常使用的文件，可分为文本文件和二进制文件。

（2）文件以文本的 ASCII 码形式存储在计算机中，在一般情况下，是以“行”为基本结构的一种信息组织和存储方式。

（3）二进制文件用户不能直接读懂，只有通过相应的软件才能对其进行操作。二进制文件一般是经过编译程序编译后生成的可执行程序、图形、图像等。

（4）目录文件用于存储组相关的文件项信息或文件说明信息，其中包括文件名及其属性信息。在统信 UOS 系统中，目录包括文件的文件名和节点号等相关信息，而文件的其他属性信息保存在节点信息中。目录文件和普通文件一样，但具有目录属性，用户只能用目录管理命令来访问和管理。

(5) 设备文件是统信 UOS 系统的一个重要特色。统信 UOS 系统把每个 I/O 设备都看成一个文件，与普通文件一样处理，对 I/O 设备的使用和对一般文件的使用一样，不必了解 I/O 设备的细节。设备文件与其他文件不同，它除在目录文件中占据相应的位置以外，并不占据实际的物理存储空间。当用户使用设备文件时，可通过设备的名称得到其节点，然后通过其中的主、次设备号与内核中的设备驱动程序取得联系，从而达到访问目的。

为了区别其他的文件类型，系统一般把设备文件称为“设备特别文件”，简称为设备文件。在一般情况下，设备文件放在系统的目录/dev 下，常见的设备文件有以下几种。

①字符设备文件（c）：字符特殊文件或字符设备提供无缓冲，直接访问硬件设备。

②块设备文件（b）：块特殊文件或块设备提供对硬件设备的缓冲存取，并提供一些抽象的细节。

③管道设备文件（p）：有时也叫 FIFO 文件，管道文件也是很特殊的文件，主要用于不同进程间通信。当两个进程需要数据传输时，就需要用到管道文件，一个进程将需要的数据写入管道的一端。

无名管道：无名管道是半双工的，数据只能向一个方向流动；需要双方通信时，需要建立起两个管道，无名管道完成进程间通信，必须借助父子进程共享 fork 之前打开的文件描述符。

有名管道：不同于无名管道之处在于它提供一个路径名与之关联，以 FIFO 的文件形式存在于文件系统中。这样，即使是与 FIFO 的创建进程不存在亲缘关系的进程，只要可以访问该路径，就能够彼此通过 FIFO 相互通信（能够访问该路径的进程与 FIFO 创建的进程之间），因此，通过 FIFO，不相关的进程也能交换数据。值得注意的是，FIFO 严格遵循先进先出（first in first out），对管道及 FIFO 的读取，总是从开始处返回数据，对它们写时把数据添加到末尾。它们不支持诸如 lseek( ) 等文件定位操作。使用管道文件实现进程之间通信，管道文件只是磁盘上的一个文件标识，其真实数据存储在内存上。FIFO 与管道的不同之处在于它提供一个路径名与之关联，以 FIFO 的文件形式存储在文件系统中。

④符号链接（l）：是 Linux 系统中的一种文件，符号链接文件指向系统中的另一个文件或目录。

五、目录与路径

1. 工作目录与用户主目录

用户登录系统后，所在的目录被称作工作目录或当前目录（Working Directory）。工作目录是可以随时改变的。用户初始登录到系统中时，其主目录（Home Directory）成为其工作目录。工作目录用“.”表示。

用户主目录是系统管理员添加新用户时创建的，每个用户都有自己的主目录，不同用户的主目录一般不同。如 root 用户的主目录是/root，其他登录的用户都是/home/用户名。

用户刚登录到系统中时，其工作目录是该用户主目录，通常与用户的登录名相同。用户可以通过一个“~”字符或者 HOME 来引用自己的主目录。

2. 目录与目录结构

在 Linux 或 UNIX 操作系统中，所有的文件和目录都被组织成以一个根节点开始的倒置的树状结构。

文件系统的最顶层是由根目录开始的，系统使用/来表示根目录。在根目录之下的既可以是目录，也可以是文件，而每一个目录中又可以包含子目录和文件。如此反复，就可以构成一个庞大的文件系统。

在 Linux 文件系统中有两个特殊的目录，一个是用户所在的工作目录，也称当前目录；另一个是当前目录的上一级目录，也称父目录。其表示方法如下：

（1）. 或 ./ ：当前目录；

（2）.. 或 ../ ：上一层目录。

当一个目录或文件名以一个点 . 开始时，表示这个目录或文件是一个隐藏目录或文件（如 .bashrc），即以默认方式查看时（用 ls 命令），不显示该目录或文件。

Linux 是一个多用户的系统，操作系统本身的程序和数据都放在根目录下的某些目录中，这些目录都被称为系统目录，用户可以根据需要创建目录。Linux 的目录结构如图 3.5 所示。

（1）/bin（/usr/bin、/usr/local/bin）是 Binary 的缩写，存放最常用的命令。

（2）/boot 存放的是启动 Linux 时使用的一些核心文件，包括一些链接文件以及镜像文件。

（3）/sbin（/usr/sbin、/usr/local/sbin）。

（4）/home 存放普通用户的主目录。在 Linux 中，每个用户都有一个自己的目录，该目录名一般以用户名命名。

（5）/root 目录为系统管理员，也称作超级权限者的用户主目录。

（6）/lib 为系统开机所需要基本的动态链接共享库，作用类似于 Windows 里的 DLL 文件。几乎所有的应用程序都需要用到这些共享库。

（7）/lost + found 一般情况下是空的，当系统非法关机后，这里会生成一些数据碎片，它提供了恢复丢失文件的一种方法。

（8）/etc 存放所有的系统管理都需要的配置文件和子目录，比如安装数据库的配置文件，还有一些系统的配置。

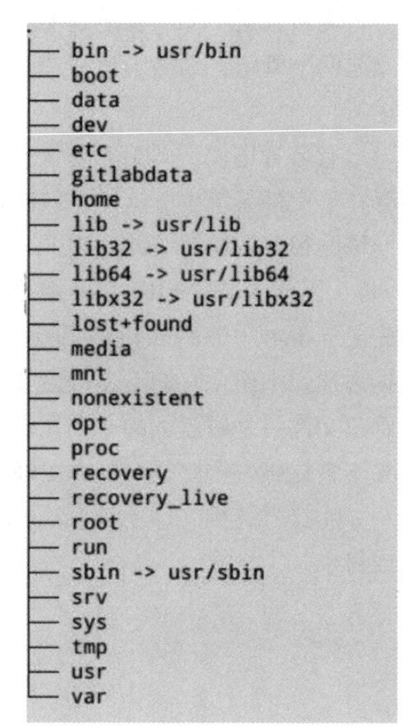
.
bin -> usr/bin
boot
data
dev
etc
gitlabdata
home
lib -> usr/lib
lib32 -> usr/lib32
lib64 -> usr/lib64
libx32 -> usr/libx32
lost+found
media
mnt
nonexistent
opt
proc
recovery
recovery_live
root
run
sbin -> usr/sbin
srv
sys
tmp
usr
var

图 3.5　Linux 的目录结构

（9）/usr 是一个非常重要的目录，用户很多应用程序和文件都放在这个目录下，类似于 Winodws 下的 program files 目录。

（10）/proc［不能动］目录是一个虚拟目录，它是系统内存映射，访问这个目录来获取系统信息。一般情况下不要动，否则，可能会造成系统的崩溃。

（11）/srv（srv service）［不能动］目录存放一些服务启动之后需要提取的数据。

（12）/sys［不能动］是内核中新出现的一个文件系统。

（13）/tmp 目录用来存放一些临时文件。

（14）/dev 类似于 Windows 的设备管理器，把所有的硬件用文件形式存储。

（15）/media：Linux 系统会自动识别一些设备，例如 U 盘、光驱等，系统会把识别的设备会挂载到这个目录下。

（16）/mnt：系统提供该目录是为了让用户临时挂载别的文件系统，可以将外部的存储挂载在/mnt/上，然后进入该目录就可以查看和使用里面的内容了。一般 mnt 目录里会再生成一个目录，例如把本地的硬盘、文件夹等挂载到这个目录，然后就可以使用了。

（17）/opt 目录是主机额外安装软件所存放的目录。一般来说，把安装软件放在这个目录下。有时候系统不是单用户在使用，这样用户可以约定俗成地把安装软件放在这个目录下，就不用额外说明，便于管理。默认这个文件夹是空的。

（18）/usr/local 是另一个给主机额外安装软件的目录。一般是通过编译源码方式安装的程序（软件安装的目标目录）。

（19）/var 目录放着不断修改的文件，将经常修改的文件放到这个目录，例如日志。

3. 路径

路径是从树形目录中的某个目录层次到某个文件的一条道路。此路径的主要构成是目录名称，中间用“/”分开。任何一个文件在文件系统中的位置都是由相应的路径决定的。

用户在对文件进行访问时，要给出文件所在的路径。路径又分为绝对路径和相对路径。绝对路径是指从“根”开始的路径，也称为完全路径；相对路径是从用户工作目录开始的路径。

在树形目录结构中，到某个确定文件的绝对路径和相对路径均只有一条。绝对路径是确定不变的，而相对路径则随着用户工作目录的变化而不断变化。

当用户需要访问一个文件时，可以用路径名来实现，有相对路径和绝对路径两种方式。

六、微机硬盘

就分区而言，微机硬盘的格式有两种：GPT（GUID Partition Table）和 MBR。无论是哪种硬盘格式，硬盘都有一个主引导扇区（Master Boot Record，MBR），通过 MBR 可以快速了解整块硬盘结构。

1. 硬盘物理结构

硬盘的物理结构是比较复杂的，这里只需要指定最常用的几个即可，也就是 chs 寻址中所涉及的结构。

（1）磁头（Heads）：每张磁片的正反两面各有一个磁头，一个磁头对应一张磁片的一个面。因此，用第几磁头就可以表示数据在哪个磁面。

（2）柱面（Cylinder）：所有磁片中半径相同的同心磁道构成“柱面”，意思是这一系列的磁道垂直叠在一起，就形成一个柱面的形状。简单地理解，柱面数 = 磁道数。

（3）扇区（Sector）：将磁道划分为若干个小的区段，就是扇区。其虽然很小，但实际是一个扇子的形状，故称为扇区。每个扇区的容量为 512 字节。

2. 硬盘读写过程

系统将文件存储到磁盘上时，按柱面、磁头、扇区的方式进行，即最先是第 1 道磁头下的所有扇区，然后是同一个柱面的下一个磁头，柱面满后，就推进到下一个柱面，直至文件内容全部被写入磁盘。

所以，数据的读/写按柱面进行，而不按盘面进行。也就是说，一个磁道写满数据后，就在同一柱面的下一个盘面来写，一个柱面写满后，才移到下一个扇区开始写数据。读数据也按照这种方式进行，这样就提高了硬盘的读/写效率。

3. 寻址方式

当需要从磁盘读取数据时，系统会将数据逻辑地址传给磁盘，磁盘的控制电路按照寻址逻辑将逻辑地址翻译成物理地址，即确定要读的数据在哪个磁道哪个扇区。

（1）CHS 寻址方式的容量由 CHS 三个参数决定：磁头数最大为 255（用 8 个二进制位存储），从 0 开始编号。柱面数最大为 1 023（用 10 个二进制位存储）。从 0 开始编号。扇区数最大数为 63（用 6 个二进制位存储），从 1 开始编号。显然，由于要求每个磁道的扇区数相等，而外道的周长要大于内道，所以外道的记录密度要远低于内道，不仅造成了硬盘空间的浪费，也限制了硬盘的容量。为了解决这一问题，进一步提高硬盘容量，人们改用等密度结构生产硬盘。也就是说，外圈磁道的扇区比内圈磁道多，采用这种结构后，硬盘不再具有实际的 CHS 参数，寻址方式也改为线性寻址，即以扇区为单位进行寻址。但一些古老的软件仍然使用 CHS 寻址方式（如使用 BIOSInt13H 接口的软件），为了兼容这样的程序，在硬盘控制器内部安装了一个地址翻译器，可以通过它将老式 CHS 参数翻译成新的线性参数。

（2）LBA 寻址。在 LBA 模式下，硬盘上的一个数据区域由它所在的磁头、柱面（也就是磁道）和扇区所唯一确定。早期系统就是直接使用磁头柱面和扇区来对硬盘进行寻址（这称为 CHS 寻址），这需要分别存储每个区域的三个参数（称为 3D 参数），使用时再分别读取三个参数，然后送到磁盘控制器去执行。由于系统用 8 bit 来存储磁头地址，用 10 bit 来存储柱面地址，用 6 bit 来存储扇区地址，而一个扇区共有 512 B，这样使用 CHS 寻址一块硬盘最大容量为 256 × 1 024 × 63 × 512 B = 8 064 MB（1 MB = 1 048 576 B）（若按 1 MB = 1 000 000 B 来算，就是 8.4 GB）。随着硬盘技术的进步，硬盘容量越来越大，CHS 模式无法管理超过 8 064 MB 的硬盘，因此工程师们发明了更加简便的 LBA 寻址方式。在 LBA 地址中，地址不再表示实际硬盘的实际物理地址（柱面、磁头和扇区）。LBA 编址方式将 CHS 这种三维寻址方式转变为一维的线性寻址，它把硬盘所有物理扇区的 C/H/S 编号通过一定的规则转变为一线性的编号，系统效率得到大大提高，避免了烦琐的磁头/柱面/扇区的寻址方式。在访问硬盘时，由硬盘控制器将这种逻辑地址转换为实际硬盘的物理地址。

4. 主引导扇区与分区表

主引导扇区位于微机硬盘的第一个物理扇区内，它包含机器的主引导程序和整块硬盘的分区表。MBR 的前半部分为引导程序，最后 2 字节为分区标识，分区表的前 64 字节是以 16 字节为单位的 4 个分区表。如果硬盘的 MBR 遭到破坏，则将导致整块硬盘数据无法使用。只能用一些特殊方法或者一些工具对主引导扇区进行修复。

MBR 不属于任何一个分区和操作系统，它也是引导型病毒经常感染和篡改的地方。不

能用操作系统的磁盘操作命令来读取它，但可以用软件工具 WinHex 查看和修改内容。

5. MBR 硬盘结构

一个扇区的硬盘主引导记录 MBR 由 4 个部分组成：主引导程序，它负责从活动分区中装载并运行系统引导程序；出错信息数据区，为出错信息；分区表，含 4 个分区项，每个分区项长 16 字节，共 64 字节；结束标志，为 2 字节，为 55AA，如果该标志错误，系统将不能启动。MBR 的硬盘结构见表 3.13。

表 3.13　MBR 硬盘结构

偏移地址起止范围（16 进制）	内容	备注
0000 ~ 01B7	Master Boot Record 主引导程序	主引导程序
01B8 ~ 01BD	磁盘签名	系统会自动修复磁盘签名
01BE ~ 01CD	基本分区项 1（16 字节）	分区表
01CE ~ 01DD	基本分区项 2（16 字节）	
01DE ~ 01ED	基本分区项 3（16 字节）	
01EE ~ 01FD	基本分区项 4（16 字节）	
01FE	55	结束标志
01FF	AA	

在表 3.13 所示的硬盘结构中，分区的个数应视具体使用情况而定，硬盘上通常会有多个分区，如 C:、D:、E:、F:，一般不是基本分区，而是逻辑分区。

MBR 的主要功能及工作流程：计算机主板的 BIOS 程序在自检通过后，会将整个 MBR 扇区复制到从 7C00 地址开始的内存中，然后将执行权交给内存中 MBR 扇区的主引导程序。主引导程序首先会将自己整个搬到一个较为安全的地址中，目的是防止自己被随后读入的其他程序覆盖，因为引导程序一旦被破坏，就会引起计算机死机，从而无法正常引导系统。系统接着就会判断读入内存的 MBR 扇区的最后两个字节是否为“55 AA”，如果不是，则报错，在屏幕上会列出错误信息。如果是“55 AA”，接下来引导程序会到分区表中查找是否有活动分区，若有活动分区，则判断活动分区的引导扇区在磁盘中的地址，并将该引导扇区复制到从 7C00 地址开始的内存中及判断其合法性（比如：结束标志“55 AA”），如果是一个合法的引导扇区，随后的引导权就交给这个引导扇区去引导操作系统了，MBR 主引导程序的使命也就完成了。

6. GPT 分区结构

由分区表结构的 firstLBA 和 lengthLBA 类型 uint32_t 可知，它们能表示的最大数为扇区 2^{32}，也就是说，这种方式所能支持的磁盘最大容量不超过 2 TB，于是就有了 GPT 分区方式。GPT 磁盘分区解决了 MBR 只能分 4 个主分区的缺点，从理论上说，GPT 磁盘分区结构对分区的数量是没有限制的，但部分操作系统可能会有限制。

GPT 使用逻辑块地址 LBA 的概念，LBA 将磁盘上的所有扇区从 0 开始编号，直到最后一个 n－1，依次为 LBA_0，LBA_1，LBA_2，…，LBA_{n-1}。

（1）GPT 头也称为 EFI 信息区，从硬盘 1 号扇区开始，占用 1 个扇区的空间，其中记录了磁盘的 GUID，当前 GPT 头的位置和 GPT 头备份的位置，分区表的开始扇区、分区表项的个数以及每个分区表项的大小，GPT 头校验和，GPT 分区表校验和等。

（2）分区表：在 GPT 头之后的 32（0x20）个扇区，即 LBA2～LBA33 的内容为分区表项。

（3）备份分区表和备份 GPT 头：备份分区表是对分区表的备份，按照原来的顺序存放在备份 GPT 头前连续的区域内。备份 GPT 头是对 GPT 头的备份，一般位于磁盘的最后一块。

七、Linux 修改权限

在 Linux 系统中，通常权限共有三种。

（1）读权限（r）：允许用户查看文件内容，用 4 表示。例如，可以对文件执行 cat、more、less、head、tail 等命令。

（2）写权限（w）：用户对文件或者目录具有编辑、新增和修改权限，用 2 表示。例如，可以对文件执行 vim、echo 等修改文件数据的命令。

（3）执行权限（x）：用户对文件具有执行权限或者对目录具有进入权限，用 1 表示。在 Linux 系统中，文件是否能被执行，是通过查看文件是否具有执行权限来决定的。

（4）无权限：用 0 表示。

Linux 系统中的每个文件都有访问许可权限，文件的访问权限分为只读、只写和可执行三种。1 表示可执行权限，2 表示可写权限，4 表示可读取权限，然后将其相加，数字的格式应为 3 个从 0 到 7 的八进制数。

只读权限表示只允许读其内容，而禁止对其做任何其他操作。只写权限表示允许修改文件的内容。可执行权限表示将文件作为一个可执行的程序来运行。每一个文件的访问权限都有三组，每组用三位来表示。

（1）文件所属者的读、写和执行权限。

（2）同组用户的读、写和执行权限。

（3）系统中其他用户的读、写和执行权限。

只有文件所有者和超级用户才有修改文件或目录的权限。可以使用绝对模式（八进制数字模式），符号模式指定文件的权限。

八、文件系统的管理命令

1. 权限管理命令

1）umask 命令

umask 命令的功能是设置或查询文件创建掩码的值。

在创建文件时，系统将用八进制数 777 与文件创建掩码的八进制数按位进行减法运算，所得的 3 位八进制数作为新文件的存取权限。若 umask 的值为 033，则理论权限为 777－033＝744，即 rwxr－xr－x。这对于目录来讲是合适的，可以保证每个用户都进入，但是对于一个文件来讲，就不一定合适了，因为一个文件不一定可执行，还要去除各类用户的执行权限，如一般文件的权限为 644，为 rw－r－r。在编码时，新创建文件或者新创建目录的权限与 umask 的关系描述为 0666&～mask，新创建目录的权限为 0777&～mask。

2）chmod 命令

chmod 命令是控制用户对文件的权限的命令，它的功能为改变文件或者目录的权限，有字符串和数字两种方式。其命令格式如下：

```
chmod[用户参数][操作符参数][权限参数]。
```

chmod 命令的用户参数见表 3.14。

表 3.14　chmod 命令参数

参数		功能描述
用户参数	u(user)	用户，即文件和目录的所有者
	g(group)	同组用户，即与文件所有者有相同 ID 的所有用户
	o	其他用户
	a	所有用户
	recursive	递归操作，可以将目录下的所有内容一起处理
操作符参数	+	添加权限
	-	删除权限
	=	添加给定权限，并取消其他所有权限
权限参数	r	可读
	w	可写
	x	可执行

chmod 命令也可以使用八进制数来指定权限，即数字方式，命令格式如下：

```
chmod[具体数字][文件名]。
```

文件或目录是由 9 个权限来控制的，每三位一组。用户权限表示的参数见表 3.15。

表 3.15　用户权限表示参数

数字	权限	rwx	数字	权限	rwx
7	读＋写＋执行	rwx	3	写＋执行	－wx
6	读＋写	rw－	2	只写	－w－
5	读＋执行	r－x	1	只执行	－－x
4	只读	r－－	0	无	－－－

chmod 命令使用示例如下：

```
#chmod a +x 1.txt 2.txt                    #为所有用户增加对 1.txt、2.txt 执行权限
#chmod u +rwx,go +rx 1.txt                 #给文件所有者增加所有权限,为同组人和其他人增加读和执行权限
```

3）chown 命令

chown 命令是用于设置文件所有者和文件关联组的命令，本质上是改变文件主的 uid 或者 gid。

在 Linux 中，所有的文件皆有拥有者，利用 chown 将指定文件的拥有者改为指定的用户或组，用户可以是用户名或者用户 ID，组可以是组名或者组 ID。

只有超级用户和属于组的文件所有者才能变更文件关联组，也就是说，chown 命令需要超级用户 root 的权限才能执行此命令，非超级用户如需要设置关联组，需要使用 chgrp 命令。其命令格式如下：

```
chown[参数]<文件名>。
```

chown 命令的部分参数见表 3.16。

表 3.16　chown 部分参数

参数	功能描述
-- dereference	改变符号连接最终对象的所有者，而非符号链接本身
- h，-- no - dereference	与 -- dereference 相反，仅改变符号链接的所有者，而非链接对象
-- reference = rfile	从指定文件 rfile 中获取权限值
- f，-- silient，-- quiet	以强制或安静方式工作，忽略大部分错误信息
-- from = cur - own：cur - grp	只改变与当前主和组匹配的目标。主和组可省略其中一个
- R，-- recursive	以递归方式处理子目录及其中的文件

chown 命令使用示例如下：

```
#chown root /var/opt                  #将 opt 文件夹的所有者设置 root
#chown lx *.txt                       #将当前目录下的所有 .txt 文件的所有者改为 lx
#chown -R lx 1.txt                    #以递归的方式将 1.txt 拥有者设置为 lx
#chown -R :lx 1.txt                   #以递归的方式将 1.txt 的组设置为 lx
```

4）chgrp 命令

chgrp 命令用于变更文件或目录的所属群组。与 chown 命令不同，chgrp 允许普通用户改变文件所属的组，只要该用户是该组中的一员。其命令格式如下：

```
chgrp[参数]<文件名>
```

chgrp 命令可用 chown 命令替代，其参数与 chown 命令相同。

2. 文件打包、压缩与解压命令

打包是指将多个文件或者目录放在一起，形成一个总的包，这样便于保存和传输，但是

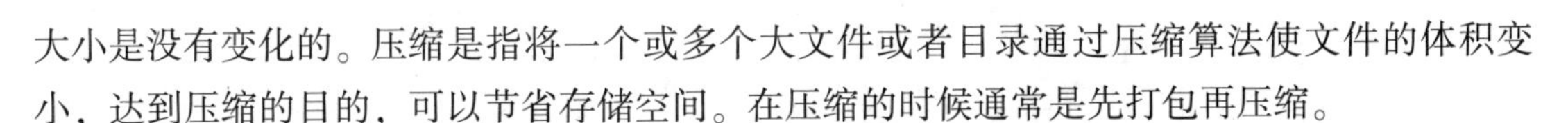

大小是没有变化的。压缩是指将一个或多个大文件或者目录通过压缩算法使文件的体积变小，达到压缩的目的，可以节省存储空间。在压缩的时候通常是先打包再压缩。

在下列情况下会使用文件压缩：

（1）备份数据，数据传输。

（2）节省磁盘空间。

（3）减少带宽使用。

（4）减少负载，减少 I/O 操作。

文件压缩会瞬间加大 CPU 的负载，因此，如果压缩的文件过大，应在服务器业务低谷期进行数据压缩备份。

数据备份是保证数据完整性的有效方法。系统管理员的一个重要任务就是确保系统信息的完整性，因此要经常对系统中的数据进行备份。当系统出现故障或系统中的数据出现问题时，可以从备份数据中恢复。

1）tar 命令

tar（tape archiver）命令的功能是对指定的文件进行打包备份，从备份文件夹中取出或恢复指定的数据，打包的文件可以是设备文件。其命令格式如下：

```
tar[选项]<目标文件>[<源文件>]
```

tar 命令选项的部分参数见表 3.17。

表 3.17　tar 命令选项部分参数

参数	功能描述	参数	功能描述
-c	产生 .tar 打包文件	-z	用 gzip 对文档进行压缩或解压
-v	显示详细信息	-x	解包 .tar 文件
-f	指定压缩后的文件名	-p	保留备份数据的原本权限与属性

tar 命令使用示例如下：

```
#tar -zcvf pc.tar.gz /home/1.txt /home/2.txt  #将 home 目录下的 txt 文件打包为 pc.tar.gz 文件
#tar -zcvf h.tar.gz /home                      #将 home 整个目录打包为 h.tar.gz 文件
#tar -zxvf h.tar.gz                            #把 h.tar.gz 解压到当前目录
```

使用 tar 命令打包时，如果打包目标是绝对路径，会出现打包时把目录结构打包进去的现象，解压时也会把对应的目录结构解压出来，这就会把原目录下同名的文件夹下的内容被覆盖，如果是 Home、root 等比较重要的文件夹，很可能会把重要的数据覆盖。所以打包参数需要添加一个 P，解压时也需要添加 P。

2）gzip、gunzip 命令

gzip 和 gunzip 以 .gz 格式压缩或解压文件。gzip 用于压缩文件，gunzip 用于解压文件。

其语法格式如下：

```
gzip[文件]
gunzip[文件.gz]
```

在默认情况下，gzip 在压缩文件内保存被压缩文件的原名和时间戳，以备解压恢复时使用。gzip 每次只能压缩一个文件，若要打包压缩，可与 tar 等搭配使用。

gunzip 从命令行得到被压缩文件的名称，然后进行解压。gunzip 能识别扩展名为 . gz、- gz、. z、 - z、_z、. Z 等的文件；由 gzip、zip、pack 和 compress 压缩的文件，也能识别扩展名为 . tgz 等由 tar 包压缩的文件。

gzip、gunzip 命令的使用如下：

```
#gzip /home/1.txt                    #将 home 目录下的 1.txt 文件进行压缩
#gunzip /home/1.txt.gz               #将 home 目录下的 1.txt.gz 文件解压缩
```

3）zip、unzip 命令

zip 和 unzip 工具以 . zip 格式压缩和解压缩文件。zip 用于打包，unzip 用于解压缩，这两个命令在项目打包发布很有用。

zip 命令的语法如下：

```
zip[选项][压缩之后的文件名.zip]。
```

zip 常用选项 - r：递归压缩文件，即压缩整个目录。

unzip 命令的语法如下：

```
unzip[选项][要解压的文件.zip]。
```

unzip 常用选项 - d <目录>：指定解压后文件的存放目录。

每个打包命令的算法不同，根据实际情况选择适合的打包命令。

3. 其他命令

1）find 命令

find 命令用来在指定目录下查找文件。任何位于参数之前的字符串都将被视为想查找的目录名。如果使用该命令时不设置任何参数，则 find 命令将在当前目录下查找子目录与文件，并且将查找到的子目录和文件全部进行显示。

find 在文件查找过程中有很多指标供用户使用。在 find 的所有参数中，位于命令名后第一个选项前的参数为查找位置，若无，则默认为当前目录。如果没有指定参数或查找目标，则查找当前目录下的所有文件。

如果知道文件大致的位置，尽量把范围缩小，范围越小，查找的速度就越快。

在搜索路径中，按照选项的要求搜索参数指定的文件的语法格式如下：

```
find[搜索路径][选项][参数]
```

选项说明：

- name <查询方式>：按照指定的文件名查找模式查找文件。

-user <用户名>：按照指定用户名查找文件。

-size <文件大小>：按照指定的文件大小查找文件。

find 命令使用示例如下：

```
#find /home -name 1.txt            #根据文件名查找 home 目录下文件名为 1.txt 的文件
#find /home -user lx               #根据用户名查找 home 目录下用户为 lx 的文件
```

2）locate 命令

locate 指令可以快速定位文件路径，locate 指令利用事先建立的系统中所有文件名称及路径的 locate 数据库实现快速定位给定的文件。locate 指令无须遍历整个文件系统，查询速度较快。为了保证查询结果的准确度，管理员必须定期更新 locate 时刻。

由于 locate 指令基于数据库进行查询，所以，第一次运行前，必须使用 updatedb 指令创建 locate 数据库。在系统中查找参数指定文件的命令格式如下：

```
locate[参数]
```

locate 命令的使用示例：

```
#locate 1.txt                      #查找 1.txt 文件
```

3）grep 指令和管道符号 |

grep 为过滤查找，| 为管道符号，表示将前一个命令的处理结果输出传递给后面的命令处理。根据选项的要求在源文件中查找包含查找内容的文件，并指示出现查找内容的位置的命令格式如下：

```
grep[选项][查找内容][源文件]
```

grep 指令和管道符号 | 使用示例如下：

```
#cat /home/1.txt|grep -n"w"        #使用 cat 命令查看 home 目录下 1.txt 文件的内容,然后将结果传递给后面的 grep 指令,来查找 1.txt 文件包含 w 的内容,并且附带匹配 w 内容的行号。
#grep -i"w"/home/1.txt             #使用 grep 命令,忽略大小写,直接查看 home 目录下 1.txt 文件中包含 w 的内容
```

【任务实施】

小华要打包两个文本文件，和小华同组的用户小明、小白可以对小华打包的文件有一个读、可执行的权限。小明、小白需要自行在 Linux 系统中查找到小华打包的文件并进行解压后查看文件中的内容，最后将两个文件的所有者修改为自己。

（1）新建一个用户组：

```
#groupadd group1
```

（2）新建三个用户并属于用户组 group1：

```
#useradd xh -g group1
#useradd xm -g group1
#useradd xb -g group1
```

（3）查看这三个用户是否添加到组 group1 中：

```
#cat /etc/passwd |grep xh
#cat /etc/passwd |grep xm
#cat /etc/passwd |grep xb
```

（4）将文件 1. txt 和文件 2. txt 所属组修改为 1：

```
#chgrp group1 1.txt
#chgrp group1 2.txt
```

（5）chmod 指令修改权限：

```
#chmod u=rwx,g=rx,o=x 1.txt    #给 1.txt 文件所有者赋予读写执行权限,给 1.txt 文件所在组的用户赋予读执行权限,给其他用户赋予执行权限
```

（6）打包 1. txt 和 2. txt，打包方式如下（这里使用知识准备中的命令）：

```
#tar -zcvf pc.tar.gz /home/1.txt /home/2.txt    #如果想使用这个文件的用户是 Linux 操作系统推荐使用 tar 命令来打包文件
```

（7）gzip 和 zip：

```
#gzip /home/1.txt /home/2.txt    #如果想要将每个文件压缩为单个文件,使用 gzip 命令
#zip pc.zip /home/1.txt /home/2.txt    #压缩多个文件推荐使 zip 命令
```

（8）使用查找命令和管道符号找到打包的文件，并使用解压命令把打包的文件解压：

```
#find pc.tar.gz|tar zxvf pc.tar.gz    #根据文件名查找,并使用 tar 命令将压缩文件解压到当前目录下
#find /home/pc.zip|unzip -d /home /home/pc.zip    #根据文件名查找,并用 zip 命令将压缩文件解压到/home 目录下
```

（9）使用 cat 命令和 grep 指令查看解压出来的文件的内容：

```
#cat /home/1.txt|grep -n "w"    #使用 cat 命令查看 home 目录下 1.txt 文件的内容,然后将结果传递给后面的 grep 指令,来查找 1.txt 文件包含 w 的内容,并且附带匹配 w 内容的行号
```

（10）使用 chown 命令或 chgrp 命令修改解压出来的两个文件的所有者：

```
#chown -R xm 1.txt    #以递归的方式将 1.txt 拥有者设置为 xm
#chown -R xb 2.txt    #以递归的方式将 1.txt 拥有者设置为 xb
```

【任务练习】 文件系统管理命令的使用

实现功能	语句
给 1. txt 文件所有者赋予读写执行权限，给 1. txt 文件所在组的用户赋予读执行权限，给其他用户赋予执行权限	

续表

实现功能	语句
去掉所有人对 1. txt 文件的执行权限	
以递归的方式将 1. txt 的拥有者设置为 lx，组设置为 lx1	
将 home 目录及其包含的文件和子文件都压缩	
将 myhome 文件解压到 opt 目录下	
查找整个系统下大于 200 MB 的文件	

【项目总结】

要完成本项目，需要知道统信 UOS 系统的用户和组、与用户和组管理相关的文件、用户管理命令、与用户身份相关的其他命令、组管理命令、用户管理命令、密码及密码管理命令、文件系统、Linux 支持的文件系统及文件系统类型表示、文件名及文件类型、微机硬盘、Linux 修改权限，以及 umask、chmod、chown、chgrp、tar、gzip/gunzip、zip/unzip、find、locate、grep 等文件系统管理命令，会用图形界面和终端管理用户及组，用密码管理命令管理密码，用文件系统管理命令管理文件系统。

【项目评价】

序号	学习目标	学生自评
1	用户管理的基本命令及其参数	□会用□基本会用□不会用
2	组管理的基本命令及其参数	□会用□基本会用□不会用
3	用户和组相关文件管理的基本命令及其参数	□会用□基本会用□不会用
4	密码管理的基本命令及其参数	□会用□基本会用□不会用
5	文件管理的基本命令及其参数	□会用□基本会用□不会用
自评得分		

项目四

进程、任务与作业管理

【项目场景】

小明负责管理公司的统信 UOS 服务器，在日常管理中需要进行进程、任务与作业管理。

【项目目标】

知识目标

- 掌握进程、作业的概念。
- 了解 shell 模式和 UOS 的启动过程。
- 理解进程管理过程。
- 熟练使用进程管理命令。
- 理解作业调度方法和执行过程。
- 熟练设置定时任务。
- 熟悉进程、作业的概念。

技能目标

- 熟练使用进程管理命令。
- 掌握设置进程优先级方法。
- 会使用进程管理命令。
- 能够创建指定任务。

素质目标

- 具有发现问题、分析问题和解决问题的能力。
- 具有主动学习知识的意识。
- 具有良好的心理素质和克服困难的能力。
- 具备较强的知识技术更新能力。
- 具备自主学习新知识、新技术的能力。

任务一　进程管理

【任务描述】

小明所管理的统信 UOS 系统服务器上运行了很多服务程序，这些运行中的程序在统信 UOS 系统中被称为进程，小明需要对进程的运行、暂停、恢复等进行管理，并能够处理内存溢出导致的服务器崩溃等问题。

【任务分析】

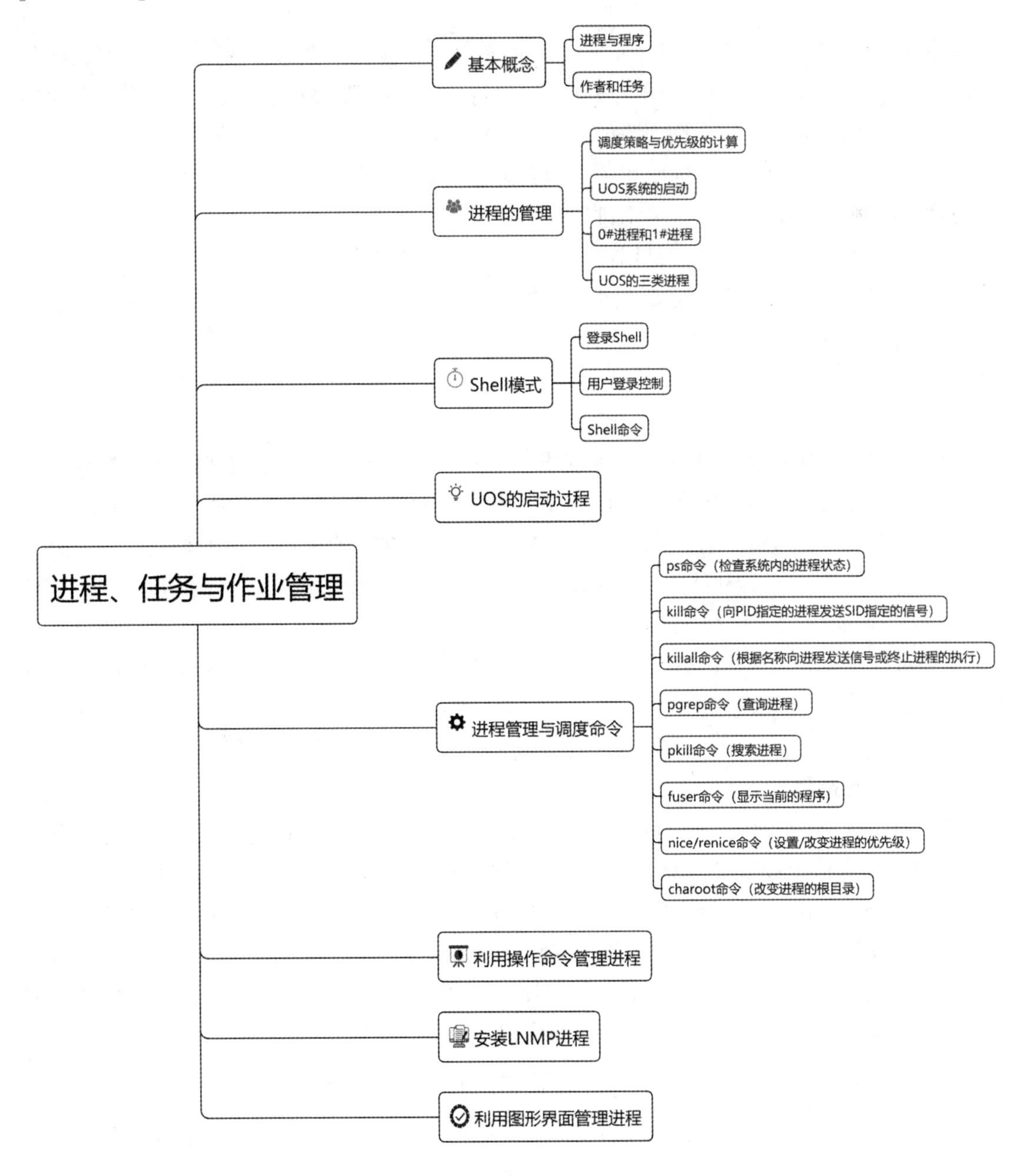

【知识准备】

一、基本概念

1. 进程与程序

从用户的角度看，进程是程序的一个执行实例，其表现方式是对一个或多个数据的加工和处理的动态过程。程序是包含一系列指令的文件，是一种静态信息，是一个存储在磁盘上的可执行文件；进程是程序一次执行过程，是一个动态的概念。进程包含执行的程序、数据及执行的状态信息。

2. 作业和任务

在统信 UOS 系统中，作业和任务是 shell 的概念，作业是一个运行的 shell，它可以在前台运行，提供用户操作，也可以暂停或在后台运行，但不接受终端的输入，只能向终端输出最后的结果。同一时间，每个用户只能有一个前台作业。

任务是一个抽象的概念，通常指一系列共同达到某个目的的操作。例如，读取数据并将数据放入内存中的任务可以作为一个进程来实现。

作业和任务的区别是：作业是用户向计算机提交的任务实体，而一个进程是作业或任务的某个执行过程。一个作业可由多个进程组成。

二、进程的管理

1. 调度策略与优先级的计算

调度策略是操作系统调度分配资源的程序，其功能是选择就绪进程并将处理器分配给它，或者选择作业进入内存的策略。在 UOS 系统中，每个进程在执行过程中的优先级会一直变化，只有优先级最高的进程会被执行。在 Linux 内核中，有三种主要的调度策略，分别为 SCHED_OTHER（分时调度策略）、SCHED_FIFO（实时调度策略，先到先服务）、SCHED_RR（实时调度策略，时间片轮转）。

优先级的计算实质与优先数关联，相关数为 NICE。NICE 值越大，代表优先级越低，所执行的功能就越少。

2. UOS 系统的启动

UOS 的启动过程如下：

（1）计算机连接电源后，启动 BIOS（Basic Input Output System，基本输入输出系统）。BIOS 保存着计算机中最重要的基本输入输出程序、开机后的自检程序和系统启动程序。

（2）BIOS 启动后开启自检功能，如果 CPU、显卡等硬件设备可以正常运行，则启动引导设备，一般是硬盘；BIOS 判断是否将控制权交给预设顺序的设备，如果是，则 BIOS 去读取硬盘或 U 盘的第一个扇区，即最前面的 512 字节，如果可以引导设备，则该区域存放的信息为主引导分区记录，否则，按照预设顺序识别下一个设备。

（3）UOS 使用 GRUB（启动管理工具）让用户选择操作系统，如图 4.1 所示。

（4）UOS 系统内核载入。

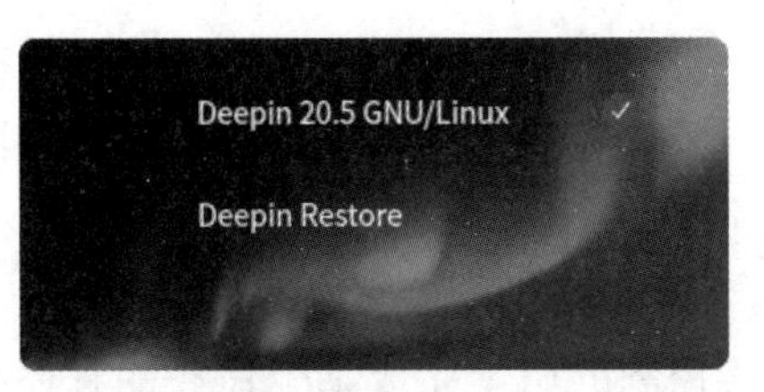

图 4.1　选择操作系统

3. 0#进程与 1#进程

0#进程与 1#进程是 UOS 系统中的重要进程。

（1）1#进程是 init( ) 函数，在内核态运行，是内核代码，是系统在启动时创建的进程。它调用 execve( ) 函数，从文件/etc/inittab 中加载可执行程序 init 并执行。

（2）0#进程是 1#的父进程。0#进程执行 cpu_idle( ) 函数，该函数仅有一条 hlt 汇编指令，在系统闲置时，降低电力消耗和热量的产生。

UOS 系统的进程之间的家族关系可以通过在终端中输入 pstree 命令来查看。图 4.2 所示为某个 UOS 系统的进程树的局部图（运用的是 pstree -p 的输出）。

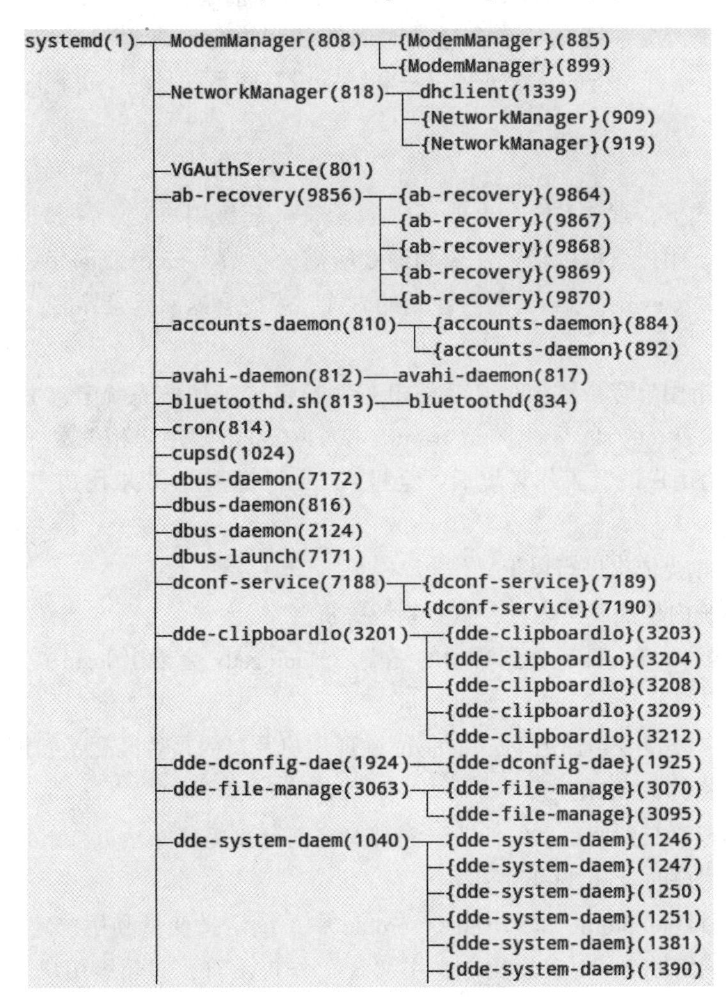

图 4.2　UOS 系统进程树的局部图

4. UOS 的三类进程

UOS 操作系统是多用户、多任务的操作系统，在系统中会同时运行许多进程，如服务器进程、用户进程等。这些进程大致分为三类，分别为前台进程（Foreground Process）、后台进程（Background Process）和批处理进程（Batch Process）。

（1）前台进程是用户直接控制的用于完成某个任务的程序界面进程，也被称为终端交互式进程。在前台进程中，一旦终端被关闭，进程也会随之消失。它从标准输入读数据，向标准输出写数据，将错误信息输出到标准错误。其也可以是用户直接交互控制的完成某种功能的进程。

（2）后台进程是指在系统后台运行的，不与用户交互的进程，是运行在后台的特殊进程。它独立于控制终端并且周期性地执行某种任务或等待处理某些发生的事件。前台进程也可以放在后台运行，这时可能使用输入输出的重定向。

守护进程（Daemon）也叫服务器或精灵进程，守护进程一般是后台进程并且周期性地执行某种任务或等待处理某些发生的事件。UOS 的大多数服务器是用守护进程实现的。

（3）批处理进程也被称为 shell 程序，是用户按照某种意图将一批作业和任务通过编程的方法提交给系统，由系统在某个合适的时间调度和执行的进程。批处理进程是在某个 shell 程序的控制下解释执行的。批处理进程和终端没有联系，是一个进程序列。

三、shell 模式

在 shell 的模式下，默认系统会出现 shell 提示符#(超级用户)或 $ (普通用户)。一旦出现了 shell 提示符，用户就可以输入命令和命令所需的参数，按下 Enter 键后，会由 shell 解释并执行。可以输入 exit 命令或者通过注销的方式，系统会返回登录界面，退出 shell 模式。

1. 登录 shell

登录 shell 是指用户登录系统时取得 shell 控制权限。在 UOS 系统中，用户输入用户名和密码后，系统会检查/etc/shadow、/etc/passwd 和/etc/group 等用户相关文件。如果用户名和密码合法，系统为用户设置工作环境后，会进入 shell，否则会要求用户重新输入用户名和密码。

系统登录 shell 会依次进行以下操作：

（1）操作系统内核加载至内存，直到系统关机。

（2）init 扫描/etc/inittab，找到活动的终端后，mingetty 会给出 login 提示符和口令，提示输入用户名及口令。

（3）将用户名及口令传递给 login，login 验证用户及口令是否匹配，如果身份验证通过，login 将会自动转到其 $HOME。

（4）将控制权移交到所启动的任务（在移交之前分别完成 setgid、setuid）。比如在/etc/passwd 文件中，用户的 shell 为/bin/sh。

（5）读取文件/etc/profile 和 $HOME/. profile 中系统定义变量和用户定义变量，系统给出 shell 提示符 $PROMPT，对普通用户，用“ $ ”作提示符，对超级用户（root），用“#”作提示符。

登录 shell 的启动流程和工作过程如图 4.3 所示。

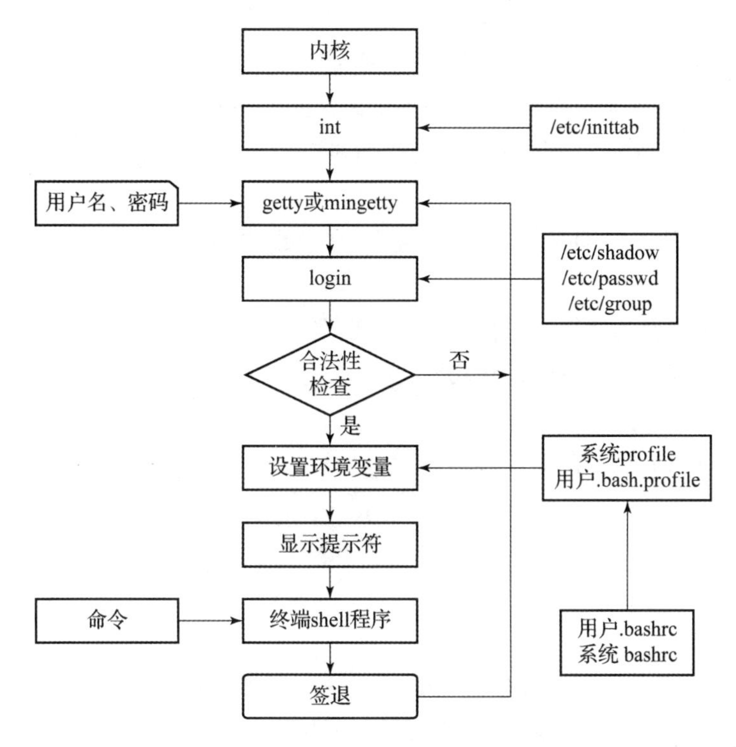

图 4.3　登录 shell 的启动流程和工作过程

2. 用户登录控制

在 UOS 系统中，root 用户登录会默认进入目录“/root”，普通用户登录会默认进入家目录“/home/登录的用户名”。可以根据提示符判断用户类型，使用 pwd 命令可以显示当前所在的目录。使用 cd 命令可以改变目录的去向。在终端输入 w 命令可以查看用户信息，who 命令显示用户名称、用户的机器名称或 tty 号、远程主机地址、用户登录系统的时间等。

用户登录 shell 的过程主要与 shell 的几个启动控制文件相关：~/. bash_profile、~/. profile、/etc/bashrc 或 ~/. bashrc，用户只要修改其中一个文件，就可以影响 shell 的启动。

3. shell 命令

cat /etc/shells 命令用来查看用户使用的机器中有哪些 shell；echo $SHELL（一定要大写）命令用来查看当前使用的 shell。用户可以根据自己的需求更改 shell 用户等操作。要创建或修改用户，需要转到超级用户才能进行。用户可以在 usradd 或 usermod 命令后面加上 -s 的参数，加入指定的 shell。UOS 中的 chsh 命令可以用来改变当前的 shell。

四、UOS 的启动过程

UOS 的启动软件包发展迅速，本书使用的 systemd 是目前十分完善的启动软件包。

1. systemd

systemd 是 Linux 操作系统中最基础的组成部分，是一个 Linux 系统基础组件的集合，负责启动其他程序。作为操作系统的第一个用户进程运行并启动操作系统的其余部分，其主要作用是进行操作系统和服务管理。systemd 功能强大，管理范围广泛，但其核心只有一个/bin/systemd。Linux 内核启动后，它作为第一个被执行的用户进程，起到了承上启下的作用。当某个进程占用太多系统资源时，systemd 有权执行 Out of Memory（OOM）killer 机制来终止进程，以此保护整个系统不会因资源耗尽而崩溃。

systemd 的特点如下：

（1）systemd 不是一个 shell 脚本，它是作为配置文件，以 unit（单元）为单位进行管理。

（2）systemd 可以灵活地执行进程的启动，设置各种阈值启动进程，如定时器、插座通信检测、文件系统挂载等。根据系统构成的变化，也可以自动改变系统，如检测到新的磁盘设备时，启动特定程序等。

（3）systemd 通过 cgroup 管理进程。

2. 常用的 unit 类型

systemd 将各种系统启动和运行相关的对象，表示为各种不同类型的单元 unit，是基于 unit 来开启和监督系统的。unit 主要有 service、socket、device、swap file、partition、file system、timer 等。

（1）service：代表一个后台服务进程，如 mysqld（数据库服务）。这是最常用的一类。service unit：文件扩展名为 . service，用于定义系统服务。

（2）mount：此类配置单元封装文件系统结构层次中的一个挂载点。systemd 将对这个挂载点进行监控和管理。比如，可以在启动时自动将其挂载，可以在某些条件下自动卸载。systemd 会将/etc/fstab 中的条目都转换为挂载点，并在开机时处理。mount unit：文件扩展名为 . mount，定义文件系统挂载点。

（3）swap：和挂载配置单元类似，交换配置单元用来管理交换分区。用户可以用交换配置单元来定义系统中的交换分区，可以让这些交换分区在启动时被激活。swap unit：文件扩展名为 . swap，用于标识 swap 设备。

（4）automount：此类配置单元封装系统结构层次中的一个自挂载点。每个自挂载配置单元对应一个挂载配置单元，当该自动挂载点被访问时，systemd 执行挂载点中定义的挂载行为。automount unit：文件扩展名为 . automount，该类文件表示由 systemd 控制和监督的文件系统自动装载点。

（5）timer：定时器配置单元，用来定时触发用户定义的操作。这类配置单元取代了 atd、crond 等传统的定时服务。

（6）target：此类配置单元为其他配置单元进行逻辑分组。它们本身实际上并不做什么，只是引用其他配置单元而已，这样便可以对配置单元做一个统一的控制，就可以实现大家都非常熟悉的运行级别的概念。target unit 文件扩展名为 . target，用于模拟实现“运行级别”。

（7）path：表示路径。路径 unit 表示用于当文件系统对象变化或者被修改时启动其他基于路径的活动。

①device unit 文件扩展名为 . device，用于定义内核识别的设备。

②socket unit 文件扩展名为 . socket，用于标识进程间通信用到的 socket 文件。

③snapshot unit 文件扩展名为 . snapshot，用于管理系统快照。

3. systemctl list - unit - files 命令

systemctl list - unit - files 命令用于列出 unit 的状态，其语法格式如下：

```
systemctl list - unit - files
```

输出结果有 3 列：UNIT FILE、STAT、VENDOR PRESET。3 列的意义分别是 unit 名、状态、默认状态。

unit 的常见状态有 5 种，分别为活动状态（active）、不活动状态（inactive）、激活状态（activating）、禁止状态（deactivating）、失败状态（failed）。

systemd unit 的常见功能见表 4. 1。

表 4. 1　systemd unit 的常见功能及作用

unit	功能及作用
Poweroff. target	关闭系统
Rescure. target	单用户模式
Multiuser. target	用户自定义级别，通常识别为级别 3
Reboot. target	重新启动
Graphical. target	多用户，有图形，比级别 3 就多了一个图形
Shutdown. target	用于系统关闭时关闭服务
Sigpwr. target	当电源失效时启动此策略
Swap. target	用于管理交换区
Halt. target	当一个应用程序需要关闭系统时，需要启动此策略

systemd 用到的主要配置目录如下：主机本地配置目录为/etc/system/system，unit 的位置可能在两个地方：/lib/system/system/或/usr/lib/system/system/。

五、进程管理与调度命令

1. ps 命令

ps 命令用于检查系统内的进程状态，其语法格式如下：

```
ps 参数
```

ps 命令输出信息的含义如下：

（1）USER：启动进程的用户名。

（2）RSS：进程占用的内存空间。

（3）PID：进程号。

（4）TTY：启动进程的终端号。

（5）PPID：显示父进程的进程号。

（6）STAT：进程的状态。

（7）%CPU：进程占用 CPU 总时间的百分比。

（8）START：进程开始的时间。

（9）%MEM：进程占用系统内存总量的百分比。

（10）TIME：进程已经运行的时间。

（11）VSZ：进程占用的虚拟内容空间。

（12）COMMAND：进程的命令名。

ps 命令的部分参数见表 4.2。

表 4.2　ps 命令的部分参数

参数	功能描述	参数	功能描述
-A/-e	显示系统内所有的进程	L	显示标题栏信息
-d	显示所有进程（但不包括会议负责人）	-a	显示所有与终端相关的进程（但不包括会议负责人）
s	显示信号格式	u	显示面向对象的格式
v	显示虚拟内存格式	e	在命令后显示环境变量
h	没有标题	-H	显示进程层次
-j，j	以作业控制方式显示进程信息	-aux	显示所有包含其他使用者的行程
m/-m	在进程后显示线程	-au	显示较详细的资讯
c	列出进程名，但不包含路径名	-L	显示线程（带 LWP 和 NLWP 列）
-o	用户自定义格式	-w	显示加宽可以显示较多的资讯

当 ps 命令没有任何参数时，会显示默认信息 PID、TTY、TIME、CMD，如图 4.4 所示。

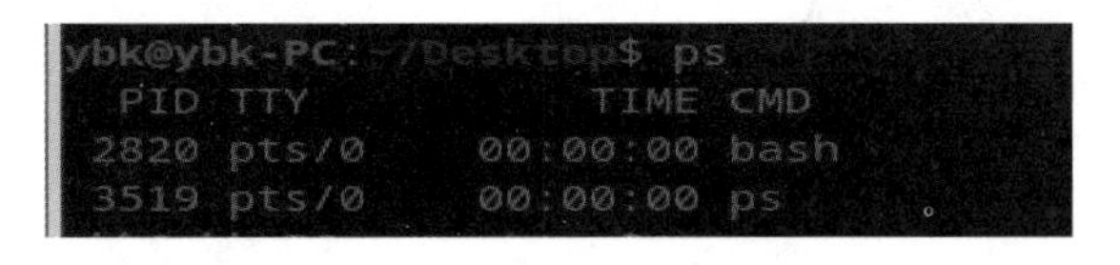

图 4.4　UOS 系统内的进程状态

在 UOS 系统中，进程有 5 种状态，分别为运行（R）、中断（S）、不可中断（D）、僵死（Z）和停止（T）。

ps 输出信息中的部分进程状态标志见表 4.3。

表 4.3　ps 输出信息中的部分进程状态标志

状态标志	说明	状态标志	说明
<	高优先序的行程	I	空闲内核线程
N	低优先序的行程	+	后台进程组中的程序
W	进入内存交换（从内核 2.6 开始无效）	D	不可中断的静止，非中断性睡眠，通常因为等待 I/O
t	被调试跟踪而停止	S	静止状态，等待事件发生
Z	僵尸进程	X	死掉的进程
T	停止或被跟踪	R	正在运行，或在队列中的进程

2. kill 命令

kill 命令向 PID 指定的进程发送 SID 指定的信号，其语法格式如下：

```
kill  -SID  PID
```

例如，向进程号是 3360 的进程发送 9 号信号的语句如下：

```
kill -9 3360
```

3. killall 命令

killall 命令根据名称向进程发送信号或终止进程的执行，会终止指定名字的所有进程，其语法格式如下：

```
killall [options] name
```

killall 命令的部分 option 参数见表 4.4。

表 4.4　killall 命令的部分 option 参数

参数	功能描述	参数	功能描述
-e | --exact	进程需要和名字完全相符	-l | --list	列出所有的信号名称
-I | --ignore-case	忽略大小写	-s | --signal	发送指定信号
-g | --process-group	结束进程组	-u | --user	结束指定用户的进程
-i | --interactive	结束之前询问	-v | --verbose	显示详细执行过程
-q | --quite	进程没有结束时，不输出任何信息	-w | --wait	等待所有的进程都结束
-r | --regexp	将进程名模式解释为扩展的正则表达式	-V | --version	显示版本信息

kill 命令是根据 PID 终止指定进程，因此它需要 ps 命令配合使用；而 killall 是直接根据进程名称终止指定进程，因此从操作步骤方面看更加简便；但是，使用 killall 命令终止进程时，可能存在误终止其他需要正常运行进程的问题（比如当进程名称输入错误时）。

4. pgrep 命令

pgrep 命令通过程序的名字来查询进程，一般用来判断程序是否正在运行，其命令格式如下：

```
pgrep [参数] 程序名
```

pgrep 命令的常用参数见表 4.5。

表 4.5　pgrep 命令的常用参数

参数	功能描述	参数	功能描述
Parrten	进程名表达式	-x, --exact	完全匹配进程名
-SIG	指定信号 SIG	-g, --pgroup pgrp	仅在进程组“pgrp, ..”中搜索
-d,delimiterC	指定输出的分隔符	-n, --newest	仅搜索最新（刚启动的）进程
-v, --inverse	方向匹配	-a, --list-full	列出 PID 与命令行参数（仅 pgrep）
-U, --uid ruid,….	仅搜索真实 uid 在“ruid, …”中的进程	-u, --euid euid,…	仅搜索有效 uid 在“euid, …”中的进程
-f, --full	匹配整个命令行	-c, --count	仅显示匹配的进程数量（仅 pgrep）

```
#pgrep vsftpd                  #搜索 vsftpd 过程,并显示 PID
#pgrep -a vsftpd               #搜索 vsftpd 进程,并显示 PID 及命令行参数
```

5. pkill 命令

pkill 命令用于搜索进程，但不是为了显示，而是向搜索到的进程发送信号，其命令格式如下：

```
pkill [参数] 程序名
```

pkill 命令的常用参数同 pgrep 命令的参数。

6. fuser 命令

fuser 命令确定使用指定文件或文件系统的进程，用来显示当前正在使用磁盘上某个文件、挂载点、网络端口的程序，并给出程序进程的详细信息。fuser 显示使用指定文件或文件系统的进程 ID。默认情况下每个文件名后面跟一个字母表示访问类型。fuser 命令的语法

格式如下：

```
fuser [参数]
```

fuser 命令的常用参数见表 4.6。

表 4.6 fuser 命令的常用参数

参数	功能描述	参数	功能描述
-a	显示命令行中指定的所有文件	-s, --slient	默默工作，不显示输出信息
-k	终止访问指定文件的所有进程	-4, --ipv4	只搜索 IPv4 的 sockets 信息
-i	终止进程前需要用户进行确认	-6, --ipv6	只搜索 IPv6 的 sockets 信息
-l	列出所有已知信号名	-singnal	指定信号，而非默认的 SIGKILL
-u	在每个进程后面显示所属用户名	-n, --namespace	在选择的名称空间搜索

7. nice 命令

nice 命令用来设置 cmd 命令运行的进程的优先级为 n，其语法格式如下：

```
nice [-n] [cmd[arg…]]
```

进程默认优先级为 10，范围为 -20 ~ 19（-20 为最高优先级，19 为最低优先级）。

8. renice 命令

renice 命令用来改变正在运行的进程的优先级，可以调整一个正在运行的进程的 NICE 值，其语法格式如下：

```
renice [-n] [-g|-p|-u] identifier…
```

其参数说明如下：

（1）[-n]：可选项，代表新的 NICE 值。

（2）[-g|-p|-u]：-g 指定进程组名或 PGID，-p 指定进程名或 PID，-u 指定用户名或 UID。

9. chroot 命令

chroot 命令用来改变进程的根目录，把根目录换成指定的目的目录，其语法格式如下：

```
chroot  [path] [command]
```

在经过 chroot 命令之后，系统读取到的目录和文件将是新根下的目录和文件。这增加了系统的安全性，方便用户特殊应用。

【任务实施】

一、利用操作命令管理进程

1. 查询进程状态

（1）用管道 | 和 more 连接起来分页查看进程，语句如下：

```
#ps -aux |more
```

（2）以长格式显示所有进程的信息，语句如下：

```
#ps -el
```

（3）查询整个系统内的进程信息，语句如下：

```
#ps -axj
```

（4）以树形结构显示进程，语句如下：

```
#ps -axjf
```

（5）查询所有进程加上 x 参数表示会显示没有控制终端的进程，语句如下：

```
#ps -ax
```

2. 结束进程

（1）列出可用信号，语句如下：

```
#Killall -l
```

（2）结束所有的 php -fpm 进程，语句如下：

```
#killall -p php-fpm
```

3. 修改用户的登录 shell

（1）创建 test 用户，并指定登录 shell 为 ybk：

```
useradd -s /bin/ybk test
```

（2）修改 test 用户，并指定登录 shell 为 ybk：

```
usermod -s /bin/ybk test
```

（3）将 ybk 用户的登录 shell 改为 SHELL：

```
chsh -s SHELL ybk
```

（4）将默认位置改变为当前设置的 /bin/csh：

```
chsh -s /bin/csh                    # 通过 -s 参数改变当前 shell 的设置
```

4. 设置进程的优先级

```
#vi &                               #在后台运行
#nice vi &                          #设置默认优先级
#nice -n 19 vi &                    #设置优先级为 19
```

```
#chkconfig --list                              #列出所有的系统服务
#chkconfig --add httpd                         #增加 httpd 服务
#chkconfig --del httpd                         #删除 httpd 服务
#chkconfig --level httpd 2345 on               #设置 httpd 在运行级别为 2、3、4、5 的情况下都是
on(开启)的状态
#chkconfig nfs                         #检查 nfs 服务在当前运行级别中是否为开机自启动
```

二、安装 LNMP 进程

（1）查看服务器正在运行的进程，了解服务器运行是否超负荷：

```
ps -ax
```

（2）安装 LNMP 的进程，安装过程的选项都选择默认设置：

```
wget http://soft.vpser.net/lnmp/lnmp1.9.tar.gz -cO lnmp1.9.tar.gz && tar zxf
lnmp1.9.tar.gz && cd lnmp1.9 &&./install.sh lnmp
```

（3）将安装 LNMP 进程挂在后台：

```
Ctrl + Z
```

（4）查看被挂起的进程：

```
jobs
ps -ax |grep lnmp
```

（5）继续进行被挂起的进程：

```
fg
```

（6）查看进程号：

挂起进程：

```
Ctrl + Z
```

查看进程号：

```
jos -l
[1]+  6544 停止                    ./install.sh lnmp
```

（7）终止指定进程号进程：

```
kill -9 6544
```

三、利用图形界面管理进程

（1）启动进程管理器，打开面板，单击面板上的“主菜单”→“系统监视器”，出现如图 4.5 所示系统监视器窗口。分别单击图中 1、2、3 所示处，可显示出应用“程序”“我的进程”“所有进程”。

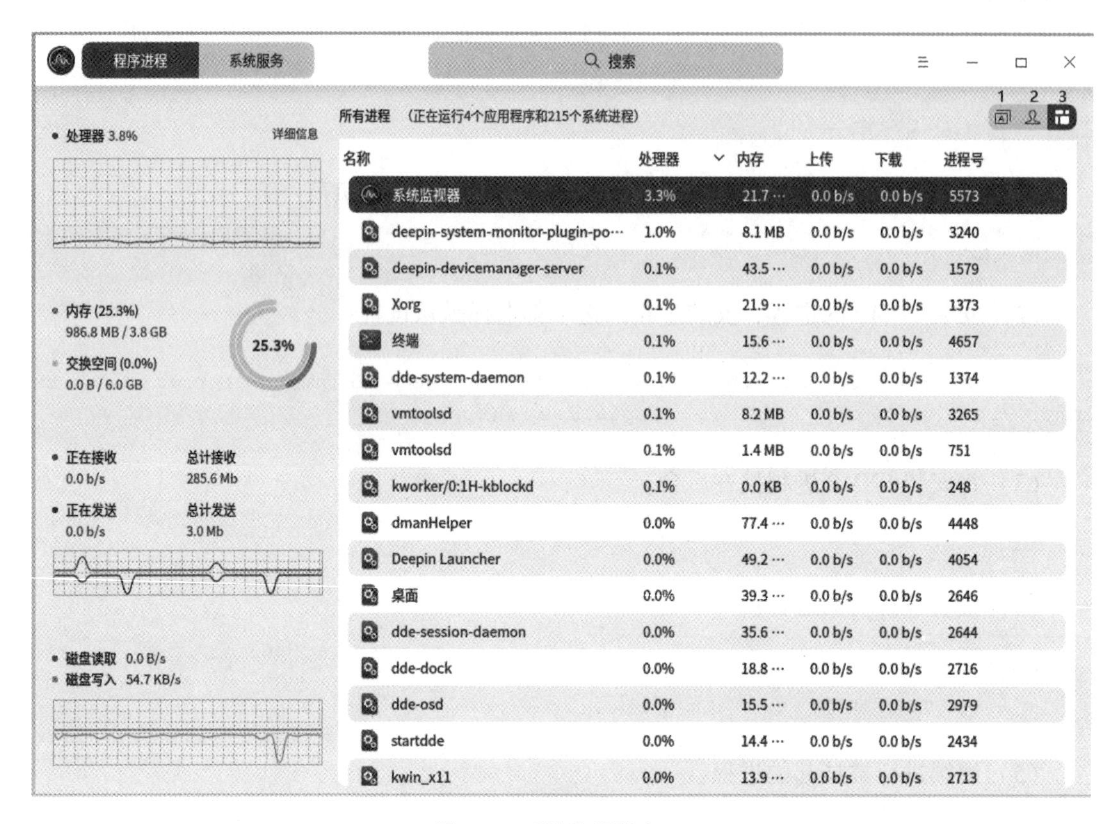

图 4.5　系统监视器窗口

（2）右击某个进程，快捷菜单如图 4.6 所示。

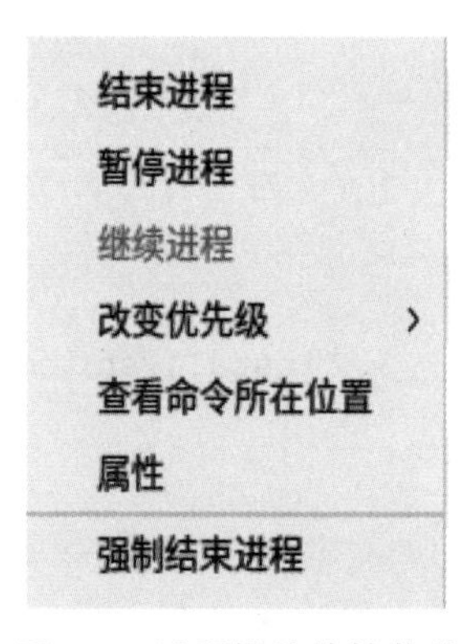

图 4.6　进程操作快捷菜单

【任务练习】 进程管理练习

实现功能	命令语句
1. 显示当前控制终端的进程	
2. 分别后台运行延时 500 秒、5 000 秒进程	
3. 显示当前控制终端的进程	
4. 查找延时程序的进程	
5. 修改延时 5 000 秒的进程的优先级为 15	
6. 停止运行延时 5 000 秒的进程	

任务二 作业的自动调度

【任务描述】

小明需要每天晚上 8 点进行数据库的备份，然后关闭 Nginx 服务器，因此，小明需要掌握任务自动化的使用技能来完成工作任务。

【任务分析】

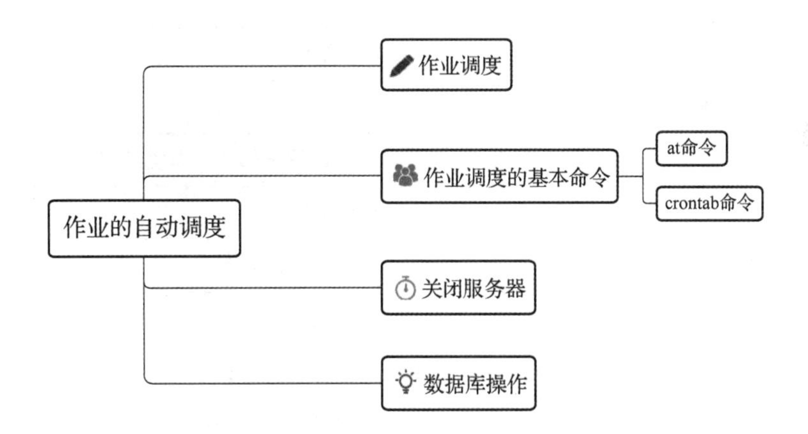

【知识准备】

一、作业调度

在操作系统中，除了可以使用相关的命令对正在运行的程序进行管理和控制外，还可以使用相关命令对作业进行调度。作业调度主要完成作业从后备状态到执行状态，以及从执行状态到完成状态的转换。具体来说，作业调度主要完成以下工作：

（1）记录系统中各个作业的情况。

（2）按照某种调度算法从后备作业队列中挑选作业，即决定接纳进入内存的作业及其数量。

（3）为选中的作业分配内存和外设等资源。

（4）为选中的作业建立相应的进程，并把该进程放入就绪队列中。

（5）作业结束后进行善后处理工作，如输出必要的信息，收回该作业所占用的全部资源，撤销与该作业相关的全部进程和该作业的 JCB。

二、作业调度的基本命令

用于作业调度的命令有 at、batch、crontab 等。

1. at 命令

at 命令用于在一个指定的时间执行一次指定任务，使用 at 命令前需要先安装该命令，安装命令为 apt install at；安装后，在使用 at 命令前，需要开启 atd 服务，开启命令为 systemctl start atd。at 命令的用法如下：

```
at [参数] <时间>
at > <命令>
at >按 <Ctrl> +D 结束输入
```

在<时间>参数指定的时间执行<命令>，命令可以多条。

at 的部分参数见表 4.7。

表 4.7　at 的部分参数

参数	功能描述
-M	不发送邮件
-m	当指定的任务被完成之后，将给用户发送邮件，即使没有标准输出
-l	atq 的别名
-d	atrm 的别名
-r	atrm 的别名
-v	显示任务将被执行的时间，显示的时间格式为 Thu Feb 20 14:50:00 1997
-c	打印任务的内容到标准输出
-V	显示版本信息
-q	后面加<队列>使用指定的队列

例如，三天后的下午 5 点执行/bin/ls 的语句如下：

```
# at 5pm +3 days
at > /bin/ls
at > <EOT>
```

2. crontab 命令

crontab 命令是 cron table 的简写，是 cron 的配置文件，也被称为作业列表。它的功能是规划程序，使程序周期性地定时启动和执行。crontab 是一个客户端程序，用于编辑用户的 crontab 文件，其语法格式如下：

```
crontab[选项][参数]
```

crontab 命令的部分参数见表 4.8。

表 4.8　crontab 的部分参数

参数	功能描述
-u	设定某个用户的 cron 服务，一般 root 用户在执行这个命令的时候需要此参数
-l	列出某个用户 cron 服务的详细内容
-r	删除某个用户的 cron 服务
-e	编辑某个用户的 cron 服务
-i	与 -r 配合使用，删除用户的 crontab 文件并会给出提示

crontab 命令的使用方法如下：

（1）命令行输入 crontab -e 命令，进入编辑 crontab 文件内容状态。

（2）编辑 crontab 文件内容，设置定时任务。

定时任务格式为：

minute　hour　day　month　day_of_week　command

定时任务格式中，从左到右依次为：分，时，月日期，月份，周日期，命令，意义是在指定的时间执行命令。如果某一个时间可以任意，可以用星号（*）表示。

前 5 个域是数字，分别是（0~59）、时（0~23）、月日期（1~31）、月份（1~12）和周日期（0~6，0 表示星期天）。月份和周日期可以用英文表示，可以是以下形式：

（1）数字。

（2）由“-”连接的两个数字，表示范围，如 1~5 表示从 1 到 5。

（3）一组由逗号分隔的数字，如 1，3，5。

（4）*表示所有或任何允许的值。

（5）*/s 表示步长。

第六个域是将要在指定时间执行的命令字符串。

crontab 受/etc/cron. allow 和/etc/cron. deny 文件的控制。如果/etc/cron. allow 文件存在，则只有列在其中的用户才能使用 crontab；如果/etc/cron. allow 文件不存在，而/etc/cron. deny 存在，则只有不在/etc/cron. deny 文件中的用户才能使用 crontab；若两者均不存在，则只有超级用户能使用 crontab。crontab 文件的内容在 crontab 文件中，以#开头的行为注释行，空行无效，其他为有效行。

【任务实施】

一、关闭服务器

（1）在晚上八点关闭 Nignx 服务器，语句如下：

```
at   8pm
```

（2）设置指令关闭 Nginx 服务器，语句如下：

```
at >   systemctl stop nginx
```

二、数据库操作

（1）安装数据库，语句如下：

```
#apt -y install mariadb-client mariadb-server
```

（2）创建一个数据库 test，语句如下：

```
mysql
create database test
```

（3）备份数据库，语句如下：

```
crontab -e                                          #创建任务
0 8 * * * mysqldump -u root -p testdb > /home/db    #设置每天八点备份数据
```

【任务练习】 输入输出重定向的使用

实现功能	命令语句
使用 at 命令创建一个任务，十分钟后获取当时的时间，放在文件/temp/time. txt 中	
使用 crontab 创建任务，在老师指定的时间将/etc/passwd 文件复制到/temp 目录	

【项目总结】

本项目通过进程相关知识的学习，以及进程管理命令的学习和实践，理解进程概念，掌握进程管理常用命令的使用，包括系统进程查看、向进程发送信号、查看指定程序或用户的进程、修改进程优先级等。通过作业调度的学习，学会创建和管理作业任务。

【项目评价】

序号	学习目标	学生自评
1	进程概念	□会用□基本会用□不会用
2	进程管理命令	□会用□基本会用□不会用
3	图形界面管理进程	□会用□基本会用□不会用
4	定时任务使用	□会用□基本会用□不会用
自评得分		

项目五

设备管理

【项目场景】

小明作为公司的计算机管理员，在公司使用统信 UOS 替代传统个人终端后，需要掌握设备的管理，以解决同事可能出现的设备问题。

【项目目标】

知识目标

- 了解 UOS 支持的系统设备。
- 熟悉在统信 UOS 上查看设备的命令及命令格式。
- 熟悉管理设备的命令及命令格式。
- 熟悉统信 UOS 设备管理逻辑。

技能目标

- 会查看硬件信息、块设备信息和网卡信息。
- 会使用图形界面、Web 界面、终端界面管理打印机。
- 能够通过图形界面和终端界面使用打印机，管理打印任务。
- 能够使用交换设备管理命令管理交换设备。
- 会操作外部设备的串口通信。
- 会查询终端设备的属性，并能够设置终端的属性和环境变量。
- 能够利用终端命令查看磁盘使用量。
- 会操作分区表。
- 能够使用终端命令进行磁盘格式化、磁盘检验、磁盘挂载与卸载。

素质目标

- 具有发现问题、分析问题和解决问题的能力。
- 具有主动学习知识的意识。
- 培养发现问题、解决问题的能力。
- 具备较强的自主学习的能力。
- 具备理论联系实际的能力。
- 具有良好的开拓进取精神。

任务一 查看系统设备

【任务描述】

在本任务中，小明需要知道统信 UOS 支持的设备和系统设备操作的基本命令，并能够使用终端命令查看硬件信息、块设备信息和网卡信息。

【任务分析】

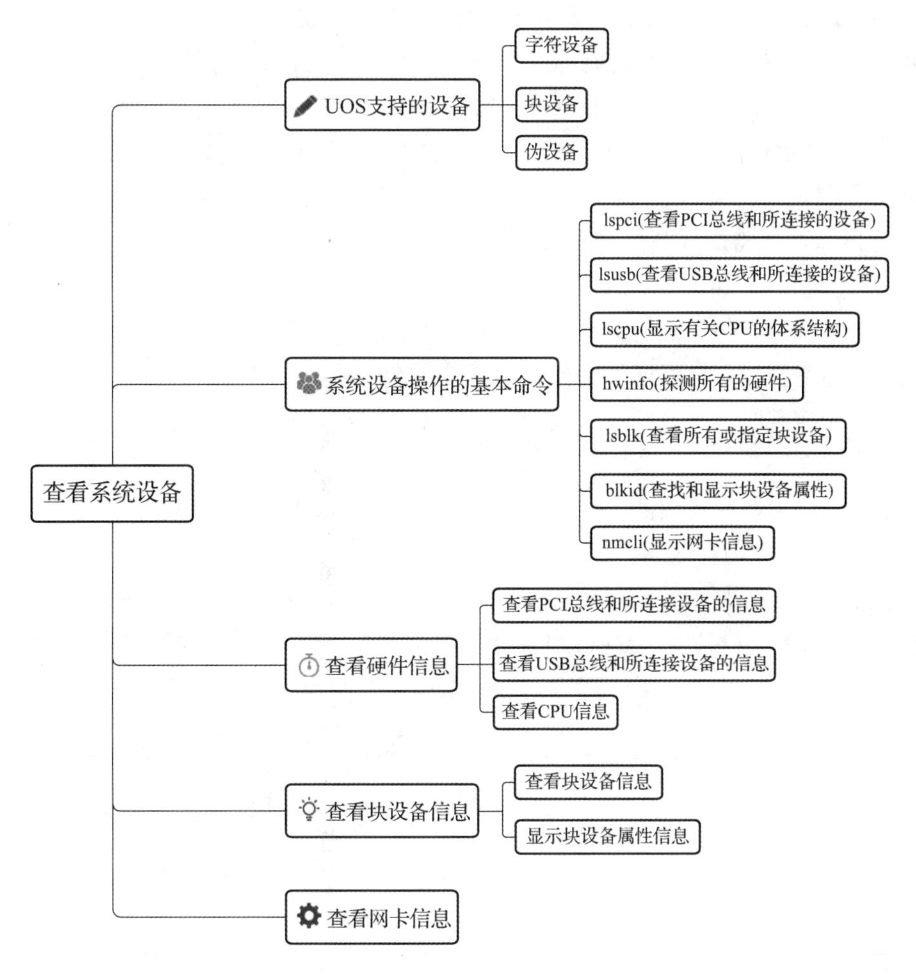

【知识准备】

一、设备管理综述

设备管理是操作系统的主要功能之一。在计算机系统中，除 CPU 和内存外，其他大部分硬件设备称为外部设备，简称外设。外设包括常用的 I/O 设备、外存设备及终端设备。这些设备种类繁多，特性各异，操作方式也有很大的区别。

设备管理是指设备安装、管理与使用。设备安装可以分为两部分：一部分是物理设备的安装；另一部分是设备驱动程序的安装与管理。统信 UOS 支持即插即用技术，使设备管理简单了许多。

二、统信 UOS 支持的设备

在统信 UOS 系统中，设备文件统一存放在/dev 目录下，用户可以通过/dev 目录下的设备文件使用设备。在早期的 Linux 版本中，/dev 目录下的设备文件是静态创建的，包含了所有可能出现的设备文件，内容非常多，但这些设备大多不是真正存在的。

自从 Linux 2.6 内核引入 udev，udev 已经成为当前 Linux 系统的动态设备管理工具，现在，借助 udev 只为那些已经连接到 Linux 系统的设备生成设备文件，或者只有被内核检测的设备，才为它创建设备文件；相反地，当一个设备被拔掉后，还要删除其设备文件。从这个意义上讲，/dev/目录下的所有文件都有对应的已经连接到系统的真实设备，内容比静态创建时少多了。

统信 UOS 系统支持的设备类型有如下几种：

1. 字符设备

字符设备是指每次与系统传输 1 个字符的设备。这些设备节点通常为传真、虚拟终端和串口调制解调器之类设备提供通信服务，它通常不支持随机存取数据。

字符设备在实现时，大多不使用缓存器。系统直接从设备读取/写入每一个字符。

2. 块设备

块设备是指与系统间用块的方式移动数据的设备。这些设备节点通常代表可寻址设备，如硬盘、CD－ROM 和内存区域。

块设备通常支持随机存取和寻址，并使用缓存器。操作系统为输入输出分配了缓存，以存储一块数据。当程序向设备发送读取数据或者写入数据的请求时，系统把数据中的每一个字符存储在适当的缓存中。当缓存被填满时，会采取适当的操作（把数据传走），而后系统清空缓存。

3. 伪设备

在类 UNIX 操作系统中，设备节点并不一定要对应物理设备。没有这种对应关系的设备是伪设备。操作系统运用了它们提供的多种功能。部分经常使用到的伪设备见表 5.1。

表 5.1　常用的伪设备

设备	解释
/dev/null	接受并丢弃所有输入，即不产生任何输出
/dev/full	永远处在被填满状态的设备
/dev/loop	loop 设备
/dev/zero	产生连续的 NULL 字符的流（数值为 0）
/dev/random	产生一个虚假随机的任意长度字符流（Blocking）
/dev/urandom	产生一个虚假随机的任意长度字符流（Non－Blocking）

三、系统设备操作的基本命令

1. lspci 命令

lspci 命令用于查看系统中的所有 PCI 总线和所连接的设备信息，其语法格式如下：

```
lspci [选项]
```

在默认情况下，lspci 仅显示简洁的信息，但用户可以通过添加参数让其显示更多的信息，常用参数如下：

（1） -v、-vv、-vvv 用于显示更多的信息。

（2） -n、-nn 用于显示厂家和设备代码信息。

（3） -m、-mm 用于显示设备数据信息。

（4） -t 用于以树状图显示。

2. lsusb 命令

lsusb 命令用于查看系统中的所有 USB 总线和所连接的设备信息，其命令格式如下：

```
lsusb [选项]
```

lsusb 通常以简洁方式显示信息，参数 -v 可让其显示更多信息；-t 用于以树状图显示。

3. lscpu 命令

lscpu 命令用于查看有关 CPU 的体系结构等信息，其命令格式如下：

```
lscpu [选项]
```

4. hwinfo 命令

hwinfo 命令用于探测所有的硬件，其命令格式如下：

```
hwinfo [选项]
```

5. lsblk 命令

lsblk 命令用于查看所有或指定块设备的信息，其命令格式如下：

```
lsblk [选项] [device…]
```

6. blkid 命令

blkid 命令用于查找和显示块设备属性信息，其命令格式如下：

```
blkid [选项]
```

7. nmcli 命令

nmcli 命令是一个控制网络管理器和报告网络状态的命令行工具，可以用来创建、显示、编辑、删除、启用和停用网络连接，还能控制和显示网络设备状态。

```
nmcli [选项] OBJECT { 命令 |help }
```

支持选项见表 5.2。

表 5.2 nmcli 命令支持的选项

选项	解释
-o[verview]	概览模式（隐藏默认值）
-t[erse]	简洁输出
-p[retty]	整齐输出
-m[ode] tabular|multiline	输出模式
-c[olors] auto|yes|no	是否在输出中使用颜色
-f[ields] <field1,field2,...>|all|common	指定要输出的字段
-g[et-values] <field1,field2,...>|all|common	-m tabular -t -f 的快捷方式
-e[scape] yes|no	在值中转义列分隔符
-a[sk]	询问缺少的参数
-s[how-secrets]	允许显示密码
-w[ait] <秒>	为完成的操作设置超时等待时间
-v[ersion]	显示程序版本
-h[elp]	输出此帮助

网络管理对象见表 5.3。

表 5.3 nmcli 的管理对象

选项	解释
g[eneral]	网络管理器的常规状态和操作
n[etworking]	整体联网控制
r[adio]	网络管理器无线电开关
c[onnection]	网络管理器的连接
d[evice]	由网络管理器管理的设备
a[gent]	网络管理器的密钥（secret）代理或 polkit 代理
m[onitor]	监视网络管理器更改

【任务实施】

一、查看硬件信息

1. 查看 PCI 总线和所连接的设备信息

```
$ lspci                              #查看所有 PCI 总线和所连接的设备信息
$ lspci -v                           #显示更多的信息
$ lspci |grep -I ethernet            #查看网卡信息
$ lspci |grep storage                #查看存储设备信息
```

样例输出如下：

```
$ lspci
00:00.0 Host bridge: Intel Corporation 440BX/ZX/DX - 82443BX/ZX/DX Host bridge (rev 01)
00:01.0 PCI bridge: Intel Corporation 440BX/ZX/DX - 82443BX/ZX/DX AGP bridge (rev 01)
00:07.0 ISA bridge: Intel Corporation 82371AB/EB/MB PIIX4 ISA (rev 08)
00:07.1 IDE interface: Intel Corporation 82371AB/EB/MB PIIX4 IDE (rev 01)
00:07.3 Bridge: Intel Corporation 82371AB/EB/MB PIIX4 ACPI (rev 08)
00:07.7 System peripheral: VMware Virtual Machine Communication Interface (rev 10)
00:0f.0 VGA compatible controller: VMware SVGA II Adapter
00:10.0 SCSI storage controller: Broadcom / LSI 53c1030 PCI-X Fusion-MPT Dual Ultra320 SCSI (rev 01)
00:11.0 PCI bridge: VMware PCI bridge (rev 02)
00:15.0 PCI bridge: VMware PCI Express Root Port (rev 01)
00:15.1 PCI bridge: VMware PCI Express Root Port (rev 01)
00:15.2 PCI bridge: VMware PCI Express Root Port (rev 01)
00:15.3 PCI bridge: VMware PCI Express Root Port (rev 01)
02:00.0 USB controller: VMware USB1.1 UHCI Controller
02: 01.0 Ethernet controller: Intel Corporation 82545EM Gigabit Ethernet Controller (Copper) (rev 01)
02:02.0 Multimedia audio controller: Ensoniq ES1371/ ES1373 / Creative Labs CT2518 (rev 02)
02:03.0 USB controller: VMware USB2 EHCI Controller
```

2. 查看 USB 总线和所连接的设备信息

```
$ lsusb                              #查看 USB 总线和所连接的设备信息
$ lsusb -t                           #以树状图显示
```

样例输出如下：

```
$ lsusb
Bus 001 Device 002: ID 0e0f:000b VMware, Inc.
Bus 001 Device 001: ID 1d6b:0002 Linux Foundation 2.0 root hub
Bus 002 Device 004: ID 0e0f:0008 VMware, Inc.
Bus 002 Device 003: ID 0e0f:0002 VMware, Inc.Virtual USB Hub
Bus 002 Device 002: ID 0e0f:0003 VMware, Inc.Virtual Mouse
Bus 002 Device 001: ID 1d6b:0001 Linux Foundation 1.1 root hub
```

3. 查看 CPU 信息

lscpu 的输出信息包括 CPU（逻辑个数）、CORE（逻辑核数）、SOCKET（逻辑 socket 号）、BOOK（逻辑 book 号）、NODE（逻辑 NUMAnode 数）、CACHE（CPU 间的 CACHE 信息）、ADDRESS（CPU 物理地址）、ONLINE（CPU 使用情况）、CONFIGURED（是否支持动态分配）、POLARIZATION（虚拟模式下能否改变分配方式）、MAXMHZ（最大 MHz）和 MINMHZ（最小 MHz）。

样例输出如下：

```
$ lscpu
Architecture:            x86_64
CPU op-mode(s):          32-bit, 64-bit
Byte Order:              Little Endian
Address sizes:           45 bits physical, 48 bits virtual
CPU(s):                  12
On-line CPU(s) list: 0-11
Thread(s) per core:  1
Core(s) per socket:  3
Socket(s):               4
NUMA node(s):            1
Vendor ID:               GenuineIntel
CPU family:              6
Model:                   158
Model name:              Intel(R) Core(TM) i7-9750H CPU @ 2.60GHz
Stepping:                10
CPU MHz:                 2592.000
BogoMIPS:                5184.00
Hypervisor vendor:       VMware
Virtualization type: full
L1d cache:               384 KiB
L1i cache:               384 KiB
L2 cache:                3 MiB
L3 cache:                48 MiB
NUMA node0 CPU(s):       0-11
```

```
Flags:            fpu vme de pse tsc msr pae mce cx8 apic sep mtrr pge mca cmov
pat pse36 clflush mmx fxsr sse sse2 ss ht syscall nx pdpe1gb rdtscp lm constant_tsc
arch_perfmon nopl xtopology tsc_reliable nonstop_tsc cpuid pni pclmulqdq ssse3 fma
cx16 pcid sse4_1 sse4_2 x2apic movbe popcnt tsc_deadline_timer aes xsave avx f16c
rdrand hypervisor lahf_lm abm 3dnowprefetch cpuid_fault invpcid_single pti ssbd ibrs
ibpb stibp fsgsbase tsc_adjust bmi1 avx2 smep bmi2 invpcid rdseed adx smap clflushopt
xsaveopt xsavec xgetbv1 xsaves arat md_clear flush_l1d arch_capabilities
```

二、查看块设备信息

1. 查看块设备信息

```
$ lsblk                              # 显示所有块设备
$ lsblk -S                           # 只显示 SCSI 设备
$ lsblk /dev/sda                     # 只输出 sda 信息
$ lsblk -l -o"NAME,LABEL,UUID"       # 输出设备的 NAME、LABEL、UUID 信息
```

2. 显示块设备属性信息

```
$ blkid                              # 显示所有块设备信息
$ blkid /dev/sda                     # 显示 sda 设备信息
```

样例输出如下：

```
$ blkid
/dev/sda1: LABEL_FATBOOT="EFI" LABEL="EFI" UUID="D3B1-F011" TYPE="vfat"
PARTUUID="2e20b101-f026-40f7-8d5f-3028294c35e2"
/dev/sda2:  LABEL="Boot"    UUID="e95dfc6c-406d-49da-b3b9-5905ea0059ab"
TYPE="ext4" PARTUUID="28958f34-5d6e-4e37-8be9-de12c0460a4f"
/dev/sda3:  LABEL="Roota"   UUID="a46a7281-32c4-453c-81c8-1a6daee67ef9"
TYPE="ext4" PARTUUID="db15d4f3.e75b-4b47-827a-7ac0d4cb924d"
/dev/sda4:  LABEL="Rootb"   UUID="b2fa52c3.d8bd-4dd3.aff5-16d5971f2234"
TYPE="ext4" PARTUUID="80645384-c321-4f0b-8f6b-d2f89f5a538c"
/dev/sda5:  LABEL="_dde_data" UUID="49a7e74c-4a23.41e9-90f6-a1120d2afa05"
TYPE="ext4" PARTUUID="2b040328-11bd-4996-bdfa-81d98fefb8da"
/dev/sda6:  LABEL="Backup"  UUID="4cb9bc70-7d16-4026-b649-259c52500405"
TYPE="ext4" PARTUUID="8757192b-26cb-4922-81a8-7b04966e2faa"
/dev/sda7:  LABEL="SWAP"    UUID="ea397e25-3697-451d-bbc7-681e416bb6b1"
TYPE="swap" PARTUUID="05a0b4d6-fbf0-46ea-81bb-bc4f8fb14cec"
```

【任务练习】 系统设备操作基本命令的使用

实现功能	命令语句
查看 PCI 总线所连接设备信息	
查看 USB 设备信息	

续表

实现功能	命令语句
查看 CPU 相关信息	
查看指定块设备信息	
查看网络设备信息	

任务二　打印机的管理与使用

【任务描述】

在本任务中，小明需要知道文件打印命令，并能够在桌面环境、服务器环境下使用打印机，管理打印任务。

【任务分析】

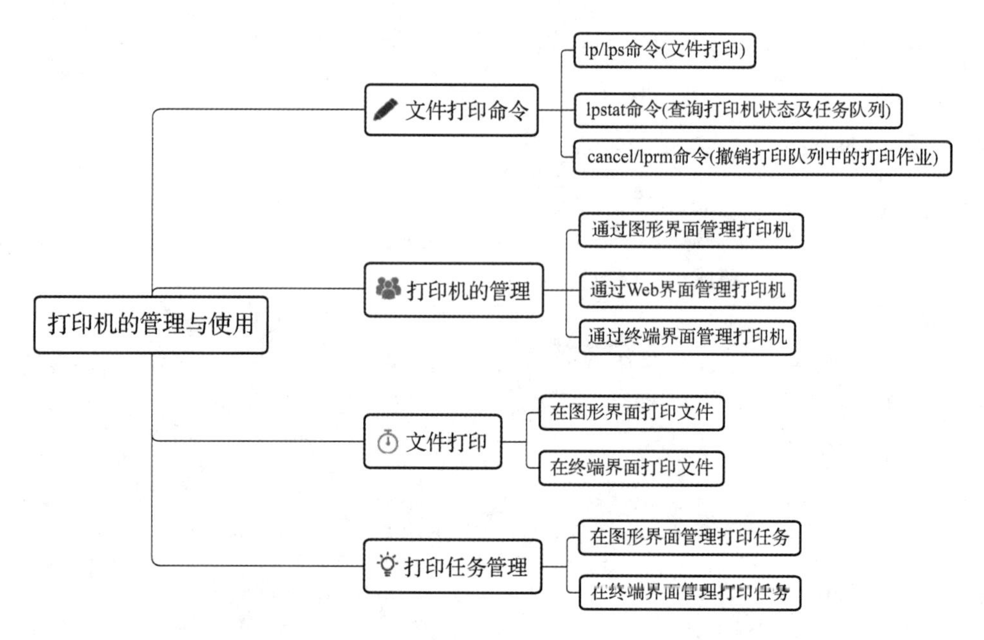

【知识准备】　打印机管理命令

打印机的管理和使用有一些字符界面的命令，可供没有图形界面的环境使用，见表 5.4。本任务将着重介绍 lpr/lp、lpstat 和 cancel/lprm 的使用，关于其他命令，读者可自行学习。

表 5.4　打印机管理终端界面命令

命令	功能描述
accept/cupsaccept	允许指定的打印机接收打印任务

续表

命令	功能描述
reject/cupsreject	拒绝指定的打印机接收打印任务
cupsenable/cupsdisable	启用/禁用指定的打印机或类
lpadmin	设置或更改打印机或类的配置
lpinfo	显示已知的可用设备或驱动程序
lpoptions	显示或设置打印机选项和默认值
lpstat	显示打印队列和请求的状态信息
lpq	显示当前打印队列状态
lpr/lp	提交打印任务
cancel/lprm	取消打印任务

1. lp/lpr 命令

lp/lpr 命令根据选项要求打印文件，其命令格式如下：

```
lp [选项]
lpr [选项]
```

lp 命令常用选项参数见表 5.5。

表 5.5　lp 命令的常用参数

选项	解释
-d	指定打印机（不指定则使用默认打印机）
-h	指定打印机位置或服务器（不指定则默认为本机）
-n	指定打印份数（不指定则默认打印一份）
-P	指定文件的打印范围（不指定则默认为全文）
files	指定打印的文件（不指定则使用标准输入）

lpr 命令常用选项参数见表 5.6。

表 5.6　lpr 命令的常用参数

选项	解释
-P	指定打印机
-H	指定服务器
-#	指定打印份数
files	指定打印的文件（不指定则使用标准输入）

在终端界面中，用户可通过 lpstat、cancel 和 lprm 命令对打印任务进行管理。

2. lpstat 命令

lpstat 命令查询打印机状态及任务队列的情况，其命令格式如下：

```
lpstat [选项]
```

lpstat 命令的部分参数见表 5.7。

表 5.7 lpstat 命令的部分参数

选项	解释
-a	显示指定打印机的接收状态，若不指定，则显示所有打印机的接收状态
-l	显示打印机、队列等列表
-h	指定服务器
-o	显示指定打印机上的打印队列
-p	显示指定打印机是否激活
-r	显示打印机服务是否启动
-s	显示打印机状态汇总信息
-u	显示指定用户的作业队列
-v	显示指定打印机所使用的设备文件

3. cancel/lprm 命令

cancel/lprm 命令撤销打印队列中的打印作业，其命令格式如下：

```
cancel [-a] lp_job
lprm lp_job_num
```

其中，选项 -a 用于撤销打印队列中的所有打印作业。

4. 通过图形界面管理打印机

在统信 UOS 操作系统中单击启动器，找到打印管理器，如图 5.1 所示，通过打印管理器可以轻松添加和管理打印机。

将打印机连接到系统，然后打开电源，打印机就会被自动识别，显示在打印管理器中，如图 5.2 所示。

如果无法识别打印机或打印机识别不正确，可以单击左边的加号按钮添加打印机，如图 5.3 所示。

如果遇到了打印机驱动问题，可以访问 ecology. chinauos. com 尝试解决兼容性问题。

5. 通过 Web 界面管理打印机

统信 UOS 支持浏览器风格的配置与管理，通过在浏览器地址栏中输入 localhost:631，会出现如图 5.4 所示基于 Web 的打印机管理页面。

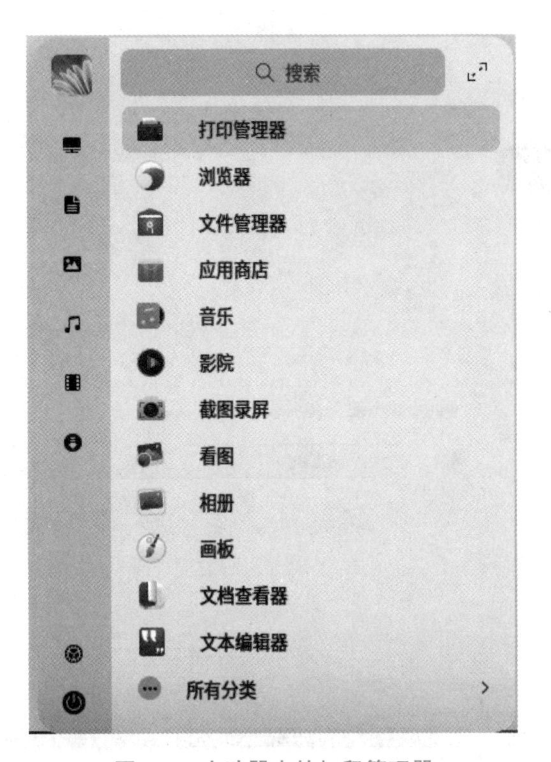

图 5.1　启动器中的打印管理器

图 5.2　打印设备管理器中的打印机

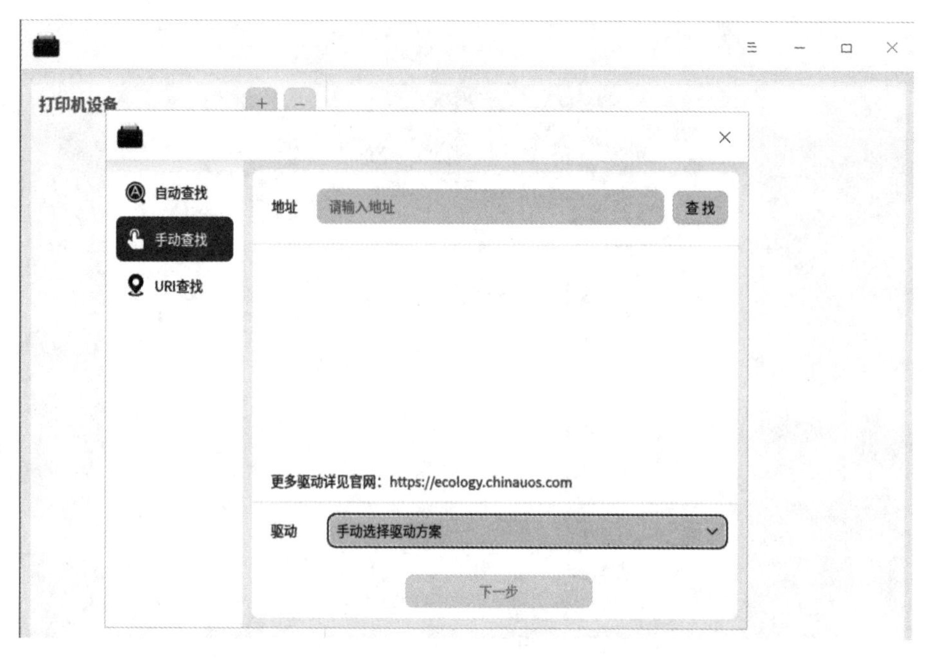

图 5.3　手动添加打印机界面

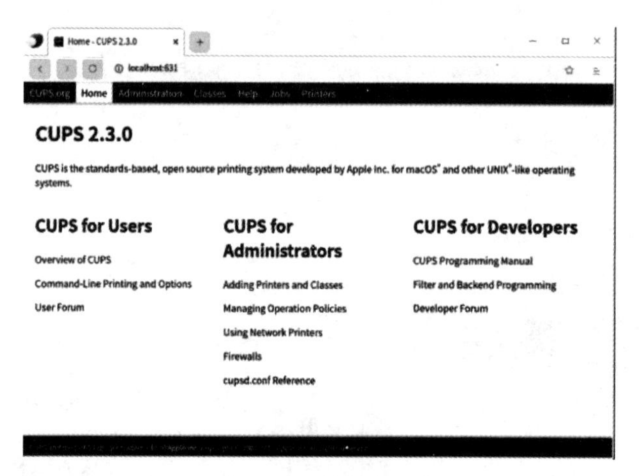

图 5.4　基于 Web 的打印机管理界面

在该界面中，选择“Administration”，可进行打印机配置；选择“Jobs”，可进行打印任务管理；选择“Printers”，可进行打印机管理。

【任务实施】

一、文件打印

1. 在图形界面打印文件

在应用程序中按顺序选择“文件”→“打印”命令，单击“打印机”图标。

2. 在终端界面打印文件

```
$ lp demo.txt                      # 打印 demo.txt 文件
$ lp -n 2 demo.tx                  # 打印两份 demo.txt 文件
$ lpr -#2 demo.txt                 # 打印两份 demo.txt 文件
$ ls -l /tmp | lp                  # 打印 /tmp 目录下的列表
$ lpr demo1.txt demo2.txt          # 打印多份文件
$ pr -n demo.txt | lpr             # 以文件名为标题,添加行号,分页打印 demo.txt
```

二、打印任务管理

1. 在图形界面管理打印任务

在图形界面中，可以在打印管理器中单击打印队列对打印任务进行管理，如图 5.5 所示。

图 5.5　打印队列管理

2. 在终端界面管理打印任务

```
$ lpstat -o                        # 显示打印机上的作业队列
    lp-1          demo1
    lp-2          demo2
$ cancel lp-1 lp-2                 # 删除打印作业 lp-1 lp-2
$ lrm 1 2                          # 删除打印作业 lp-1 lp-2
$ cancel -a                        # 撤销所有打印作业
```

【任务练习】 打印机管理命令的使用

实现功能	命令语句
查看打印机状态	
指定文件打印指定份数	
查看打印队列	

任务三 交换区管理

【任务描述】

在本任务中，为了在 UOS 操作系统中合理使用内存空间，小明需要通过管理交换区来优化内存资源使用，提高系统性能。

【任务分析】

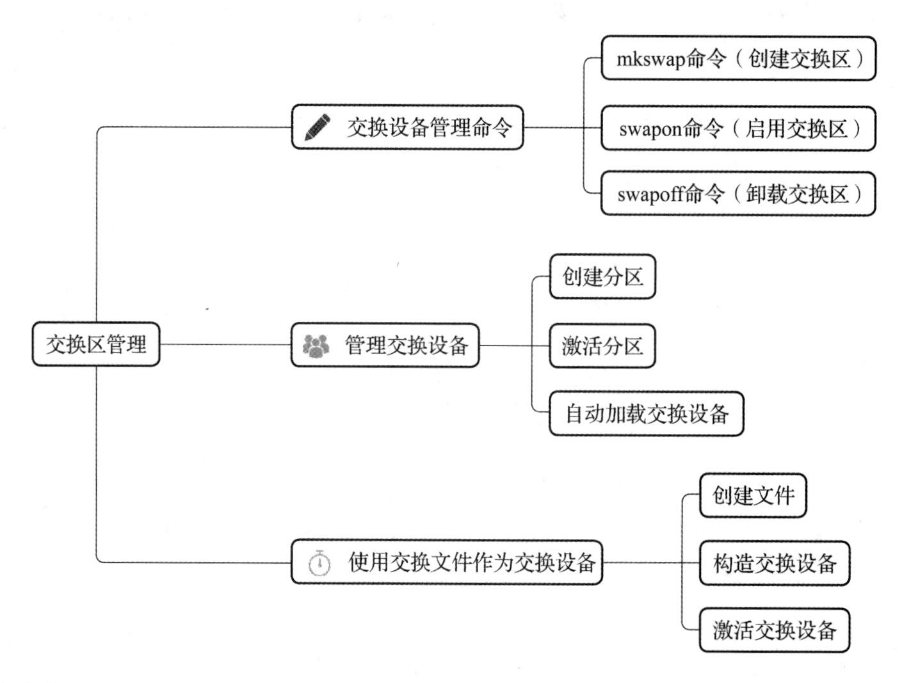

【知识准备】

一、交换区概述

无论在系统安装过程中是否指定了交换区，系统总会分配一定大小的磁盘空间用作交换区或用于存储交换设备。交换区一般由操作系统自动管理，不需要用户或管理员进行过多的干预。但管理员可通过特殊命令对交换区进行一定范围的控制或配置。

如果在安装系统时没有分配足够的交换区，则对于正在使用的系统，管理员可以使用交换区管理命令添加交换区，若外置存储上有剩余空间，则可在其上创建交换区，此时建议使用独立的分区；若不能创建交换区，则可使用文件作为交换设备。

二、交换设备管理的命令

1. mkswap 命令

mkswap 命令用于在设备或普通文件上创建交换区，其语法格式如下：

```
mkswap [选项] [设备] [大小]
```

mkswap 支持的选项见表 5.8。

表 5.8　mkswap 支持的选项

选项	解释
-c, --check	建立交换区前，先检查是否有损坏的区块
-f	在 SPARC 电脑上建立交换区时，要加上此参数
-v0	建立旧式交换区，此为预设值
-v1	建立新式交换区
[交换区大小]	指定交换区的大小，单位为 1 024 字节

2. swapon 命令

swapon 命令用于启用由 mkswap 创建的交换区，其命令格式如下：

```
swapon [选项] [设备文件]
```

swapon 支持的选项见表 5.9。

表 5.9　swapon 支持的选项

选项	解释
-a	启用/etc/fstab 中所有的交换设备
-e	与 -a 配合使用，忽略不存在的交换设备
-s	显示系统交换设备的使用情况
-L	用于加载具有 LABEL 标签的交换设备
-p	用于指定加载优先级
-v	用于显示冗余信息
-V	用于显示版本号

3. swapoff 命令

swapoff 命令用于卸载交换区，其命令格式如下：

```
swapoff [选项] [设备文件]
```

swapoff 支持的选项见表 5.10。

表 5.10　swapoff 支持的选项

选项	解释
-a	启用/proc/swap 中所有的交换设备
-e	与 -a 配合使用，忽略不存在的交换设备
-s	显示系统交换设备的使用情况
-L	用于加载具有 LABEL 标签的交换设备
-p	用于指定加载优先级
-v	用于显示冗余信息
-V	用于显示版本号

【任务实施】

一、管理交换设备

交换设备的使用方法是首先使用 mkswap 命令在独立分区上创建交换区，然后使用 swapon 命令激活它。如果要让系统在启动时自动启用交换区，则需在/etc/fstab 文件中增加一行对交换区管理的内容。

假设有一个独立分区/dev/sda9，要将它用作系统的交换设备，则可按以下步骤进行。

（1）创建分区的语句如下：

```
$ mkswap -c /dev/sda9 \
```

（2）激活分区的语句如下：

```
$ swapon /dev/sda9
```

（3）在/etc/fstab 文件中增加如下一行，让系统启动时自动加载交换设备，语句如下：

```
$ /dev/sda9 none swap defaults 0 0
```

二、使用交换文件作为交换设备

当外置存储上无独立分区时，可使用文件作为交换设备。此时，必须首先创建一个指定大小的文件，此项工作可以由 dd 命令完成。

创建一个大小为 20 MB 的文件并将其用作交换设备：

（1）创建一个大小为 20 MB 的文件/usr/swap_add，语句如下：

```
$ dd if=/dev/zero of=/usr/swap_add bs=1M count=20
```

（2）构造交换设备，语句如下：

```
$ mkswap /usr/swap_add
```

（3）激活交换设备供系统使用，语句如下：

```
$ swapon /usr/swap_add
```

任务四 串口与终端管理

【任务描述】

在本任务中，小明需要在 UOS 平台实现串口和外部设备的通信，并利用终端管理命令对进行管理。

【任务分析】

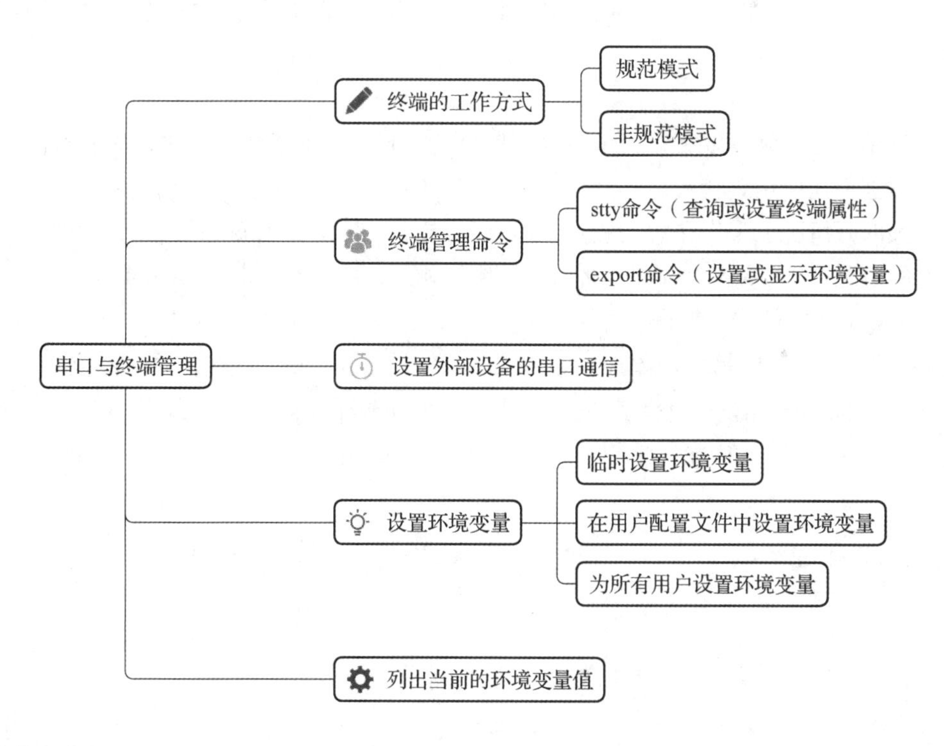

【知识准备】

一、终端概述

终端的类型可以从硬件和软件区分。硬件主要指各生产厂家的不同型号的产品，软件指硬件终端设备所支持的“逻辑”终端类型。

终端在硬件上表现为 I/O 设备，用于接收用户的输入数据，并通过线路将输入数据传送到主机，由主机处理后，将加工后的结果再返回到终端设备，并将结果按指定格式输出到终端屏幕上。早期的 UNIX 系统通过串口与终端相连接，系统的很多工作是通过用户在终端上完成的。

一个物理终端可以支持多种逻辑终端协议，如 Linux ~ xterm xterm - 256color、vt100、ansi 等，不同终端协议对应不同的 I/O 控制方式。

二、终端的工作方式

终端是由内核中的终端驱动程序来控制的，它有两种工作方式：规范模式（Canonical Mode）和非规范模式（Noncanonical Mode）。

1. 规范模式

规范模式是指终端以行为单位处理信息的模式。在此模式下，终端一次最多返回一行内容。当进程试图读取键盘输入时，将被阻塞，直到操作者按下 Enter 键为止。输入时，允许操作者在按 Enter 键之前对行的内容进行编辑，也允许通过按快捷键（比如 Ctrl + D、Ctrl + C、Ctrl + \ 、Ctrl + Z 等）产生信号；输出时，终端将进程输出的原始数据变换成用户所期望的格式。

2. 非规范模式

非规范模式是指终端以字符为单位处理信息的格式。在此模式下，输入时，每次读取一个字符，不进行任何格式转换。

终端大部分情况下工作在规范模式，但有时候需要使用非规范模式，尤其考虑到全屏编辑和热键的情况。在 UNIX 较早的版本中，使用 cooked（“已经被加工好的”）表示规范模式，使用 raw（“生的”）表示非规范模式。

Linux 下大部分接口都被抽象成文件系统中的文件。串口所抽象成的文件位于/dev 下，为/dev/tty *，如/dev/ttyS1 为设备 Native 的串口，/dev/ttyUSB1 为通过 USB 转接的串口。可以通过操作文件系统的方法来对串口进行打开、初始化、发送、接收、关闭等一系列操作。

三、终端管理命令

1. stty 命令

stty 命令用来查询或设置终端的属性，其命令格式如下：

```
stty [ -F 设备 | --file=设备][选项][设置]...
```

stty 命令支持的参数选项有：

（1） -a：将该终端的所有选项设置写入标准输出。

（2） -g：以一种可用作其他 stty 命令的参数的格式报告当前设置。如果底层驱动程序支持 termios 类型输出，则发出该输出；否则，它会发出 termios 类型输出。

特殊设置标志及意义见表 5.11。

表 5.11　stty 的特殊设置及意义

标志	意义
ispeed	设置输入波特率
ospeed	设置输出波特率
columns	设置内核终端列数
rows	设置内核终端行数
line	使用行规程
min	设置当 - icanon 有效时，每次至少读字符数
time	设置当 - icanon 有效时，超时时间
size	显示行、列数
speed	显示终端传输速率
sane	恢复默认设置

2. export 命令

export 命令用于设置或显示环境变量。在 shell 中执行程序时，shell 会提供一组环境变量。export 可新增、修改或删除环境变量，供后续执行的程序使用。export 的效力仅限于此次登录操作。

export 的命令格式如下：

```
export [ -fnp][变量名称]=[变量设置值]
```

支持的参数选项见表 5.12。

表 5.12　export 支持的参数选项

选项	解释
ispeed	设置输入波特率
ospeed	设置输出波特率
columns	设置内核终端列数

【任务实施】

一、设置外部设备的串口通信

在统信 UOS 中，可以通过 USB - TTL 模块与外部设备的串口通信。

（1）在统信 UOS 中开启开发者模式，在开发者模式下才能访问外部设备，然后将 USB - TTL 模块连接到系统。可以使用以下命令列出当前连接到的 ttyUSB 串口设备。

```
# ls /dev |grep ttyUSB
ttyUSB0
```

（2）在终端中获取超级用户权限后，使用 cat 读取串口设备的消息：

```
# cat /dev/ttyUSB0
```

（3）新建一个终端，使用 echo 向串口发送消息：

```
# echo "hello, world!" > /dev/ttyUSB0
```

（4）使用跳线帽将 USB－TTL 模块上的 TXD 和 RXD 引脚短接，实现将 PC 机发送的数据通过 TTL 模块送回 PC 机的效果，效果如图 5.6 所示。

图 5.6　串口发送与接收

【任务练习】　终端管理命令的使用

实现功能	命令语句
查看系统的串口设备	
向串口发送信息	
查看串口接收的数据	

二、设置环境变量

1. 临时设置环境变量

```
$ export TEST = "echo hello, world!"
$ $TEST
hello, world!
```

2. 在用户配置文件中设置环境变量

在统信 UOS 中，可以通过配置文件为每个用户指定不同的环境变量而不用每次打开新终端时都手动设置。对于当前用户，可以通过修改/ $HOME/. profile 为当前用户的所有 shell 修改环境变量，或通过修改 ~/. bashrc 文件为当前用户修改应用于 bash shell 的环境变量，只需在配置文件末尾添加 export 指令，即可在每次终端打开时执行这段配置。

3. 为所有用户设置环境变量

在/etc/profile 中可以为所有用户配置应用于所有 shell 的环境变量，在/etc/bash_bashrc 中可以为全局用户配置用于 bash shell 的环境变量。

三、列出当前的环境变量值

```
$ export -p
declare -x HOME = "/root"
declare -x LANG = "zh_CN.UTF -8"
declare -x LANGUAGE = "zh_CN:zh"
declare -x LESSCLOSE = "/usr/bin/lesspipe %s %s"
declare -x LESSOPEN = "| /usr/bin/lesspipe %s"
declare -x LOGNAME = "root"
declare -x LS_COLORS = ""
declare -x MAIL = "/var/mail/root"
declare -x OLDPWD
declare - x PATH = "/ opt/ toolchains/ arm920t - eabi/ bin:/ opt/ toolchains/
arm920t -eabi/bin:/usr/local/sbin:/usr/local/bin:/usr/sbin:/usr/bin:/sbin:/
bin:/usr/games"
declare -x PWD = "/root"
declare -x SHELL = "/bin/bash"
declare -x SHLVL = "1"
declare -x SPEECHD_PORT = "6560"
declare -x SSH_CLIENT = "192.168.1.65 1674 22"
declare -x SSH_CONNECTION = "192.168.1.65 1674 192.168.1.3 22"
declare -x SSH_TTY = "/dev/pts/2"
declare -x TERM = "XTERM"
declare -x USER = "root"
declare -x XDG_SESSION_COOKIE = "93b5d3d03e032c0cf892a4474bebda9f -1273864738.
954257 -340206484"
```

【任务练习】　终端管理命令的使用

实现功能	命令语句
查看系统环境变量	
自定义一个环境变量	
查看自定义环境变量的值	

任务五 磁盘管理

【任务描述】

某公司新购入一批硬盘，需要部署在服务器上，需要在 UOS 平台上通过磁盘管理来自定义磁盘使用，方便维护管理。

【任务分析】

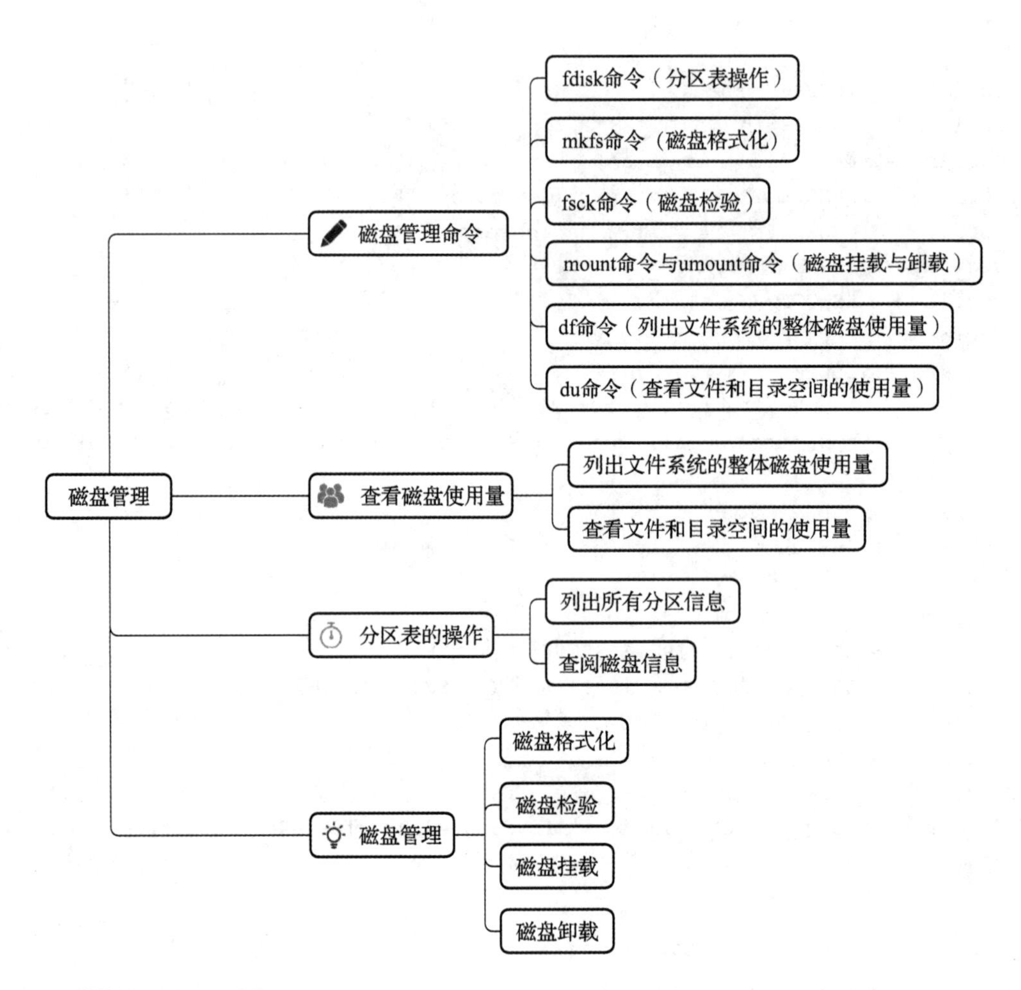

【知识准备】 磁盘管理命令

1. fdisk 命令

fdisk 命令用来进行磁盘分区，其命令格式如下：

```
fdisk [ -l] 磁盘设备
```

fdisk 命令支持的选项和参数见表 5.13。

表 5.13　fdisk 支持的选项和参数

选项	解释
-l	输出后面接的装置所有的分区内容。若仅有 fdisk -l 时，则将会把整个系统内能够搜寻到的装置的分区列出来

2. mkfs 命令

mkfs 命令在磁盘分割后进行文件系统的格式化，其命令格式如下：

```
mkfs [ -t 文件系统格式] 装置文件名
```

支持的选项和参数见表 5.14。

表 5.14　mkfs 支持的选项和参数

选项	解释
-t	可以接受的文件系统格式，例如 ext3、ext2、vfat 等（系统有支持才会生效）

3. fsck 命令

fsck 命令用来对文件系统进行检查，其命令格式如下：

```
fsck [ -t 文件系统] [ -ACay] 装置名称
```

支持的选项和参数见表 5.15。

表 5.15　fsck 支持的选项和参数

选项	解释
-t	给定档案系统的型式，若在/etc/fstab 中已有定义或 kernel 本身已支援的，则不需要加上此参数
-s	依序一个一个地执行 fsck 的指令来检查
-A	对/etc/fstab 中所有列出来的分区（partition）做检查
-C	显示完整的检查进度
-d	打印出 e2fsck 的 debug 结果
-p	同时有 -A 条件时，同时有多个 fsck 的检查一起执行
-R	同时有 -A 条件时，省略/不检查
-V	详细显示模式
-a	如果检查有错，则自动修复
-r	如果检查有错，则由使用者回答是否修复
-y	选项指定检测每个文件是自动输入 yes，在不确定哪些是不正常的时候，可以执行 fsck -y全部检查修复

4. mount 命令与 umount 命令

统信 UOS 的磁盘挂载使用 mount 命令，卸载使用 umount 命令。

（1）mount 命令将指定磁盘设备挂载到指定挂载点，其命令格式如下：

```
mount [-t 文件系统] [-L Label 名] [-o 额外选项] [-n]  装置文件名  挂载点
```

（2）umount 命令用来卸载指定磁盘设备，其命令格式如下：

```
umount [-fn] 装置文件名或挂载点
```

支持的选项见表 5.16。

表 5.16 umount 支持的选项和参数

选项	解释
-f	强制卸除！可用在类似网络文件系统（NFS）无法读取到的情况下
-n	不升级/etc/mtab 情况下卸除

5. df 命令

df 命令用来列出文件系统的整体磁盘使用量，检查文件系统的磁盘空间占用情况，如硬盘被占用的空间，以及目前剩下的空间等。df 命令的格式如下：

```
df [-ahikHTm] [目录或文件名]
```

df 命令支持的选项和参数见表 5.17。

表 5.17 df 支持的选项与参数

选项	解释
-a	列出所有的文件系统，包括系统特有的/proc 等文件系统
-k	以 KB 的容量显示各文件系统
-m	以 MB 的容量显示各文件系统
-h	以人们较易阅读的 GB、MB、KB 等格式自行显示
-H	以 M = 1 000K 取代 M = 1 024K 的进位方式
-T	显示文件系统类型，连同该 partition 的 filesystem 名称（例如 ext3）也列出
-i	不用硬盘容量，而以 inode 的数量来显示

6. du 命令

du 命令用来查看文件和目录磁盘使用空间情况，其命令格式如下：

```
du [-ahskm] 文件或目录名称
```

du 命令支持的选项和参数见表 5.18。

表 5.18　du 支持的选项和参数

选项	解释
-a	列出所有的文件与目录容量，因为默认仅统计目录底下的文件量而已
-h	以人们较易读的容量格式（G/M）显示
-s	列出总量，而不列出每个目录占用容量
-S	不包括子目录下的总计，与 -s 有点差别
-k	以 KB 列出容量
-m	以 MB 列出容量

【任务实施】

一、查看磁盘使用量

1. 列出文件系统的整体磁盘使用量

（1）列出系统内所有的文件系统：

```
$ df
文件系统          1K-块      已用       可用  已用%  挂载点
udev            965084         4    965080    1%  /dev
tmpfs           201852      2920    198932    2%  /run
/dev/sda3     15416264   7159796   7453652   49%  /
tmpfs          1009244     11016    998228    2%  /dev/shm
tmpfs             5120         4      5116    1%  /run/lock
tmpfs          1009244         0   1009244    0%  /sys/fs/cgroup
/dev/sda6     11287752     41492  10653160    1%  /recovery
/dev/sda5     18659592   3933344  13755344   23%  /data
/dev/sda2      1515376    283324   1137028   20%  /boot
tmpfs           201848        32    201816    1%  /run/user/1001
```

在统信 UOS 中，如果 df 没有加任何选项，那么默认会将系统内所有的（不含特殊内存内的文件系统与 swap）都以 1 KB 的容量来列出来。

（2）以易读的容量格式显示容量结果，语句如下：

```
$ df -h
文件系统          容量   已用   可用   已用%  挂载点
udev             943M   4.0K   943M     1%  /dev
tmpfs            198M   2.9M   195M     2%  /run
/dev/sda3        15G    6.9G   7.2G    49%  /
tmpfs            986M   11M    975M     2%  /dev/shm
tmpfs            5.0M   4.0K   5.0M     1%  /run/lock
tmpfs            986M   0      986M     0%  /sys/fs/cgroup
/dev/sda6        11G    41M    11G      1%  /recovery
```

```
/dev/sda5          18G    3.8G    14G    23% /data
/dev/sda2          1.5G   277M    1.1G   20% /boot
tmpfs              198M   32K     198M    1% /run/user/1001
```

（3）列出系统内的所有特殊文件格式及名称，语句如下：

```
$ df -aT
文件系统           类型    1K-块    已用       可用      已用%    挂载点
/dev/hdc2       ext3    9920624 3823112   5585444   41% /
proc            proc          0       0         0     -   /proc
sysfs         sysfs         0       0         0     -  /sys
devpts        devpts        0       0         0     -  /dev/pts
/dev/hdc3       ext3     4956316    141376   4559108  4% /home
/dev/hdc1       ext3      101086     11126     84741 12% /boot
tmpfs            tmpfs      371332         0    371332  0% /dev/shm
none    binfmt_misc          0          0          0 - /proc/sys/fs/binfmt_misc
sunrpc  rpc_pipefs         0         0          0 - /var/lib/nfs/rpc_pipefs
```

（4）显示目录/etc 下的可用磁盘容量以已读的容量格式，语句如下：

```
$ df -h /etc
文件系统           容量  已用   可用   已用% 挂载点
/dev/sda3         15G  6.9G  7.2G  49% /
```

2. 查看文件和目录空间的使用量

```
$ du
```

二、分区表的操作

1. 列出所有分区信息

```
# fdisk -l
Disk /dev/sda: 64 GiB, 68719476736 bytes, 134217728 sectors
Disk model: VMware Virtual S
Units: sectors of 1 * 512 = 512 bytes
Sector size (logical/physical): 512 bytes /512 bytes
I/O size (minimum/optimal): 512 bytes /512 bytes
Disklabel type: gpt
Disk identifier: 848BABD1-7F77-466F-96FE-072169E48FF8

Device          Start        End   Sectors   Size  Type
/dev/sda1        2048     616447    614400   300M EFI System
/dev/sda2      616448    3762175   3145728   1.5G Linux filesystem
/dev/sda3     3762176   35219455  31457280    15G Linux filesystem
/dev/sda4    35219456   66676735  31457280    15G Linux filesystem
/dev/sda5    66676736  104857599  38180864  18.2G Linux filesystem
/dev/sda6   104857600  127926271  23068672    11G Linux filesystem
/dev/sda7   127926272  134215679   6289408     3G Linux swap
```

2. 查阅磁盘信息

```
# fdisk /dev/sda

Welcome to fdisk (util-linux 2.33.1).
Changes will remain in memory only, until you decide to write them.
Be careful before using the write command.

Command (m for help):
```

此时输入 m：

```
Help:

  GPT
   M   enter protective/hybrid MBR

  Generic
   d   delete a partition
   F   list free unpartitioned space
   l   list known partition types
   n   add a new partition
   p   print the partition table
   t   change a partition type
   v   verify the partition table
   i   print information about a partition

  Misc
   m   print this menu
   x   extra functionality (experts only)

  Script
   I   load disk layout from sfdisk script file
   O   dump disk layout to sfdisk script file

  Save & Exit
   w   write table to disk and exit
   q   quit without saving changes

  Create a new label
   g   create a new empty GPT partition table
   G   create a new empty SGI (IRIX) partition table
   o   create a new empty DOS partition table
   s   create a new empty Sun partition table

Command (m for help):
```

可以按 q 键不保存退出，或者按 w 键将修改写入磁盘后退出。

三、磁盘管理

1. 磁盘格式化

将分区/dev/sda1（可以自己指定）格式化为 ext3 文件系统。

```
#mkfs -t ext3 /dev/sda1
```

2. 磁盘检验

强制检测/dev/sda1 分区：

```
#fsck -C -f -t ext3 /dev/sda1
```

如果没有加上 -f 的选项，则由于这个文件系统不曾出现问题，检查的过程非常快速。若加上 -f 强制检查，将会一项一项地显示过程。

3. 磁盘挂载与卸载

将/dev/sda1 挂载到/mnt/test：

```
#mkdir /mnt/test
#mount /dev/sda1 /mnt/test
```

4. 磁盘卸载

卸载/dev/sda1：

```
#umount /dev/sda1
```

【任务练习】 磁盘管理命令的使用

实现功能	命令语句
挂载一个硬盘并分区	
格式化硬盘	
检查新硬盘文件系统	
挂载一个 U 盘到/usb 目录	
查看各磁盘使用情况	
查看/etc 目录下文件使用空间情况	

【项目总结】

通过本项目的学习，可以知道统信 UOS 支持字符设备、块设备、伪设备，终端的规范模式和非规范模式。要学会用 lspci、lsusb、lscpu、hwinfo、lsblk、nmcli 命令查看系统设备；用 lp/lpr、lpstat、cancel/lprm 命令打印文件、管理打印机及打印任务；用 mkswap、swapon、swapoff 命令管理交换设备；使用 stty、export 命令管理终端；使用 fdisk、mkfs、mount、umount、df、du 命令管理磁盘。

【项目评价】

序号	学习目标	学生自评
1	查看硬件信息命令	□会用□基本会用□不会用
2	打印机的管理	□会用□基本会用□不会用
3	文件打印	□会用□基本会用□不会用
4	交换区管理	□会用□基本会用□不会用
5	串口与终端管理	□会用□基本会用□不会用
6	设置环境变量	□会用□基本会用□不会用
7	磁盘管理	□会用□基本会用□不会用
自评得分		

项目六

网络配置、管理与基本应用

【项目场景】

公司使用的系统换成统信 UOS 后，小明需要在统信 UOS 系统上进行网络配置与管理。

【项目目标】

知识目标

- 了解网络的基本知识。
- 熟悉与网络相关的系统配置文件。
- 熟悉网络管理的命令及命令参数。
- 熟悉网络的基本应用。

技能目标

- 会使用与网络相关的系统配置文件。
- 会使用网络管理命令进行网络管理。
- 会使用网络的基本应用。

素质目标

- 能够合理地进行网络配置与管理。
- 遵守网络规范，合法合规使用网络。
- 具有良好的心理素质和克服困难的能力。
- 具有较强的团队协作能力。
- 培养精益求精、密益求密的工作态度。
- 培养认真负责、善于思考总结的工作作风。

任务一 网络配置

【任务描述】

在本任务中，小明需要学习一些必要的网络基本知识，掌握在统信 UOS 系统下进行网络配置操作。

【任务分析】

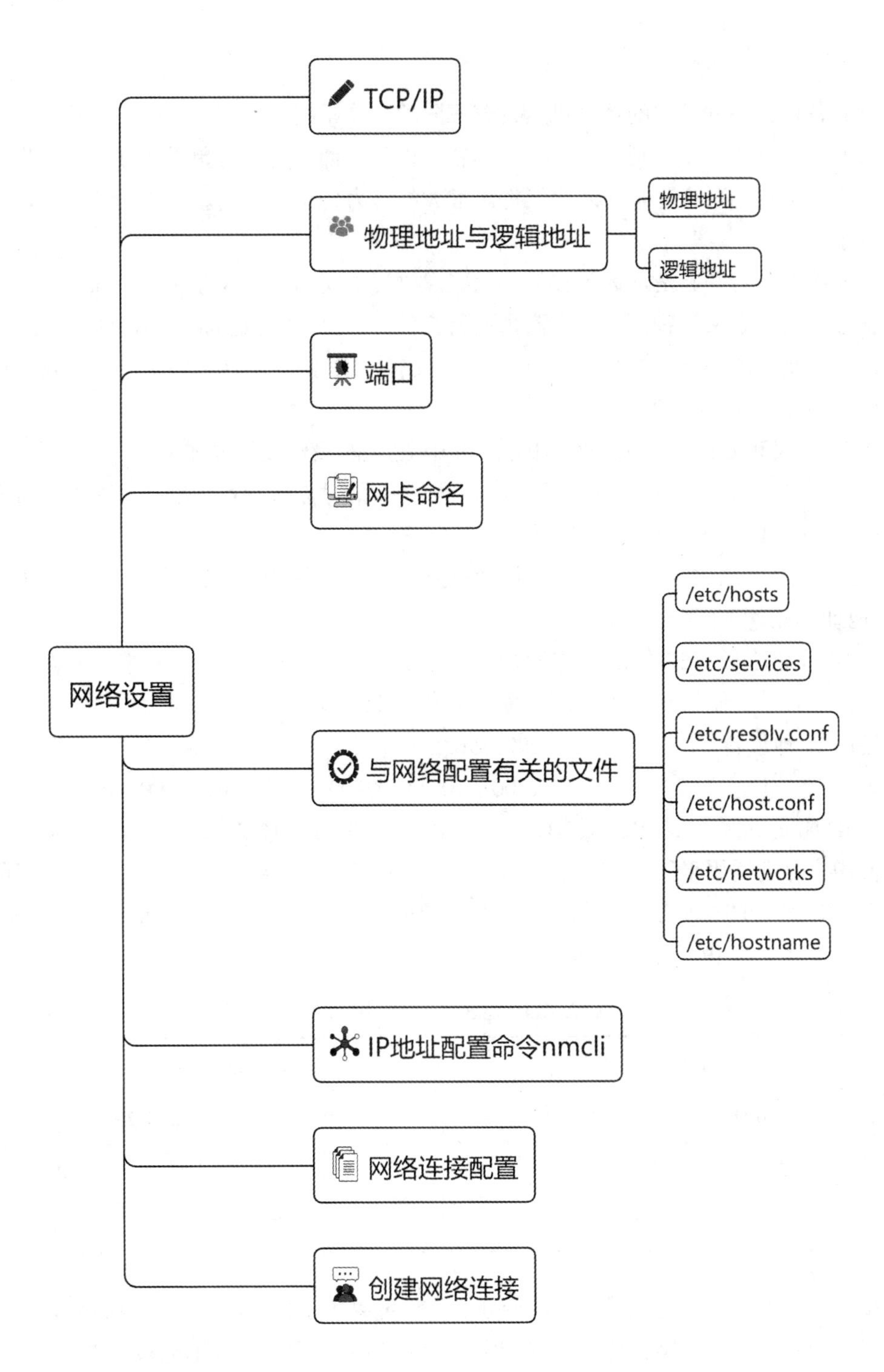

网络设置
TCP/IP
物理地址与逻辑地址
物理地址
逻辑地址
端口
网卡命名
与网络配置有关的文件
/etc/hosts
/etc/services
/etc/resolv.conf
/etc/host.conf
/etc/networks
/etc/hostname
IP地址配置命令nmcli
网络连接配置
创建网络连接

【知识准备】

一、TCP/IP

在世界各地，各种各样的计算机运行着不同的操作系统，这些计算机在表达同一种信息的时候所使用的方法千差万别。计算机使用者意识到，计算机只是单兵作战并不会发挥太大的作用，只有把它们联合起来，才会发挥出最大的潜力。于是人们就想方设法地用电线把电脑连接到了一起。

但是简单地连到一起是远远不够的，就好像语言不同的两个人互相见了面，完全不能交流信息，因而需要定义一些共通的东西来进行交流，TCP/IP 就是为此而生的。TCP/IP 不是一个协议，而是一个协议簇的统称，包括 IP 协议、ICMP 协议、TCP 协议等，以及我们熟悉的 HTTP、FTP、POP3 等协议。

TCP/IP 协议有 IPv4 和 IPv6 两个版本，其中 IPv4 的操作及配置如下。

在互联网中，为了使多台连入互联网的主机在通信时能够相互识别，互联网给每台主机分配了一个 32 位的地址，称为 IP 地址。

IP 地址是 IP 网络中数据传输的依据，它标识了 IP 网络中的一个连接，一台主机可以有多个 IP 地址。

（1）IP 地址是一个 32 位的二进制数，每个 IP 地址都分为网络号和主机号两部分，IP 地址通常用点分十进制将它分为 4 组，每组 8 位，各组都以十进制数表示。

十进制 IP 地址：　　202. 196. 5. 6

二进制 IP 地址：　　11001010. 11000100. 00000101. 00000110

（2）IP 地址划分为 A、B、C、D、E 五类，其中 A、B、C 是基本类，D、E 类作为多播和保留使用，分别适用于大型网络、中型网络、小型网络、多播地址、备用。常用的是 B 和 C 两类。IP 地址的第一个十进制数表示其所属的类别。表 6. 1 所列是 A、B、C 三类 IP 地址的起止范围和私有 IP 地址的范围。

表 6. 1　A、B、C 三类 IP 地址的起止范围和私有 IP 地址的范围

类别	IP 地址范围	私有 IP 地址范围
A	0. 0. 0. 0 ~ 127. 255. 255. 255	10. 0. 0. 0 ~ 10. 255. 255. 255
B	128. 0. 0. 0 ~ 191. 255. 255. 255	172. 16. 0. 0 ~ 172. 31. 255. 255
C	192. 0. 0. 0 ~ 223. 255. 255. 255	192. 168. 0. 0 ~ 192. 168. 255. 255

①私有地址主要用于在局域网中进行分配，也可以用于自己组网，但使用私有地址的计算机要上公网时，必须转换成合法的 IP 地址。私有地址类型以及范围见表 6. 1。

②回送地址。A 类 IP 地址里网络号为 127 的是一个保留地址，主要作用于网络软件测试以及本机进程间通信，称为回送地址。

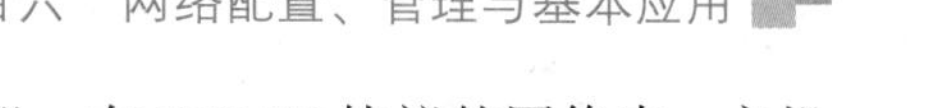

③广播地址指的是将信息发送给该网络上的每台主机，在 TCP/IP 协议的网络中，主机号全为 1 的 IP 地址用于广播，称为广播地址。

④网络地址。在 TCP/IP 协议的网络中，主机号全为 0 的 IP 地址不分配给任何主机，仅用于表示某个网络的网络地址。

（3）子网掩码可以用来区分一个 IP 地址的网络号和主机号。A、B、C 类 IP 地址的标准子网掩码分别如下所示。

A 类：255.0.0.0；B 类：255.255.0.0；C 类：255.255.255.0。

子网掩码的主要功能是告知网络设备，一个特定的 IP 地址的哪一部分包含网络地址与子网地址，哪一部分是主机地址。网络的路由设备只要识别出目的地址的网络号与子网号，即可作出路由寻址决策，IP 地址的主机部分不参与路由器的路由寻址操作，只用于在网段中唯一标识网络设备的接口。

二、物理地址与逻辑地址

1. 物理地址

物理地址也叫 MAC 地址，一般位于网卡中，一个网卡具有全球唯一的 MAC 地址，用于标识网络设备，控制网络信息对网络介质的访问。MAC 地址长度用 12 个十六进制数表示，共 48 位。书写形式如 D0－17－C2－8B－12－9F。前 6 位 16 进制数代表网络硬件制造商的编号，后 6 位 16 进制数代表该制造商所制造的某个网络产品的系列号。

2. 逻辑地址

逻辑地址也是 IP 地址或网络地址。在 IPv4 中，采用 32 位二进制数来表示网络地址。逻辑地址用于网络层上对目的主机的寻址。而在 C 语言指针里存储的数值就可以理解成内存里的一个地址，这个地址也是逻辑地址。

三、端口

端口是设备与外界通信交流的出口，分为虚拟端口和物理端口。虚拟端口指计算机内部或交换机路由器内的端口，不可见，为了对端口进行区分，每个端口进行了编号，就是端口号；物理端口又称接口，是可见的端口。

一个端口号由 16 位的数字组成，它唯一地标识一个进程。每个 TCP 或 UDP 协议分组头都包含源和目的端口号。

当目的主机接收到数据包后，将根据报文首部的目的端口号，把数据发送到相应端口，而与此端口相对应的进程将会接收数据并等待下一组数据的到来。

四、网卡命名

Linux 系统的网卡命名原来是 eth0、eth1 等形式，现在是 ens1、enp2s0 等形式。

1. 网卡名字的组成

网卡名字的前两个字符中，en 表示以太网（Ethernet），wl 表示无线局域网（WLAN），ww 表示无线广域网（WWAN）。

根据设备类型的不同，网卡名字的第三个及以后字符的选择如下：

（1）o <index>，当设备为内置网卡时，index 为内置网卡设备编号。

（2）s <slot>，当设备为外置网卡时，slot 为扩展槽编号。

（3）x <MAC>，网卡的 MAC 地址。

（4）p <bus>s <slot>，PCI 几何位置。

（5）p <bus>s <slot>[f <fun>][d <devid>]，网卡 PCI 插口位置。

（6）p <bus>s <slot>[f <fun>][u <port>][..][c <config>][i <if>]，端口号链。

2. 网卡命名规则

规则 1：根据硬件或 BIOS 提供的索引号命名，比如 enoN，如果硬件和 BIOS 信息可用，就使用此规则，否则使用规则 2。

规则 2：根据硬件或 BIOS 提供的 PCI－E 热插拔口索引号命名，比如 ens1，如果硬件和 BIOS 信息可用，就使用此规则，否则使用规则 3。

规则 3：若硬件接口的位置信息可用，则结合硬件连接器物理位置命名，比如 enp2s0，否则直接到规则 5。

规则 4：根据接口的 MAC 地址命名，比如 enx78e7d1ea46da，默认情况下不使用此规则，除非用户选择。

规则 5：使用传统的方案，比如 ethN，如果其他的规则都失败，则使用此规则。

五、与网络有关的配置文件

在 Linux 系统中，TCP/IP 网络的运行必须使用许多配置文件，了解这些文件的结构和内容对于系统管理员来说是有必要的，因为通过修改这些文件可达到配置网络的目的。通用的配置文件有/etc/hosts、/etc/services、/etc/resolv. conf、/etc/host. conf、/etc/networks 和/etc/hostname。

1. /etc/hosts

/etc/hosts 是配置 IP 地址和其对应主机名的文件，可以记录本机的或其他主机的 IP 及其对应主机名。不同的 Linux 版本，这个配置文件可能不同。

/etc/hosts 文件的结构为：

```
ip_addr hostname aliases
```

其中，ip_addr 为 IP 地址，hostname 为主机名，aliases 为别名。以下是某个主机的 hosts 部分内容。

```
127.0.0.1        localhost.localdomain localhost
::1              localhost ip6 - localhost ip6 - loopback
192.168.1.100    linumu100.com linumu100
192.168.1.120    ftpserver ftp120
```

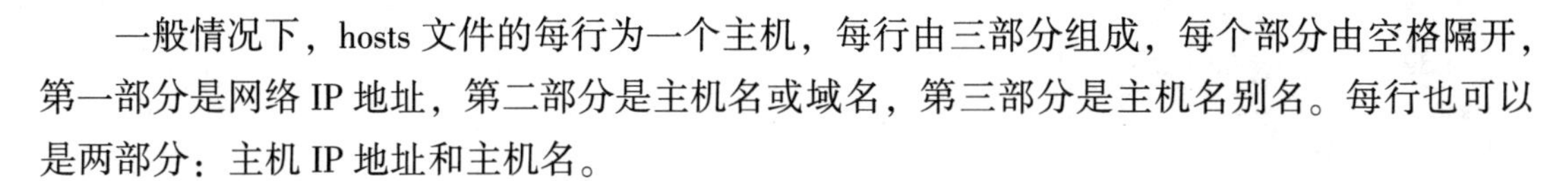

一般情况下，hosts 文件的每行为一个主机，每行由三部分组成，每个部分由空格隔开，第一部分是网络 IP 地址，第二部分是主机名或域名，第三部分是主机名别名。每行也可以是两部分：主机 IP 地址和主机名。

2. /etc/services

/etc/services 文件记录网络服务名和它们对应使用的端口号及协议，其结构如下：

```
servicename port/protocol aliases
```

其中，servicename 为服务名，port 为服务使用的端口，protocol 为服务使用的通信协议，aliases 为服务别名。以下是某系统的/etc/services 文件的部分内容。

```
tcpmux        1/tcp                        #TCP port service multiplexer
echo          7/tcp
discard       9/tcp     sink      null
systat        11/tcp    users
daytime       13/tcp
netstat       15/tcp
qotd          17/tcp    quote
msp           18/tcp                              #message send protocol
chargen       19/tcp    ttytst    source
```

文件中的每一行对应一种服务，由 4 个字段组成，中间用 Tab 或空格分隔，分别表示为“服务名称”“使用端口”“协议名称”以及“别名”。

3. /etc/resolv. conf

/etc/resolv. conf 是 DNS 客户机的配置文件，用于设置 DNS 服务器的 IP 地址及 DNS 域名，还包含了主机的域名搜索顺序。下面是此文件内容的一个实例。

```
nameserver 202.102.224.68
nameserver 192.168.235.2
search     localdomain
```

（1）nameserver：表明 DNS 服务器的 IP 地址。可以有很多行的 nameserver，每一个带一个 IP 地址。在查询时就按 nameserver 在本文件中的顺序进行，并且只有当第一个 nameserver 没有反应时才查询下面的 nameserver。

（2）domain：声明主机的域名，在声明的域内可以使用短主机名。该选项可以不设置。

（3）search：定义由空格分隔域名的搜索列表，最多 6 个，通常只有 localhost 或 localdomain。

以上的内容中关键的是 nameserver，若 nameserver 设定错误，则不能实现域名解析。

4. /etc/host. conf

/etc/host. conf 文件的作用是指定如何解析主机域名，它的格式为每行一个“命令”关键字。以下是某系统的该文件内容。

```
order hosts,bind
multi on
reorder on
```

（1）order：解析顺序的参数，其参数为用逗号分隔的查找机制，可以是 hosts(/etc/hosts)、bind(DNS)和 nis(NIS)。

（2）multi：是否允许主机指定多个地址，multi on 表示为允许。

（3）reorder on/off：是否允许对地址进行重新排序。若为 on，则所有的查询都被重新排序；否则在同一子网中的主机优先。默认值为 off。

5. /etc/networks

/etc/networks 文件用于定义子网。该文件中每个有效行都定义一个子网。以下是该文件的格式。

```
subnet addr [alias...]
```

其中，subnet 是子网名称；addr 是点分十进制的子网 IP 地址形式，后面表示主机部分的“.0”可以省略；alias 是子网别名，也可以不使用。以下是某系统的该文件内容：

```
default    0.0.0.0
loopback    127.0.0.0 lo1
link-local 169.253.0.0 local
subnet0      192.168.136 net0
```

/etc/networks 文件只支持 A、B 和 C 类 IP 地址，定义在其中的子网可以被 route 和 netstat 等使用。

6. /etc/hostname

/etc/hostname 文件存放的是系统的静态主机名，系统启动时读取此文件，并根据其内容设置主机名。这表明，使用 hostnamectl 等工具设置的静态主机名也将存放在其中。

六、IP 地址配置命令 nmcli

IP 地址配置有多种方式，既可以通过图形界面，也可以通过命令行界面来进行，下面介绍命令行界面方式。

命令行界面使用 nmcli 命令进行操作，以下是 nmcli 用于网络连接配置的用法。

```
nmcli conn{show|up|down|modify|add|edit|clone|delete|
monitor|reload|load|import|export}
```

（1）show：用于显示指定的或全部连接的信息。

（2）up&down：分别用于启动或停用指定连接。

（3）modify：用于添加、修改或删除指定连接的属性，其用法为：

```
nmcli connection modify [id|uuid|path] <ID> ([+|-] <setting>.<property> <value>)
```

（4）add：用于创建或添加一个新连接，其用法为：

```
nmcli connection add [save{yes|no}] ([+|-]<setting>.<property> <value>)
```

（5）edit：用于编辑一个已有连接或创建一个新连接，其用法为：

```
nmcli connection edit [id|uuid|path] <ID>
```

（6）delete：用于删除指定连接。

nmcli 命令用于 IPv4 设置时的参数见表 6.2。

表 6.2　nmcli 命令用于 IPv4 设置时的参数

范围	别名	属性	意义
通用	type	connection. type	类型：master、bond - slave、team - slave、bridge - slave
	con - name	connection. id	连接名或 ID
通用	autoconnect	connection. autoconnect	自动连接
	ifname	connection. interface - name	连接名称
	master	connection. master	主连接
通用	slave - type	connection. slave - type	从类型
IPv4	ip4	ipv4. addresses	IPv4 地址及子网掩码，如：192. 168. 137. 37/24
	ip4	ipv4. method	IPv4 配置方法：manual、auto
	gw4	ipv4. gateway	IPv4 网关

【任务实施】

一、网络连接配置

```
nmcli c add con-name ens11                                  #添加一个新的连接 ens11
nmcli c modify ens11 connection.autoconnect yes             #将 ens11 设置为自动连接
nmcli c modify ens11 ipv4.method auto                       #将 ens11 设置为自动配置
nmcli c modify ens11 ipv4.method manual                     #将 ens11 设置为手动配置
#将 ens11 的 IP 地址修改为 192.168.137.30,掩码长度 24 位
nmcli c modify ens11 ipv4.addresses 192.168.137.30/24
#将 ens11 的网关修改为 192.168.137.2
nmcli c modify ens11 ipv4.gateway 192.168.137.2
nmcli c modify ens11 +ipv4.addresses 192.168.147.47/24   #为 ens11 添加第 2 个 IP 地址
nmcli c modify ens11 -ipv4.addresses 192.168.147.47/24   #删除 ens11 第 2 个 IP 地址
```

```
nmcli c modify ens11 ipv4.dns 202.102.114.48                    #为 ens11 添加 DNS
nmcli c modify ens11 +ipv4.dns 8.8.8.8                          #为 ens11 添加第 2 个 DNS
nmcli c modify ens11 -ipv4.dns 8.8.8.8                          #删除 ens11 第 2 个 DNS
nmcli n[etworking] on |off |connectivity[check]
nmcli n on                                                      #开启网络
nmcli n off                                                     #关闭网络
nmcli n on                                                      #重启网络
nmcli d connect ens22                                           #连接一个接口:ens22
nmcli d disconnect ens22                                        #断开一个接口:ens22
```

二、创建网络连接

观察本机上的接口连接信息，观察完后创建一个新连接，它的类型是以太网卡，绑定接口为本机已有的接口，使其开机自启动，设置其为手动配置，并为其定义 IP 地址、网关与两个 DNS。

（1）输入命令：

```
nmcli c show
```

运行结果如图 6.1 所示。

```
root@fjcpc-PC:~# nmcli c show
NAME      UUID                                  TYPE      DEVICE
有线连接  29ba2b05-9044-4b39-af0e-35808060b8b6  ethernet  ens33
```

图 6.1　观察本机接口信息

（2）输入命令：

```
nmcli c add con-name ens11 type ethernet ifname ens33 autoconnect yes
```

运行结果如图 6.2 所示。

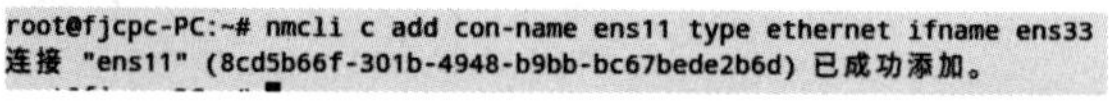

```
root@fjcpc-PC:~# nmcli c add con-name ens11 type ethernet ifname ens33
连接 "ens11" (8cd5b66f-301b-4948-b9bb-bc67bede2b6d) 已成功添加。
```

图 6.2　ens11 的创建

（3）输入命令：

```
nmcli c mod ens11 ipv4.method manual ipv4.add 192.168.31.2/24
nmcli c mod ens11 ipv4.gateway 192.168.31.1
nmcli c mod ens11 ipv4.dns 202.102.114.48
nmcli c mod ens11 +ipv4.dns 8.8.8.8
```

（4）单击任务栏上“控制中心”的“网络”选项，查看所创建的连接，如图 6.3 所示。

图 6.3　查看创建的连接

【任务练习】　网络配置命令的使用

实现功能	命令语句
添加一个新的网络连接 ens10	
将 ens10 设置为手动配置	
将 ens10 的 IP 地址修改为 192. 168. 13. 30，掩码长度 24 位	
将 ens10 的网关修改为 192. 168. 13. 1	
为 ens10 添加 DNS 服务器地址（202. 102. 114. 48）	
查看本机上的接口连接信息	

任务二　网络管理

【任务描述】

小明需要在统信 UOS 系统下完成网络的管理以及其基本应用。

【任务分析】

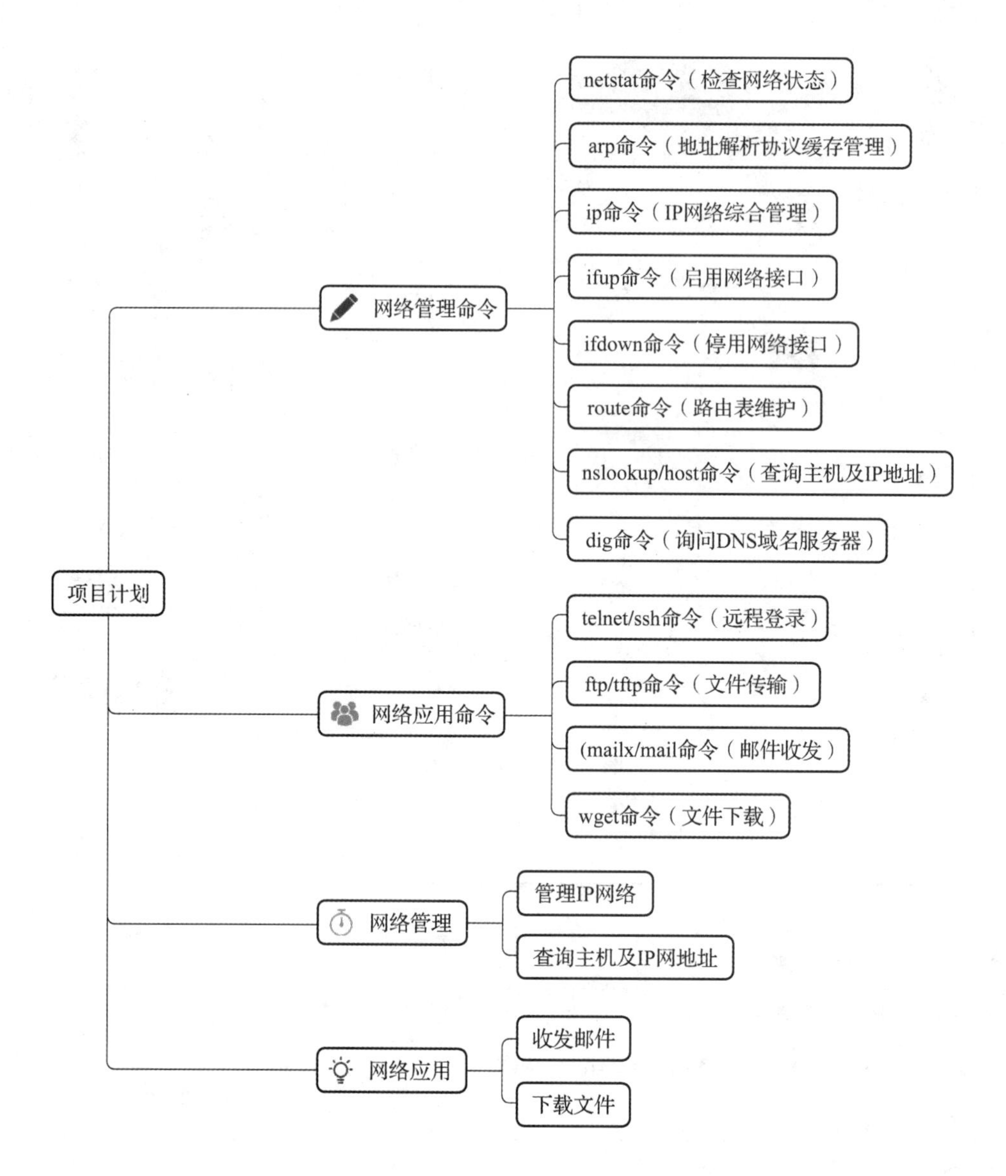

【知识准备】

一、网络管理命令

1. netstat 命令

netstat 是控制台命令，是一个监控 TCP/IP 网络的非常有用的工具，可以显示路由表、实际的网络连接以及每一个网络接口设备的状态信息，t 用于显示与 IP、TCP、UDP 和 ICMP 协议相关的统计数据，一般用于检查本机各端口的网络连接情况。其语法格式如下：

```
netstat [ -vWeenNcCF] [ <AF> ] -r
netstat { -V|--version|-h|--help}
netstat [ -vWnNcaeol] [ <Socket>...]
netstst { [ -vWeenNac] -i|[ -cnNe] -M | -s [ -6tuw] }
```

netstat 命令的部分参数见表 6.3。

表 6.3　netstat 命令的部分参数

参数	功能描述
-a, --all	显示所有 socket
-r, --route	显示核心路由表，格式同 route -e
-A, --protocol = addr_family	指定地址簇信息：inet、unix 等
-s, --statistics	协议通信总量统计
-i, --interfaces = iface, -I = iface	显示所有网络接口信息
-t, --tcp	显示 TCP 协议的连接情况
-n, --numeric	直接使用数字/字符串方式
-u, --udp	显示 UDP 协议的连接情况

（1）参数 -a 显示所有处于监听状态的端口：

```
netstat -ta                                                      #显示所有处于活动状态的 TCP 端口
Active Internet connections(servers and established)
Proto   Recv-Q   Send-Q   Local Address     Foreign Address   State
tcp       0        0      localhost:ipp     0.0.0.0:*         LISTEN
......
tcp       0        0      localhost:42503   localhost:57780   ESTABLISHED
tcp       0        0      localhost:57780   localhost:42503   ESTABLISHED
```

以上输出表明，有多个服务器正在监听（LISTEN），也可以看到目前主机与多个 IP 地址（如 222.88.90.209、58.215.64.145 等）之间已建立连接（ESTABLISHED）。

（2）参数 -i 显示所有已配置接口的有用信息，可以很容易地检查连接状态及连接是否正常，所以，此参数也可以用于检测和排除网络故障的有效措施。

```
netstat -i
Kernel Interface table
Iface  MTU   RX-OK  RX-ERR  RX-DRP  RX-OVR  TX-OK  TX-ERR  TX-DRP  TX-OVR
 Flg
ens33  1500  5940     0       0       0     1054     0       0       0
 BMRU
lo    65536   117     0       0       0      117     0       0       0
 LRU
```

MTU 和 Met 字段表示接口的 MTU 和度量值；RX 和 TX 表示已经准确收发的数据包数量（RX - OK/TX - OK）、产生的错误数量（RX - ERR/TX - ERR）、丢弃的包数量（RX - DRP/TX - DRP）、由于误差而遗失的包数量（RX - OVR/TX - OVR）；最后一列展示接口设置的标记，在利用 ifconfig 显示接口配置时，这些标记都采用一个字母。它们的说明如下：

· B：已经设置了一个广播地址。

· L：该接口是一个回送设备。

· M：接收所有数据包（混杂模式）。

· N：避免跟踪。

· O：在该接口上，禁用 APP。

· P：这是一个点到点链接。

· R：接口正在运行。

· U：接口处于“活动”状态。

（3）参数 -r 显示核心路由表：

```
netstat -nr                                                          #显示内核路由表
Kernel IP routing table
Destination     Gateway       Genmask         Flags   MSS   Window   irtt   Iface
0.0.0.0     192.168.31.1   0.0.0.0          UG      0      0       0      ens33
192.168.31.0    0.0.0.0    255.255.255.0    U       0      0       0      ens33
```

第 1 列为目的地址；第 2 列为网关，若没有使用网关，则会表示为“*”或者 0.0.0.0；第 3 列为掩码；第 4 列显示了不同的状态；Iface 列为该连接所用的网络设备。

2. arp 命令

arp 命令用于管理系统的 ARP 缓存，在 ARP 缓存中包含一张或多张表，这些表用于存储 IP 地址及其经过解析的 MAC 地址。arp 命令的用法如下：

```
arp [-vn]  [<HW>] [-i <if>] [-a]  [<hostname>]
arp [-v]          [-i <if>] -d    <host> [pub]
arp [-vnD] [<HW>] [-i <if>] -f    [<filename>]
arp [-v]   [<HW>] [-i <if>] -s    <host> <hwaddr> [temp]
arp [-v]   [<HW>] [-i <if>] -Ds   <host> <if> [netmask <nm>] pub
```

arp 命令的部分常用参数见表 6.4。

表 6.4　arp 命令的部分常用参数

参数	功能描述
-a	以替代（BSD）格式显示 ARP 信息
-e	以默认（Linux）格式显示 ARP 信息
-d, --delete	删除指定主机的所有 ARP 信息
-i, --device	显示指定网络接口的 ARP 信息

续表

参数	功能描述
-s, --set	设置一个新的 ARP 信息
-t	限制显示信息为指定的硬件类型，可以是 ether、ax25 等

```
arp                                                    #查看本机的 ARP 缓存
Address        HWtype    HWaddress                Flags Mask    Iface
XiaoQiang      ether     8c:de:f9:b0:f6:21    C             ens33
```

3. ip 命令

ip 是一个很强大的网络配置命令，能够代替一些传统的网络管理命令，其命令格式如下：

```
ip [options] onject {command |help}
ip [ -force] -batch filename
```

ip 命令常用的参数见表 6.5。

表 6.5　ip 命令常用的参数

类型	参数	功能描述
options	-N, -Numeric	以数字方式显示协议等信息
	-h, -human -readable	易读方式
	-s, -statistics	输出更多的信息，可多次使用
	-d, -details	输出详细信息
	-f <FAMILY>	指定协议簇，如 inet、inet6 等
	-r, -resolve	使用主机名而非 IP 地址
	-4	-f inet(IPv4)
	-6	-f inet6(IPv6)
	-a, -all	在所有 object 上执行 cmd
	-c, -color	使用彩色输出
object	link	网络设备
	address	IP 地址
	route	路由
	neigh	邻居（ARP 或 NDISC 缓存条目）
command	应用于 object 的命令，因对象不同而异	

（1）接口链路管理使用 ip link 命令，该命令也可以用于启动或关闭某个网络接口，其用法如下：

```
ip [ -s] link show                                          #显示与设备相关的信息
ip link set [device] [up |down |name |address]              #按照指定命令设置设备
```

（2）设置 IP 地址的命令是 ip address，其用法如下：

```
ip address show                                             #查看 IP 地址参数
ip address [add |del] address dev ifname                    #设置与 IP 地址相关的各项参数
```

以下是该命令的示例：

```
ip address show ens11                                       #显示本机 ens11 接口的 IP 地址参数
ip address add 192.168.1.1/24 dev ens12                     #添加虚拟接口并分配 IP 地址
ip address del 192.168.1.1/24 dev ens12                     #删除添加的虚拟接口
```

（3）管理路由的命令是 ip route，其用法如下：

```
ip route show                                               #查看当前路由设置信息
ip route {add |del |change |append |replace} dest-address   #设置路由
```

4. ifup 命令

ifup 命令用于激活指定的网络接口，其用法如下：

```
ifup ens 11                                                 #启用网卡 ens11
```

5. ifdown 命令

ifdown 命令用于禁用指定的网络接口，其用法如下：

```
ifdown ens11                                                #停用网卡 ens11
```

6. route 命令

route 命令用来显示、添加、删除和修改路由的命令，其用法如下：

```
route [ -nNvee] [ -FC] [ <AF> ]
route [ -V] [ -FC] {add |del |flush}
route { -h | --help} [ <AF> ]
route { -V | --version}
```

route 命令的常用参数见表 6.6。

表 6.6　route 命令的常用参数

参数	功能描述
-n	使用数字地址形式代替解释主机名形式来显示地址
dev	强制路由与指定的设备关联，否则内核自己会试图检测相应的设备

续表

参数	功能描述
-e	输出包括路由表所有参数在内的信息
-net	路由到达的是一个网络
add	添加一条路由
-host	路由到达的是一台主机
del	删除一条路由
netmask	为添加的路由指定网络掩码
gw	指定路由的网关
target	配置目的网段或者主机

1）监视路由表内容

```
route -e
Kernel IP routing table
Destination      Gatway      Genmask          Flags  MSS  Window  irtt  Iface
default          XiaoQiang   0.0.0.0           UG     0     0       0   ens33
192.168.31.0     0.0.0.0     255.255.255.0    U      0     0       0    ens33
```

（1）Destination：目标网段或者主机，“default”指的是本机网关。

（2）Gatway：网关地址，如果没有设置，则用“*”表示。

（3）Genmask：网络掩码。

（4）Flags：U，活动路由；H，目标是一台主机；G，网关；R，动态路由产生的表项；D，路由动态写入；M，路由动态修改；!，被拒绝的路由。

（5）MSS：默认的 TCP 协议最大分片尺寸。

（6）Window：默认的 TCP 协议窗口的尺寸。

（7）irtt：默认的 TCP 协议回路时间。

（8）Iface：该路由项对应的网络接口。

2）添加路由记录

```
route add -net 192.168.10.0 netmask 255.255.255.0 dev ens11
```

3）删除路由记录

```
route del -net 192.168.10.0 netmask 255.255.255.0 dev ens11
```

7. nslookup/host 命令

nslookup/host 用来查询一台网络主机的 IP 地址或其对应的域名，其命令格式如下：

```
nslookup [ -option] [name|-] [server]
host [options] {name} [server}
```

8. dig 命令

dig 命令用于询问 DNS 域名服务器，其语法格式如下：

```
dig [ -h] [@server] [ -x IP_addr] [type|-t type] [host] [dopt}
```

（1） -h：显示帮助信息。

（2） @server：指定 DNS 服务器。

（3） -x IP_addr：逆向查询 IP_addr 所对应的主机名。

（4） type：指定查询类型，可取的值有 ANY、A、MX、NS、SOA、HINFO、AXFR（zone 数据传输）、IXFR = N（zone 数据的增量传输）等，默认值为 A。

（5） host：指定要查询的主机名。

（6） dopt：控制 dig 的输出，可取值有很多，如 + noshort/ + short（长/短格式）、+ noall/ + all（无/所有）、+ nocomments/ + comments（无/有注释）、+ nostats/ + stats（无/有统计信息）、+ noquestion/ + question（无/有 question 节）、+ noanswer/ + answer（无/有 answer 节）、+ noauthority/ + authority（无/有 authority 节）和 + noadditional/ + additional（无/有 additional 节）。

二、网络应用常用命令

1. telnet/ssh 命令

telnet/ssh 命令用于远程登录与访问的客户端。

（1） telnet 协议是 TCP/IP 协议簇中的一员，是 Internet 远程登录服务的标准协议和主要方式。它为用户提供了在本地计算机上完成远程主机工作的能力。

在使用 telnet 之前，需要先安装它，以下是安装命令，安装需在开发者模式下进行。

```
sudo su                          #输入完命令后输入用户密码,即可进入 root 用户
apt update                       #更新软件源
apt install telnet               #安装 telnet
apt install telnetd              #安装 telnetd
```

安装完成后，检查 telnet 服务器是否在运行，以下是检查命令。

```
netstat  -a |grep telnet                        #检查 telnet 服务器是否处于监听状态
tcp          0       0     0.0.0.0:telnet     0.0.0.0:*      LISTEN
```

以下是 telnet 远程登录的一般形式：

```
telnet [host -name [port]]
```

host - name 为要连接的远程主机的名称或者 IP 地址，port 为端口号，默认为 23。登录

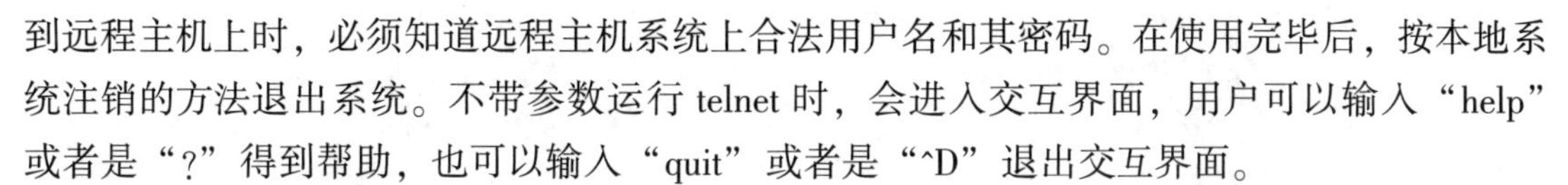

到远程主机上时，必须知道远程主机系统上合法用户名和其密码。在使用完毕后，按本地系统注销的方法退出系统。不带参数运行 telnet 时，会进入交互界面，用户可以输入“help”或者是“?”得到帮助，也可以输入“quit”或者是“^D”退出交互界面。

telnet 是不安全的，因为它的传输过程是不加密的。

（2）ssh 和 telnet 一样，它的优点是使用加密的方式来传送所有数据，是 telnet 等的安全替代品。以下是 ssh 命令的一般形式：

```
ssh [user@]host[cmd]                          #host 为目的主机名或 IP 地址
```

关于 ssh 命令的详细介绍可参见后续内容。

2. ftp/tftp 命令

ftp/tftp 是网络上用于文件传输的基本工具，它们的使用需要相应的服务程序。

（1）ftp 是用于 TCP/IP 网络上两台计算机传送文件的协议，使用时须知道远程主机上的合法用户名以及密码，ftp 也提供匿名登录。

在使用 ftp 之前，需要先安装它，以下是安装命令，安装需在开发者模式下进行。

```
sudo su                              #输入完命令后输入用户密码,即可进入 root 用户
apt install ftp                      #安装 ftp
```

ftp 命令的用法如下：

```
ftp [options] [host-name]                     #host 为目的主机名或 IP 地址
```

登录成功后，可以列出目录内容、改变工作目录，以及下载文件或者上传文件等。不带参数运行 ftp 时进入交互界面，可以输入 help 命令得到帮助，也可以输入 help cmd 命令获得对 cmd 命令的帮助。关于 ftp 服务器和 ftp 命令的使用可参见后续项目。

（2）tftp 是简单的文件传输工具，它不需要用户验证和密码，因此它的使用限制有很多。关于 tftp 服务器和 tftp 命令的使用，可参见后续内容。

3. mailx/mail 命令

mailx/mail 是 Linux 系统中较为简单的快速电子邮件客户端软件，它们的使用需要邮件服务器的支持。

Internet site 在使用之前，需要先安装它，以下是安装命令，安装需在开发者模式下进行。

```
sudo su                              #输入完命令后输入用户密码,即可进入 root 用户
apt install mailutils postfix -y     #安装 mailx
```

在安装的过程中会弹出如图 6.4 所示的对话框，单击“确认”按钮即可。

安装完毕后，使用以下代码启用此服务。

```
systemctl enable postfix                      #启用 postfix 服务
systemctl start postfix                       #启动 postfix 服务
```

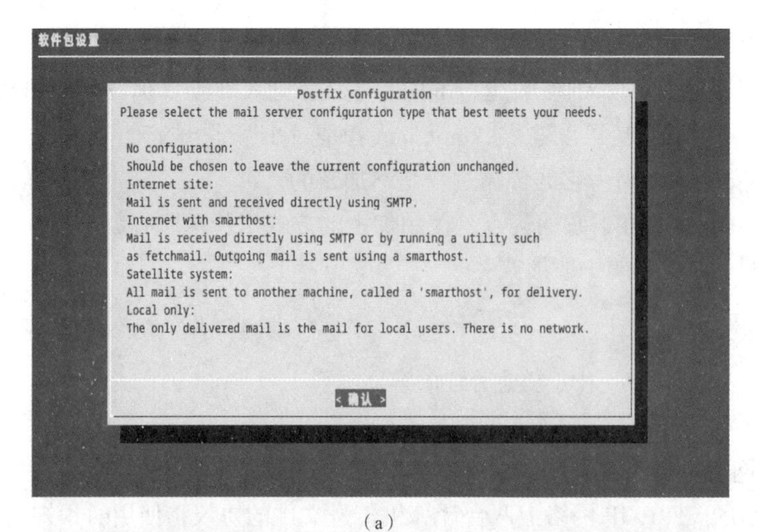

（a）

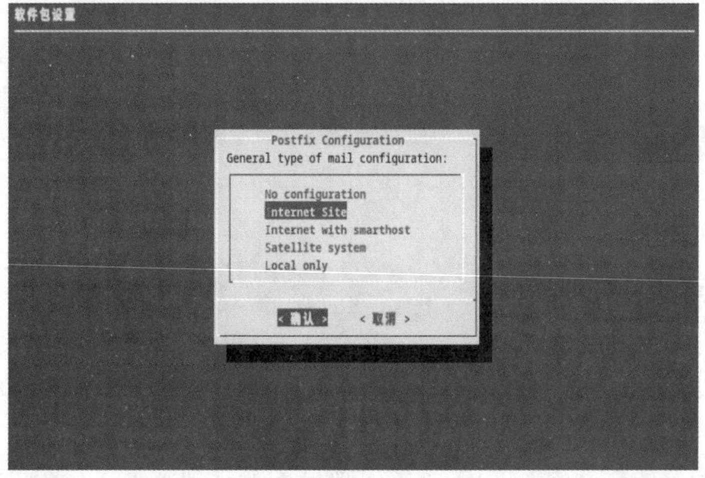

（b）

软件包设置

Postfix Configuration

The "mail name" is the domain name used to "qualify" _ALL_ mail addresses without a domain name. This includes mail to and from <root>: please do not make your machine send out mail from root@example.org unless root@example.org has told you to.

This name will also be used by other programs. It should be the single, fully qualified domain name (FQDN).

Thus, if a mail address on the local host is foo@example.org, the correct value for this option would be example.org.

System mail name:

abc-PC

< 确认 >　　< 取消 >

（c）

图 6.4　安装 mailx

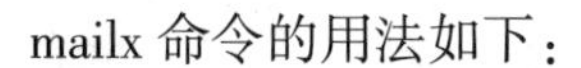

mailx 命令的用法如下：

```
mailx [option...] [ -s subject] address...
mailx [option...] [ -u user]
```

mailx/mail 命令的部分参数见表 6.7。

表 6.7　mailx/mail 中的部分参数

参数	功能描述
address...	收件人或邮箱
-s subject	指定邮件标题
-u user	从用户默认邮箱中读取邮件
-e	检查邮件中有无邮件，若有，则返回 0，否则返回非 0

第一种用法用于发送邮件，可以指定多个收件人，若收件人为本地用户，则只需要指定用户即可；若为异地用户，则需要使用邮箱的形式，比如：123@gmail.com。

第二种用法用于读取指定用户的邮箱，若不指定用户，则为自己，若邮箱内有邮件，则进入交互界面，交互界面中 mailx 的部分命令见表 6.8。

表 6.8　交互界面中 mailx 的部分命令

命令	意义
? |help	帮助：显示 mail 操作命令
h	重新显示邮件头部信息列表
数字或 $	按数字选中邮件，$表示最后一个
+/-	下/上一个邮件
p/t <#1#2... >	显示第#1，#2，…号邮件（以 more 格式阅读）
s <#1#2... > <file>	将第#1，#2，…号邮件的内容追加到 file 文件中
sh	启动 sh，可按 Ctrl + D 组合键返回 mail
! cmd	执行 shell 命令 cmd
d <#1#2... >	删除第#1，#2，…号邮件
u <#1#2... >	将被删除的邮件标为未删除
U <#1#2... >	将读过的邮件标为未读
m <MailBox>	向邮箱 MailBox 发送邮件

续表

命令	意义
R <#>	回复第#号邮件
Q	进行相关处理后退出 mail
X	不进行任何处理，直接退出 mail
Ctrl_D	退出，或编辑邮件时，结束编辑并发送

4. wget 命令

wget 是一个在 Linux 系统中从互联网上下载文件的工具，在命令行下使用，wget 支持 HTTP、HTTPS 和 FTP 协议，可以使用 HTTP 代理。自动下载指的是 wget 可以在用户退出系统后在后台运行。wget 可以跟踪 HTML 页面上的链接依次下载来创建远程服务器的本地版本，完全重建原始站点的目录结构。这又常被称作“递归下载”。以下是 wget 命令的用法：

```
wget [option] [URL]
```

wget 命令的部分参数见表 6.9。

表 6.9　wget 命令的部分参数

参数	功能描述
-b	启动后转入后台
-o/ -a log_file	指定 log 文件，以覆盖/追加方式使用
-q	安静模式（无信息输出）
-I file	下载本地或外部文件的 URL
-t num	设置重试次数为 num
-c	断点续传
-w secs	两次尝试等待的间隔为 secs 秒
-r	递归下载
-m	打开站点镜像下载选项
-T secs	将超时设为 secs 秒

【任务实施】

一、网络管理

1. 管理 IP 网络

```
ip -s link show ens11                                  #显示本机 ens11 接口的信息
ip link set ens11 up                                   #启动本机 ens11 接口
ip link set ens11 name v8                              #修改 ens11 网卡名称为 v8
ip link set ens11 address 25:42:00:ab:8e:7b            #修改 MAC 地址
ip route add 192.168.10.200/24 dev ens11               #添加路由
#添加可以通往外部的路由
ip route add 192.168.10.0/24 via 192.168.30.10 dev ens11
ip route add default via 192.168.20.123 dev ens11      #添加默认路由
ip route del 192.168.10.200/24                         #删除路由
```

2. 主机及 IP 地址查询

```
#使用 dig 询问 DNS 域名服务器
dig www.baidu.com                                  #使用默认 DNS 服务器
dig @8.8.8.8  www.baidu.com                        #使用指定 DNS 服务器
dig www.baidu.com A +noall +answer +short          #以短格式显示 A 记录
#查询一台网络主机的 IP 地址或其对应的域名
nslookup www.fjcpc.edu.cn                          #直接查询:正向
nslookup 222.79.8.198                              #直接查询:逆向
nslookup                                           #进入 nslookup 交互界面
 >222.79.8.198                                     #逆向解析
 >www.fjcpc.edu.cn                                 #正向解析
 >server 202.102.224.68                            #指定 DNS 服务器
 >mail.163.com                                     #使用 202.102.224.68 解析
 >exit                                             #退出 nslookup
```

进入 nslookup 交互界面时，可输入要查询的 IP 地址或主机名，按 Enter 键进行查询，也可以输入 DNS 地址，还可以输入 exit 并按 Enter 键或者直接按 Ctrl + D 组合键退出。

```
host hncj.edu.cn                                  #正向解析
host 222.138.255.18                               #逆向解析
```

二、网络应用

1. 收发邮件

```
mailx                                     #若邮箱中有邮件,则进入交互界面
U 1  Mail Delivery  Syst  三  6月  1  01:4  74/2085  "Hello"
```

使用 mail 命令发送邮件：

```
mail -s "test"
To:abc
Cc:abc
Hello abc
```

abc 是本机用户，“Hello abc”是内容，在内容输入完成后，按下键盘上的 Enter 键，再按下 Ctrl + D 组合键，即可将邮件发送出去。

2. 下载文件

```
wget https://github.com/mirror/wget/archive/master.zip          #下载单个文件
wget -c https://github.com/mirror/wget/archive/master.zip       #断点续传
```

【任务练习】 网络管理与应用命令的使用

实现功能	命令语句
查看本机所有处于活动状态的 TCP 端口	
查看本机的 ARP 缓存	
显示本机 ens11 接口的信息	
添加一条到网络 192.168.25.0/24（经由接口 ens11）的路由记录	
查询域名 www.fjcpc.edu.cn 对应的 IP 地址	
从 github 上下载文件，支持断点续传	

【项目总结】

通过本项目的学习，要知道 TCP/IP、逻辑地址与物理地址、端口、网卡命名，以及与网络有关的配置文件等知识，学会使用 nmcli 命令配置网络，使用 nerstat、arp、ip、ifup、ipdown、route、nslookup/host、dig 等命令管理网络，采取 telnet/ssh、ftp/tftp、mailx/mail、wget 等命令使用相关的网络服务。

【项目评价】

序号	学习目标	学生自评
1	网络连接命令及其参数	□会用□基本会用□不会用
2	网络状态检查命令及其参数	□会用□基本会用□不会用
3	域名查询命令及其参数	□会用□基本会用□不会用
4	远程连接等基本网络服务命令及其参数	□会用□基本会用□不会用
自评得分		

项目七

Shell编程

【项目场景】

小明负责所在公司的服务器运维工作，在工作中涉及服务器上的任务部署，为了避免人为因素导致误操作，并且在遇到故障时可以方便复盘，决定使用 Shell 脚本的方式来控制质量。

【项目目标】

知识目标

- 了解 Shell 的概念。
- 了解变量和环境变量。
- 熟悉 Shell 的基本语句。

技能目标

- 学会设置环境变量。
- 学会使用 Shell 语句实现功能。

素质目标

- 具有主动学习知识的意识。
- 具有发现问题、分析问题和解决问题的能力。
- 具有较强的团队协作能力。
- 培养精益求精、密益求密的工作态度。
- 培养认真负责、善于思考总结的工作作风。

任务一 Shell 脚本概述

【任务描述】

小明要在 UOS 平台下使用变量存储数据，通过改变变量的数值，在 Shell 中实现简单的变量的编程，实现不同的功能，使用环境变量控制 Shell 脚本在不同的系统环境下进行不同的操作。

【任务分析】

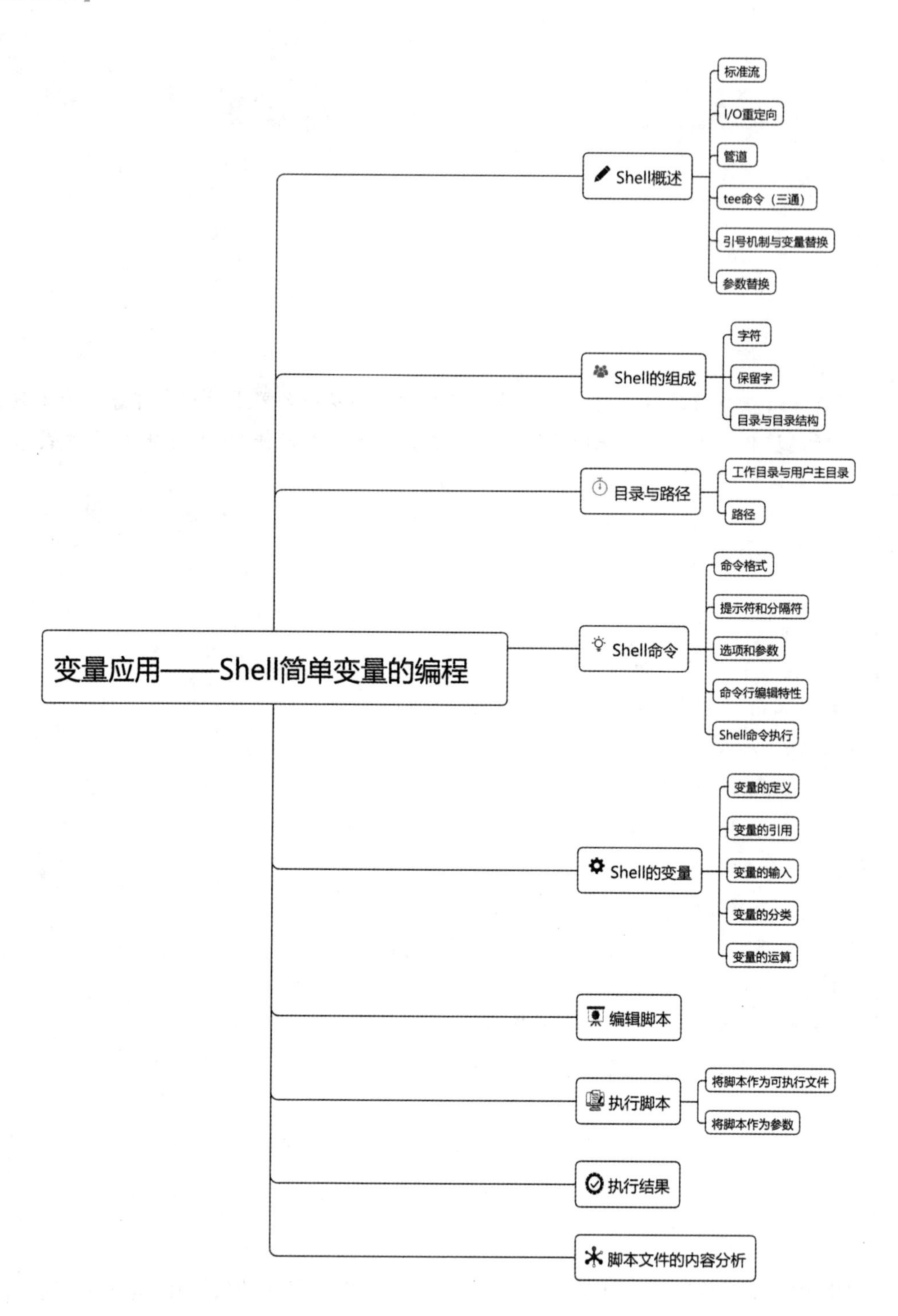

变量应用——Shell简单变量的编程
Shell概述
标准流
I/O重定向
管道
tee命令（三通）
引号机制与变量替换
参数替换
Shell的组成
字符
保留字
目录与目录结构
目录与路径
工作目录与用户主目录
路径
Shell命令
命令格式
提示符和分隔符
选项和参数
命令行编辑特性
Shell命令执行
Shell的变量
变量的定义
变量的引用
变量的输入
变量的分类
变量的运算
编辑脚本
执行脚本
将脚本作为可执行文件
将脚本作为参数
执行结果
脚本文件的内容分析

【知识准备】

一、Shell 概述

Shell 是用 C 语言编写的用户和 Linux 内核之间的接口程序，是用户使用 Linux 的桥梁。计算机只能识别 0 和 1 的指令，我们输入的命令要被转换成代码“0”和“1”，Shell 就是用来实现这种转换的。转换成功后，Linux 内存用 0 和 1 代码来控制硬件。因此，Shell 是和 Linux 内核交互的界面。

Ken Thompson 的 Shell 是第一种 UNIX Shell，Windows Explorer 是一个典型的图形化 Shell。

Shell 是解释性脚本语言，支持大多数的高级语言可以见到的程序元素，如函数、变量、数组、流程结构等，其功能强大，易于编写与调试，灵活性强。在提示符界面中能输入的命令，都能放在可执行的 Shell 脚本程序中作为语句来使用。

Shell 是操作系统的最外层，可以合并编程语言来控制进程和文件，是负责 User 与 Linux OS 之间沟通的桥梁，如图 7.1 所示。它为用户提供一个操作界面，User 在这个界面输入指令，其实就是通过 Shell 向 Linux Kernel 传递过去，因此 Shell 也叫解释器。

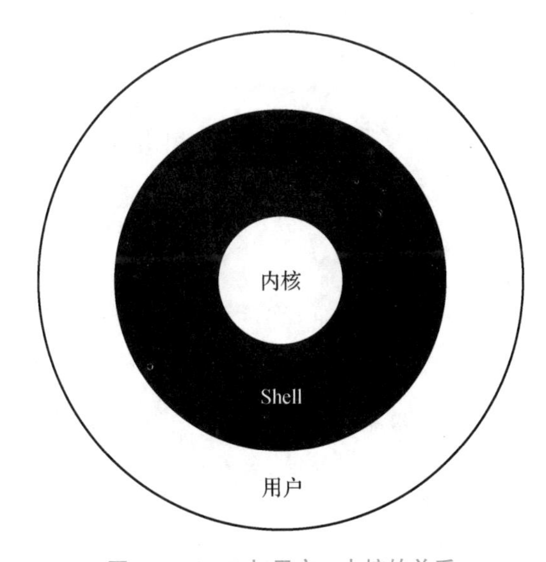

图 7.1　Shell 与用户、内核的关系

1. 管道

两个或多个进程之间需要通信时，由于它们拥有自己的地址空间，因此必须有一块公共的空间，而这块空间就需要内核提供，也就是缓冲区。

管道有两端，分别负责输入和输出，因此管道用于连接两个进程。进程 1 将数据输入缓冲区，进程 2 将缓冲区的数据取出来，从而实现两个进程的通信。

管道的符号是“|”，其使用方法如下：

```
$ ls -l /dev |wc -l                         #统计系统设备目录 dev 下的文件和目录数量
$ cat /etc/passwd |grep "root:" |wc -l  #统计文件/ect/passwd 内包含 root 的行数
```

2. tee 命令

若要让文件在屏幕上输出并备份一份副本，可以通过配合管道使用 tee 命令实现三通。

tee 命令输出到标准输出的同时，追加到文件 file 中。如果文件不存在，则创建文件；如果文件已经存在，则默认覆盖，其命令格式如下：

```
tee [ -a] [ -i][files]
```

（1） -a：指定追加方式，默认采用覆盖的方式。

（2） -i：用于无法中断命令（Ctrl + C）。

tee 命令的使用示例如下：

```
$cal |tee calendar                    #将当月日历表显示到屏幕上,同时保存到 calendar
$ls / |tee f1 f2
```

3. 引号机制与变量替换

在 Shell 用三类引号：单引号（'）、双引号（"）和反单引号（`），单引号和双引号用于变量定义，反单引号用于命令替换。

（1）单引号引用的字符为普通字符，特殊字符被单引号引用会失去原来的意义。

```
$ string='$PATH'                              定义 string 变量并赋值
$ echo $string                                显示变量值:'$PATH'
```

（2）反向单引号的作用是命令替换。命令替换是指执行反单引号内的命令，并将执行结果返回。

```
$ x= `pwd`   #命令 pwd 执行的结果赋值给变量 x。pwd 的功能是显示用户的工作目录
$ y=`whoami`#命令 whoami 执行的结果赋值给变量 y。whoami 的功能是显示用户名
$ echo $x $y          #显示变量 x 和 y 的内容
$ echo I am`whoami`and working in `pwd`输出  I am root and working in /root
```

（3）双引号用来定义变量，与单引号不同之处在于在双引号中间可以进行变量替换和命令替换。双引号内的特殊字符仍具有特殊意义。

变量替换，是指在双引号内对变量的引用将被替换成变量的值，变量替换也叫变量扩展，如果需要在双引号内使用特殊字符，需要使用转义字符。比如在双引号内的双引号必须表示成\"，\ 必须表示为\\ 。变量替换也可以出现在双引号外（见参数替换）。

双引号使用如下：

```
$ myname="whoami"                     #通过命令替换定义变量 myname
```

##定义变量 myself。注意使用了变量替换和命令替换

```
$ myself = "I am a student,my uname is $myname and my work is 'pwd' "
$ myself2 = "I am a student,my uname is \" $myname \" and my work is \"'pwd'\""
echo myself
echo myself2
```

4. 参数替换

参数替换主要是命令行中的变量替换和命令替换，在执行命令中，命令行参数可以是变量，也可以是常量，还可以包括命令替换，假设有一个目录下的 Ds123 可以显示自己的所有命令参数，变量 x 的值为“school”，则命令如下：

```
$./Ds123 I am 'whoami' the value of x is $x
```

输出为：

```
I am root the value of x is school
```

可以看到‘whoami’替换为 root，$x 被替换为 school。参数在命令行被替换的过程称为参数替换。我们再定义一个变量：

```
D = DS123
$./D I am 'whoami' the value of x is $x
```

程序名也可以是变量。

5. 特殊字符

Shell 中除了可以使用普通键盘输入的字符，还有一些具有特殊含义和功能的字符。在使用它们时，应注意其特殊的含义和作用范围。

1）白空格

在统信 UOS 系统中，空格和 Tab 被称为白空格（White Space），主要用于命令行中命令名、参数及选项的分隔。在特殊情况下，白空格中也可包含回车字符。

2）通配符

通配符是路径扩展（英文 pathname expansion，或者是文件名扩展（filename expansion））功能中的模式匹配（pattern matching）功能，比如文件名配对、路径名搜索、字符串查找等。常用的通配符有“*”“?”和括在方括号“[set]”中的字符集合。用户可以在作为命令参数的文件名中包含这些通配符，将它们视为要匹配的模式，简单地说，就是 bash 发现参数部分有特殊符号，就会生成相应已经保存的文件名或者目录，排序完后发送给命令。

（1）*：从它所在位置开始的任何字符串，包括空字符串。例如，“f*”匹配以 f 开头的任意文件，但应注意，输入的文件名前的“.”和路径的斜线“/”必须是一致的，比如“*”不能匹配 .file，而“.*”才可以匹配 .file。

(2)?：匹配任意单个字符串，必须是一个字符。

(3)［］：每次只匹配“［］”中的一个字符。它与特殊模式的字符?很相似，但是

“[ ]”可以匹配得更具体，把所有想要匹配的字符放在 [ ] 内，结果匹配其中任一字符，想要表示一个范围的可以用连字符“ - ”来表示，同时也可以使用第一个字符是“!”或者“^”来进行反向匹配。

通配符的具体含义见表 7.1。

表 7.1　通配符的具体含义

模式串	含义
*	当前目录下的所有文件，但是不会有以“.”开头的文件，比如 zzy 是筛选出的文件，但“.abc”不是
* w *	当前目录下包括 w 字符的文件，但不包括以“.”开头的文件，比如 awc、qwe
whiz. ?	“?”是匹配单一字符，所以当前目录下匹配的结果是 whiz.o、whiz.c，但是 whiiz. log 不匹配
whize. [co]	可以匹配当前目录下的文件 whize. c 和 whize. o，但是不匹配 whize. log
[a - dh] *	当前目录下所有以 a、b、c、d 和 h 开头的文件名
[a - dh]?	当前目录下所有以 a、b、c、d 和 h 开头的且后面只跟一个字符的文件名
[! a - dh]? 或者 [^a - dh]?	当前目录下所有不以 a、b、c、d 和 h 开头的且后面只跟一个字符的文件名
/dev/ab?	目录/dev 下所有以 ab 开头的且只有三个字符的文件名

需要特别说明的是，连字符“ - ”只在方括号内且在字符中间时有效，表示字符范围，如果在方括号外面或在方括号内最前或最后，就成为普通字符了；字符“^”和“!”只在方括号内的开头的位置才起“非”的作用；而“ * ”和“?”只有在方括号外面才是通配符，如果出现时在方括号内，就成为普通字符了。如，“ - a[* ?]bc”，只能匹配文件名字为“ - a * bc”或者“ - a * bc”。

3）注释符和注释

在 Shell 或 Shell 编程中，都是以字符“#”引导注释，并规定以字符“#”开头的行是注释行；如果“#”没有在行的开头，并且“#”后面是注释的内容，那么在#前面必须有一个白空格。

4）转义字符

在统信 UOS 系统中，有一个特殊的字符“ \ ”，对特殊字符进行表示。字符“ \ ”被称为转义字符（Escape Char）。统信 UOS 中的特殊字符见表 7.2。

表 7.2　统信 UOS 的特殊字符

字符	功能描述	字符	功能描述	字符	功能描述
\a	响铃符	\t	制表符	\`	`
\b	Backspace 键	\ *	*	\“	“
\f	换页	\?	?	\‘	‘
\n	换行	\\	\	\0nnn	八进制表示
\r	Enter	\e	Esc 键	\xHH	十六进制表示

5）特殊键

在统信 UOS 系统中，键盘上特殊键的用法与其他 Linux 操作系统大部分相同，特殊键的用法一般都是和终端有关。统信 UOS 的部分特殊键见表 7.3。

表 7.3　统信 UOS 特殊键

特殊键	功能描述
Ctrl + D	结束当前的程序，或者从系统界面注销字符界面
Ctrl + C	终止当前程序的执行
Ctrl + \	终止当前程序的执行（在系统内部处理时不同于 Ctrl + C），可能产生内存映像文件
Ctrl + Z	挂起当前程序运行
Ctrl + S/Ctrl + Q	暂停/继续屏幕的输出滚动，两组快捷键必须配合使用
Srcoll Lock	暂停/继续屏幕的输出滚动，开关键
Ctrl + Alt + Delete	默认动作，重启系统
Alt + F#	终端在屏幕上方显示
Ctrl + Alt + F#	从图像界面终端切换到字符界面的终端，如 Ctrl + Alt + F1 组合键表示切换至图形界面

6. 保留字

任何编程语言都会有一定数量的 bash 的保留字，见表 7.4。

表 7.4　bash 的保留字

命令	含义
!	保留字，逻辑非
:	不做任何事，只做参数展开
.	读取文件并在 Shell 中执行它
alias	设置命令或命令行别名

续表

命令	含义
bg	将作业置于后台运行
bind	将关键字序列与 readline 函数或宏捆绑
break	保留字，跳出 for、while、until、select 循环
builtin	调用命令的内建命令格式，而禁用同名的函数。或者同名的扩展命令
base	保留字，多重选择
cd	切换当前工作目录
command	找出内建和外部命令；寻找内建命令而非同名函数
continue	保留字，到达下次 for、while、until、select 循环
declare	声明变量，定义变量属性
dirs	显示当前存储的列表
disown	将作业从列表中移除
do	保留字，for、while、until、select 循环的一部分
done	保留字，for、while、until、select 循环的一部分
echo	打印参数
elif	保留字，if 结构的一部分
else	保留字，if 结构的一部分
enable	开启和关闭内建命令
esac	保留字，case 的一部分
eval	将参数作为命令再次处理一遍
exec	以特定程序取代 shell 或为 shell 改变 I/O
exit	退出 shell
export	将变量声明为环境变量
fc	与历史命令一起运行
fg	将作业置于后台运行
fi	保留字，if 循环的一部分
for	保留字，for 循环的一部分
function	定义一个函数
getops	处理命令行选项

续表

命令	含义
hash	记录并指定命令的路径名
help	显示内建命令的帮助信息
history	显示历史信息
if	保留字，if 循环的一部分
in	保留字，case、for、select 循环的一部分
jobs	显示后台运行的作业
kill	向进程传送信号
let	使变量执行算术运算
local	定义局部变量
logout	从 Shell 中注销
popd	从目录栈中弹出目录
pushd	将目录压入栈
pwd	显示当前工作目录
read	从标准输入中读取一行
readonly	将变量定义为只读
return	从函数或脚本返回
select	保留字，生成菜单
set	设置 Shell 选项
shift	变换命令行参数
suspend	终止 Shell 的执行
test	评估条件表达式
then	保留字，if 结构的一部分
time	保留字，输出统计出来的命令执行时间，其输出格式由 TIMEFORMAT 变量来控制
times	针对 Shell 及其子 Shell，显示用户和系统 CPU 的时间和
trap	设置捕捉程序
type	确定命令的源
typeset	声明变量，定义变量属性，与 declare 等价
ulimit	设置和显示进程占用的资源限制

续表

命令	含义
umask	设置和显示文件权限码
unalias	取消别名定义
unset	取消变量或函数定义
until	保留字，一种循环结构
wait	等待后台作业完成
while	保留字，一种循环结构

二、Shell 命令

1. 命令格式

用户登录系统后，在字符界面下可以看到一个 Shell 的提示符，用户可以在提示符后面输入命令和参数。例如

```
$date
$date -u
```

在命令行中必须先输入一个命令名，后面的内容则为分隔符隔开的选项或参数。

```
命令名 [选项…] [参数…]
```

2. 提示符和分隔符

在统信 UOS 系统中，默认情况下，root 用户的提示符是“#”，普通用户的提示符为“ $”；分隔符为白空格。

3. 选项和参数

参数是命令操作的对象，而选项用于影响对对象的操作行为，一般选项是由“ - ”字符引导的字符或字符串。在统信 UOS 中，选项有两种风格：一是传统的 UNIX 风格，以“ - ”开始，后面跟着一个字符；另一种是 GNU 风格的选项，以“ -- ”开始，后面跟着关键字或“ - ”跟着完整的英文单词。考虑习惯原因，本书介绍和使用传统的 UNIX 风格的选项。两种风格的选项使用如下：

```
$date                                  #默认方式输出时间
$date -u                               #传统的 UNIX 风格
$date --uct                            #GNU 的风格选项
$date -universal                       #同上
##显示文件/dev 信息
$ls -l /dev                            #默认模式或者传统 UNIX 风格
$ls -n /dev                            #使用传统的 UNIX 模式选择
$ls -l -numeric -uid -gid /dev         #传统的 UNIX 和 GUN 风格混合使用
$ls -ln - time-style=ios /dev          #同上
```

4. 命令行编辑特性

1）命令和文件名扩展

Shell 是命令语言解释器，它拥有自己内建的 Shell 命令集，同时也能被系统中其他应用程序所调用。用户在提示符下输入的命令都是先有 Shell 解释后再传给系统核心。

当备选文件名不唯一时，按下 Tab 键后，bash 在补齐最大可能长度后响铃，若此时用户先后按下 Esc 键和？键，或两次按下 Esc 键，bash 将列出所有与输入的字符串匹配的文件名供用户选择，然后用户在输入少量可以区分文件名的字符后，再按 Tab 键补全命令行。如果需要补全的文件名很长且区分度不高，则可重复使用以上方法，直到最终补全命令行为止。查看 document 文件的内容，可按以下方法进行操作。

```
$cat do<Tab>                    #按 Tab 键后,响铃,屏幕显示如下结果
$cat docu<Tab>                  #按两次 Tab 键后,或先后按 Esc 键和? 键,显示如下可选内容
docudrama document
$cat docum                      #输入 m,再按 Tab 键补齐
$cat document                   #按 Enter 键执行命令
```

命令也可按同样的方法扩展。

bash 根据用户输入的信息补全命令或文件名。如果无法根据现有信息补全命令或文件名，会提示用户给出进一步的信息，然后根据用户的提示来进一步补全命令或文件名。

2）命令行编辑

bash 允许用户对正在输入的命令行进行编辑。编辑时，除了可使用→、←、↑、↓、Home、End、Page UP、Page Down、Delete 和 Backspace 键进行修改，还可使用表 7.5 所列的命令行编辑快捷键。

表 7.5 bash 的命令行编辑快捷键

快捷键	功能描述	快捷键	功能描述
Ctrl + A	光标移至行首	Ctrl + K	删除光标处至行末内容
Ctrl + E	光标移至行尾	Ctrl + U	删除光标处至行首内容
Alt + F	光标前移至右一词末	Alt + D	删除光标处至单词末内容
Alt + B	光标后移至左一词前	Alt + Delete	删除光标处至单词首内容
Ctrl + L	清屏并在屏幕顶端重显当前行	Ctrl + W	删除光标处左一词或至词首内容
Ctrl + -	恢复上一次的操作	Ctrl + Y	将刚删除的内容插入光标处

3）历史记录

命令行实际上是一个可以编辑的文本缓冲区，在按 Enter 键之前，用户可以对输入的文本进行编辑。在 bash 中，用户按 Enter 键后，命令行被保留在历史记录文件中。

按↑或↓键在历史记录中查找，对出现的“当前记录”可以进行编辑和使用。利用这

一功能可以执行以前执行过的命令，不需要重新输入该命令。

在 Linux 系统中，每条执行过的命令都保存在 ~/. bash_history 目录下，文件内保存了 1 000条历史记录，每一条记录都有一个编号，用 history 命令列出所有历史记录，需要重复执行某条记录，可以用以下格式：

```
!记录编号
```

需要特殊说明的是，之前执行过的命令，“记录编号”是会变化的，按以上格式执行，必须是之前执行过 history 命令写出的编号，否则会出现执行错误命令。

可以使用的格式：

```
history n                                    #n为数字
```

可以显示最近的 n 条历史记录，history 命令的使用如下：

```
$history                                     #显示所有的历史记录
$ history 20                                 #显示最近20条历史记录
99 ls -l/
$!99                                         #执行第99条历史记录:ls -l/
ls -/
```

5. Shell 命令执行

1）命令搜索

Shell 拥有自己的内部命令，命令也可以被系统其他命令调用，如改变工作目录 cd 是内部命令，还有一些命令，如系统关闭 shutdown 和 man 手册命令等，如果存在系统某个目录下的程序，称为外部命令；另外，如 echo，既是内部命令，也是外部命令。一般情况下，用户不需要知道是内部命令还是外部命令。

当用户从键盘输入一个命令时，Shell 首先会检查是否带有路径。如果有路径，可以直接搜索它，如果找到，就执行；否则就报错（提示用户命令找不到或命令不存在）。没有带路径，则检查该命令是否为内部命令，如果是，则执行它，否则检查该命令是否为外部命令。此时，Shell 在 PATH 指定的路径去搜索它，如果可以成功找到，就执行，否则进行警告。

对于既是内部命令也是外部命令的，Shell 也有一种机制可以选择，默认是执行内部命令。

如果输入一个别名，则其优先是内部命令。

在搜索命令时，别名优先于内部命令，内部命令优先于外部命令。

2）命令的返回值

Linux 系统默认约定，Shell 命令在结束时向调用者返回一个返回值来表示是否成功，成功为0，不成功非0，当命令是由管道连接的命令串或命令组时，最后执行的命令的返回值作为整个命令串的返回值。用户可以通过“ $?”访问返回值。

```
$ ls /dev/sd*                      #执行命令,显示系统中的SCSI的设备
$ echo $?                          #显示返回值
```

输出为 0，表示/dev 目录内有 SCSI 硬盘设备，而命令为：

```
ls /dev/ | grep '^hd';echo $?
```

将输出非 0（这边为 1），表示系统没有 IDE 设备。

三、Shell 的变量

Linux 的 Shell 编程种类众多，常见的有 Bourne Shell（/usr/bin/sh 或/bin/sh）、Bourne Again Shell（/bin/bash）、C Shell（/usr/bin/csh）、K Shell（/usr/bin/ksh）、Shell for Root（/sbin/sh）。

用户可以使用如下命令查看 Linux shell 内核：

```
# echo $SHELL                              #可以输出当前的 Linux 内核
```

在统信 UOS 下使用 bash 的 Shell 内核。

Shell 脚本有一套相对完善的语法规则，包括变量、数组的定义与使用、函数的构造及流程控制等。

在 Linux 系统中，用户可以定义自己想要的变量，定义变量后，变量的用法和其他语言一样可以被调用，在调用变量的时候，需要用“ $”作为变量名的前导符。

定义变量的方法如下：

```
var_name = var_value
```

定义和使用方法如下：

```
$x =18                    #定义数值变量
$ y ='I am a student'     #定义一个字符串 y,其值为 I am a student
$echo $x $y $HOME         #显示用户定义变量 x、y 和环境变量的 HOME
$ z =" $y,I am $x"        #通过已定义的变量 x 和 y,定义变量 z,其值为'I am a student,I am 18'
```

Shell 是解释型语言，不需要定义变量类型，根据用户输入来确定变量类型。

1. 变量的定义

Shell 中的变量在使用之前不需要定义，并且没有细致的分类，可以在使用的时候创建。一般情况下，Shell 中的一个变量保存一个串。Shell 不关心这个串的含义，只有在需要时，才会使用一些工具程序将变量转换为明确的类型。

Shell 变量名由字母、数字和下划线组成，开头只能是字母或下划线。若变量名中出现其他字符，则表示变量名到此前为止。给变量赋值时，等号两边不能有空格，其格式如下：

```
变量名 = 值
```

若要给变量赋空值，可在等号后跟一个换行符，即缺省以上格式中“值”的部分；若字符串中包含空格，则必须将值放在引号（单引号或双引号）中。例如定义一个值为 hello world 的变量 var，可以使用以下格式：

```
var='hello world'
var="hello world"
```

Shell 中可以使用 readonly 将某个变量设置为只读变量，使用方法如下：

```
readonly 变量名
```

如要将上面定义的变量 var 设置为只读，可以使用以下方法：

```
readonly var
```

此时若要重新为变量 var 赋值，则会提示 var：is readonly。

在 Shell 脚本的函数中，在变量前添加关键字 local，该变量则为局部变量。

2. 变量的引用

Shell 中使用 $符号来引用变量，若要输出上文定义的变量，可以使用以下方式：

```
echo $var
```

其中，echo 命令类似于 C 语言中的 printf( ) 函数，用于打印变量或字符串。以上语句中输出的结果为变量 var 中存储的值。

在定义时，使用双引号或单引号来标注变量皆可，但是在引用时，其效果略有差异。若由双引号引起来的字符串中有变量的引用，则会输出变量中存储的值；若由单引号引起来的字符串中有变量的引用，则会原样输出。

例如，在 Shell 脚本 var 中定义变量并引用：

```
#! /bin/sh
var="Hello World!"
echo $var
echo "$var"
echo '$var'
exit 0
```

执行结果如下：

```
$ sh var
Hello World!
Hello World!
$var
```

这个例子的第二行定义了一个变量 var，第三行通过 echo 将其输出，第四行与第五行分别在第三行的基础上多了一对双引号和一对单引号。根据输出结果可以看出：若由双引号引起来的字符串中有变量的引用，则会输出变量中所存储的值；若由单引号引起来的字符串中有变量的引用，则会原样输出。

另外，还有许多方式可以引用 Shell 中的变量，除了获取变量的值外，还能获取变量的

长度、子串等。Shell 中常见的引用见表 7.6。

表 7.6　Shell 变量常见引用

引用格式	返回值
$var	返回变量值
$(#var)	返回变量长度
${var:start_index}	返回从 start_index 开始到字符串末尾的子串，字符串中的下标从 0 开始
${var:start_index:length}	返回从 start_index 开始的 length 个字符。若 start_index 为负值，表示从末尾往前数 start_index 个字符
${var#string}	返回从左边删除 string 前的字符串，包括 string，匹配最近的字符
${var##string}	返回从左边删除 string 前的字符串，包括 string，匹配最长的字符
${var:=newstring}	若 var 为空或未定义，则返回 newstring，并把 newstring 赋给 var，否则返回原值
${var:-newstring}	若 var 为空或未定义，则返回 newstring，否则返回原值
${var:+newstring}	若 var 为空或未定义，则返回空值，否则返回 newstring
${var:? newstring}	若 var 为空或未定义，则将 newstring 写入标准错误流，该语句失败；否则返回原值
${var/substring/newstring}	将 var 中第一个 substring 替换为 newstring，并返回新的 var
${var//substring//newstring}	将 var 中所有 substring 替换为 newstring，并返回新的 var

3. 变量的输入

Shell 脚本中通过 echo 关键字打印变量，通过 read 关键字读取变量。当脚本需要从命令行读取数据时，只需要在其中添加如下的 read 语句即可：

```
read 变量名
```

当脚本执行到该语句时，终端会等待用户输入，用户输入的信息将被保存到 read 之后的变量中。

4. 变量的分类

上文提到的变量称为局部变量或本地变量，这些变量定义在脚本中，只在该脚本中生效。除此之外，Shell 中还有一些独特的变量，包括环境变量、位置变量、标准变量和特殊变量。

1）环境变量

环境变量又称永久变量，与局部变量相对，用于创建该变量的 Shell 和从该 Shell 派生的子 Shell 或进程中。为了区别于局部变量，环境变量中的字母全部为大写。因为在系统启动时 Shell 自动登录，所以 Shell 中执行的用户进程均为子进程，环境变量可以用于所有用户进程。环境变量可以用来控制用户程序的执行，为程序编写提供环境。用户可以使用 env、export 或 set 命令来查询和修改环境变量。其用法如下：

```
$env                #显示所有的环境变量
$export             #同上
```

若要将一个已存在的本地变量修改为环境变量，可以使用以下方法：

```
export 变量名
```

若要定义一个环境变量，则使用以下格式：

```
export 变量名=值
```

常见的环境变量如下：

（1）HOME：主目录，用户登录系统时所在的目录。

（2）LOGNAME、USER 和 USERNAME：登录用户名、用户。

（3）IFS：命令行内部参数、选项间的分隔符，默认为空格。

（4）PATH：用于帮助 Shell 找到用户所输入的命令。用户输入的命令均为可执行程序，而所有的可执行程序均在不同的目录下，PATH 变量记录了这一系列目录列表。

（5）TERM：终端的类型。常用 Linux 和 xterm。

（6）PWD：记录当前目录的绝对路径名，取值随着 cd 命令跳转到不同目录而变化。

（7）OLDPWD：保存旧的目录，即刚离开的目录。其值随着 cd 而变化。

（8）PS1：主提示符。默认情况下，超级用户的提示符是“#”，普通用户的提示符是“$”。

（9）PS2：辅助提示符（继续执行提示符）。Shell 在接收数据时，如果在输入行的末尾输入“\”后按 Enter 键，或者命令没有输入完整（如引号或括号不对），则显示该提示符，提示继续输入命令，默认提示符是“>”。

2）位置变量

位置变量主要用于接收传入 Shell 脚本的参数。变量名称由“$”与整数构成，类似函数的参数，引用方法为 $符号加上参数的位置，如 $0、$1、$2。其中，$0 较为特殊，表示脚本的名称，其余的分别表示脚本中的第一个参数、第二个参数，依此类推。

例如，当前有一个名为 loca 的脚本，其中的内容如下：

```
#! /bin/sh
echo "number of vars:" $#
echo "name of Shell script:" $0
echo "first var:" $1
echo "second var:" $2
echo "third var:" $3
```

执行该脚本时使用的命令与输出的结果如下所示：

```
$ sh loca A B C
number of vars:3
name of Shell script:loca
first var:A
second var:B
third var:C
```

使用 Shift 键可以移动位置变量对应的参数，Shift 键每执行一次，参数序列顺序左移一个位置。移出去的参数不可再用。

例如，在 loca 脚本的末尾追加以下的内容：

```
shift
echo "first var:" $1
echo "second var:" $2
echo "third var:" $3
```

则按 Shift 键之后，代码执行的结果如下：

```
first var:B
second var:C
third var:
```

3）标准变量

标准变量也是环境变量，在 bash 环境建立时生成。该变量自动解析，通过查看 etc 目录下的 profile 文件可以查看系统中的标准环境变量。

使用 env 命令可以查看系统中的环境变量，包括环境变量和标准变量。

4）特殊变量

Shell 中还有一些特殊的变量，这些变量及其含义分别如下：

（1）#：传递到脚本或函数的参数数量。

（2）?：前一个命令执行情况，0 表示成功，其他值表示失败。

（3）$：运行当前脚本的当前进程 uid 号。

（4）!：运行脚本最后一个命令。

（5）*：传递给脚本或函数的全部参数。

例如，查看传递到脚本的参数数量，可以使用以下语句：

```
echo $ #
```

这些变量的使用方法与普通变量相同。

5. 变量的运算

Shell 中的变量没有明确的类型，变量值都以字符串的形式存储，Shell 中的算术运算一般通过 let 命令和 expr 命令实现。

1）let 命令

let 命令用于算术运算和数值表达式测试，其使用格式如下：

```
let 表达式
```

命令行中的运算可以直接套用以上格式实现。下面通过示例来展示 let 在脚本中的使用方法。设现有一个名为 let 的脚本文件，其中内容如下：

```
#! /bin/sh
i =1
echo "i = " $i
let i =i +2
echo "i = " $i
let "i =i +4"
echo "i = " $i
```

该脚本的执行结果如下：

```
i =1
i =3
i =7
```

let 命令也可以使用如下形式代替：

```
((算术表达式))
```

该形式在脚本中的使用方法如下：

```
#! /bin/sh
i =1
((i + =3))
echo "i = " $i
```

脚本的执行结果如下：

```
i =4
```

2）expr 命令

expr 命令用于对整型变量进行算术计算。使用 expr 命令时，可以使两个数值直接进行运算，例如，进行加法运算可以在命令行中输入以下命令：

```
$ expr 3 +5
```

运算结果会直接在命令行中输出。

若要通过变量的引用进行运算，添加 $符号即可。需要注意的是，在运算符与变量或数据之间需要保留一个空格，否则该命令会将命令后的内容原样输出。

若要在 Shell 脚本中使用 expr 命令，需要使用符号“'”（该按键位于 Tab 键之上），将其内嵌到等式中。假设现在要使用一个变量接收另外两个变量的运算结果，方法如下：

```
#! /bin/sh
a=10
b=20
value='expr $a + $b'
echo "value is : $value"
exit 0
```

执行该脚本，结果如下：

```
value is:30
```

【任务实施】

一、编辑脚本

使用 vi 编辑器创建一个名为 first 的文件，在插入模式下，向 first 文件中输入以下内容并保存，退出编辑器。

```
#! /bin/sh
data="first Shell script"                    #定义一个变量并初始化
echo $data                                   #输出变量 data
echo "result is: "
#定义两个整型变量并初始化
a=1
b=2
echo $(( $a + $b))                           # 输出 a+b 的结果
exit 0
```

二、执行脚本

执行脚本的方法有两种：一种是将脚本作为可执行文件；另一种方法是将脚本文件作为一个参数，通过 Shell 解释器对其进行解析。

1. 将脚本作为可执行文件

若想执行该脚本程序，需要确保该文件可执行。但创建的文件一般默认没有可执行权限，因此需要使用 chmod 命令来提升文件的权限。

```
$ chmod +x first
```

提升文件权限之后，便可以执行脚本文件了，执行该文件的方式如下所示：

```
$./first
```

2. 将脚本作为参数

具体方法如下：

```
$ sh first
```

三、执行结果

执行 first 脚本文件后，执行结果都将被打印到终端中。first 脚本的执行结果如下所示：

```
first Shell script
result is:
3
```

四、脚本文件内容分析

（1）Shell 中以#开头的行一般为注释行，类似于 C 语言中的//，如脚本中的第 2 行和第 4 行，但第 1 行是例外。第 1 行的#! /bin/sh 是一种特殊的注释，#! 后的参数表明了系统将会调用哪个程序来执行该脚本。在本例中，/bin/sh 是默认的 Shell 程序。

（2）脚本的第 3 行定义了一个变量 data，并对该变量进行了初始化。

（3）脚本第 5 行的 echo 是一个输出方法，类似于 C 语言中的 printf( ) 函数，用于输出数据，输出的内容为 data 变量的值，符号 $表示对变量的引用。

（4）脚本的第 6 行同样是 echo 语句。

（5）脚本的第 8、9 两行定义了变量 a 和 b，并对该变量进行了初始化。

（6）脚本的第 11 行使用 echo 输出 a 和 b 的计算结果。

（7）脚本的最后一行是 exit 命令，其作用是确保该脚本程序能够返回一个有意义的退出码。就本程序而言，此行代码没有太大意义，但当该脚本被别的脚本程序调用时，可以通过检查其退出码来确认该脚本程序是否成功执行，所以保留此行代码是一个良好的习惯。

【任务练习】 Shell 编程

实现功能	命令语句
编写一个简单的 Shell 脚本，实现以下功能：提示输入两个数字，并输出这两个数字的和	
采用两种方式执行该脚本，获得执行结果	

任务二 条件语句的使用

【任务描述】

小明要在 UOS 平台下使用条件语句，在程序中实现逻辑控制。

【任务分析】

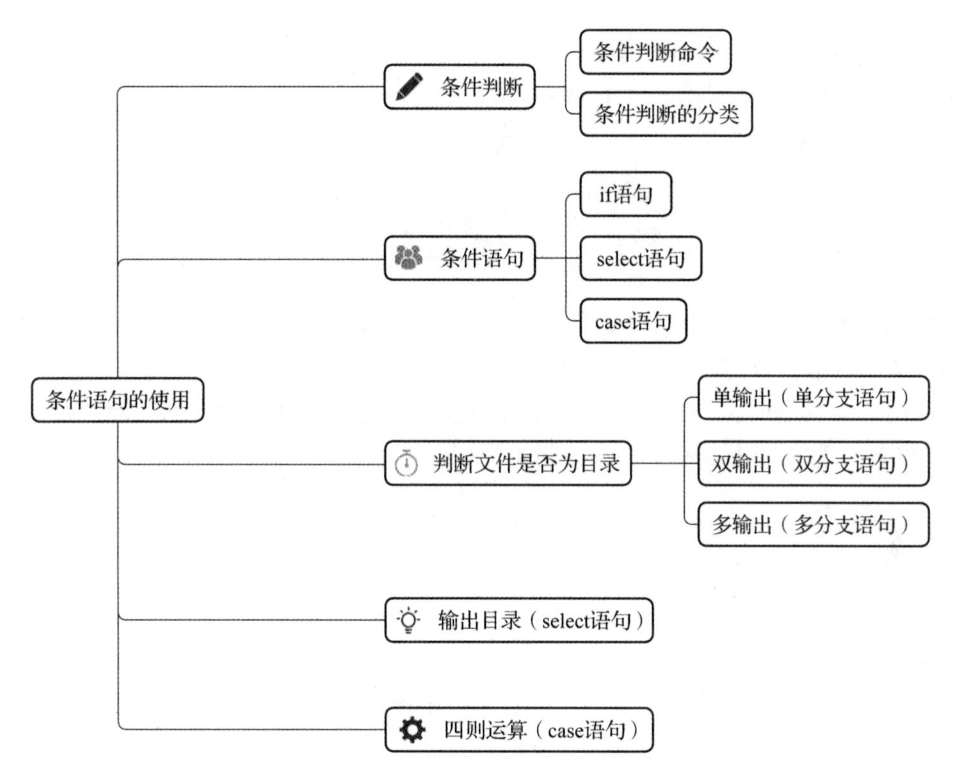

【知识准备】

条件语句是程序中不可或缺的组成部分，程序中往往需要先对某些条件进行判断，再根据判断的结果采取不同的方案。

一、条件判断

1. 条件判断命令

条件判断是条件语句的核心，Shell 中通常使用 test 命令或［］命令对条件进行判断，判断的内容可以是变量或文件。前文提到，每个脚本程序的末尾最好加上 exit 命令，以便提供该脚本的返回值给其他脚本程序，而这些退出码往往应用于条件判断中。

1） test 命令

test 命令的语法格式如下：

```
test 选项 参数
```

假设要检测某个文件是否存在，可以使用如下语句进行判断：

```
if test -f file
then
    …
fi
```

在此段代码中，条件语句会根据 test 命令的退出码来决定是否执行 then 之后的内容。

2）[ ]命令

[ ]命令与 test 命令的功能相同，因此以上功能也可以使用 [ ] 命令来实现。使用 [ ] 命令检测某个普通文件是否存在的代码如下：

```
if [ -f file ]
then
    …
fi
```

需要注意的是，[ ] 命令与选项及参数之间应有空格。因此，在 [ ] 符号中的检查条件之间需要留出空格，否则将会产生错误。

在使用 [ ] 命令时，then 可以与 if 条件放在同一行，但使用这种格式时，需要使用分号“;”将条件语句与 then 分隔开来。示例代码如下：

```
if [ -f file ];then
    …
fi
```

2. 条件判断的分类

Shell 中的条件判断通常可以分为三类：字符串比较、算术比较和针对文件的条件测试。

（1）字符串比较中较为常用的判断条件见表 7.7。

表 7.7　字符串比较

条件	说明
str1 == str2	若字符串 str1 等于 str2，则结果为真
str1 ! = str2	若字符串 str1 不等于 str2，则结果为真
-n str	若字符串 str 不为空，则结果为真
-z str	若字符串 str 为空，则结果为真

（2）算术比较的内容一般为整数，常用的判断条件见表 7.8。

表 7.8　算术比较

条件	说明
expr1 -eq expr2	若表达式 expr1 与 expr2 的返回值相同，则结果为真
expr1 -ne expr2	若表达式 expr1 与 expr2 的返回值不同，则结果为真
expr1 -gt expr2	若表达式 expr1 的返回值大于 expr2 的返回值，则结果为真
expr1 -ge expr2	若表达式 expr1 的返回值大于等于 expr2 的返回值，则结果为真
expr1 -lt expr2	若表达式 expr1 的返回值小于 expr2 的返回值，则结果为真

续表

条件	说明
expr1 -le expr2	若表达式 expr1 的返回值小于等于 expr2 的返回值，则结果为真
!expr	若表达式的结果为假，则结果为真

（3）文件测试中通常是针对文件的属性作出判断。常用的判断条件见表 7.9。

表 7.9　常用的条件判断

条件	说明
-d file	若文件 file 是目录，则结果为真
-f file	若文件 file 是普通文件，则结果为真
-r file	若文件 file 可读，则结果为真
-w file	若文件 file 可写，则结果为真
-x file	若文件 file 可执行，则结果为真
-s file	若文件 file 大小不为 0，则结果为真
-a file	若文件 file 存在，则结果为真

二、条件语句

Shell 中常用的条件语句有 if 语句、select 语句和 case 语句。

1. if 语句

Shell 中的 if 条件语句分为单分支 if 语句、双分支 if 语句和多分支 if 语句，其结构与其他程序设计语言的条件语句类似。

（1）单分支 if 语句是最简单的条件语句，它对某个条件判断语句的结果进行检测，根据测试的结果选择要执行的语句。单分支 if 语句的格式如下：

```
if [条件判断语句];then
    …
fi
```

其中关键字为 if、then 和 fi，fi 表示该语句到此结束。

（2）双分支 if 语句类似于 C 语言中的 if…else…语句，其格式如下：

```
if [条件判断语句];then
    …
else
    …
fi
```

其中的关键字为 if、then、else 和 fi。

（3）多分支 if 语句中可以出现不止一个的条件判断，其格式如下：

```
if [条件判断语句];then
    …
elif [条件判断语句];then
    …
fi
```

多分支 if 语句中的关键字为 if、then、elif、else 和 fi，其中 elif 相当于其他编程语言中的 else if。

2. select 语句

Shell 中的 select 语句可以将选项列表做出类似菜单的格式，以交互的形式选择列表中的数据，传入 select 语句中的主体部分加以执行。

select 语句的格式如下：

```
select 变量 in 列表
do
    …
    [break]
done
```

其中关键字为 select、break 和 done。select 语句实质上也是一个循环语句，若不添加 break 关键字，程序将无法跳出 select 结构。

3. case 语句

case 语句可以将一个变量的内容与多个选项进行匹配，若匹配成功，则执行该条件下对应的语句。case 语句的格式如下：

```
case var in
    选项1)…;;
    '选项2')…;;
    "选项3")…;;
    …
    *)…
esac
```

其中选项表示匹配项，用于与 var 值进行匹配。匹配项可以使用引号（单引号/双引号）引起来，也可以直接列出。选项后需添加“)”之后才是对应匹配条件下执行的内容，每个匹配条件都以“;;”结尾；最后一个匹配项 * 类似于 C 语言中的 default，是一个通配符，该匹配项的末尾不需要“;;”。

case 语句中的关键字有 case 和 esac。esac 表示 case 语句到此结束。

【任务实施】

一、判断文件是否目录

1. 单输出

通过输出文件名，判断文件是否为目录，若是，则输出“［文件名］是个目录”。

```
#! /bin/sh
#单分支 if 语句
read filename
if [ -d $filename];then
        echo $filename"是个目录"
fi
exit 0
```

执行脚本，输入目录名 test_dir，该案例的执行结果如下：

```
test_dir
test_dir 是个目录
```

2. 双输出

输入文件名，判断文件是否为目录，若是，则输出“［文件名］是个目录”；否则输出“［文件名］不是目录”。

```
#! /bin/sh
#双分支 if 语句
read filename
if [ -d $filename];then
        echo $fielname"是个目录"
else
        echo $filename"不是目录"
fi
exit 0
```

执行脚本，输入文件名 test_filename，输出结果如下：

```
test_filename
test_filename 不是目录
```

3. 多输出

判断一个文件是否为目录，若是，输出目录中的文件；若不是，判断该文件是否可执行。若能执行，输出“这是一个可执行文件”；否则，输出“该文件不可执行”。

```
#! /bin/sh
read filename
if [ -d $ filename];then
      ls $filename
elif [ -x $filename];then
      echo "这是一个可执行文件"
else
      echo "该文件不可执行"
fi
exit 0
```

执行脚本 bing 并输入不同内容测试脚本执行结果，输入项及输出结果分别如下。

（1）输入目录 ~/，输出结果如下：

```
~/
Desktop  Documents  Downloads  Music  Pictures  Videos
```

（2）输入可执行文件 exec_file，输出结果如下：

```
exec_file
```

这是一个可执行文件。

（3）输入不可执行的文件 notexec_file，输出结果如下：

```
notexec_file
```

该文件不可执行。

二、输出目录

编写脚本，脚本可输出一个包含 Android、Java、C ++ 、iOS 这四个选项的菜单供选择。脚本根据用户的选择，输出对应的内容，如 You have selected C ++ 。

```
#! /bin/sh
#select 条件语句
echo "What do you want to study?"
select subject in "Android" "Java" "C ++" "iOS"
do
     echo "You have selected $subject."
     break
done
exit 0
```

执行该脚本，输出结果如下：

```
What do you want to study?
1) Android
2) Java
3) C ++
4) iOS
#? 3                          # 选择选项 3
You have selected C ++        # 输出结果
```

三、四则运算

实现一个简单的四则运算，要求用户从键盘输入两个数据和一个运算符。脚本程序根据用户的输入，输出计算结果。

```
#! /bin/sh
echo -e "a:\c"
read a
echo -e "b:\c"
read b
echo -e "select (+ - * /):\c"
read var
case $var in
    '+')echo "a+b="`expr $a "+" $b`;;
    '-')echo "a-b="`expr $a "-" $b`;;
    '*')echo "a*b="`expr $a "*" $b`;;
    '/')echo "a/b="`expr $a "/" $b`;;
     *)echo "error
esac
exit 0
```

该脚本中的 echo 后添加了选项 -e，表示开启转义；输出内容的末尾添加了 \c，表示输出内容之后不换行。执行该脚本，结果如下：

```
a:3
b:6
select (+ - * /): +
a+b=9
```

case 语句的匹配条件可以是多个，每个匹配项的多个条件使用 | 符号连接。例如操作系统中常用的 yes 或 no 选项，当用户输入 Y、y 或 N、n 等时，系统应可以根据用户的输入给出肯定或否定的操作。例如：

```
#! /bin/sh
read var
case $var in
     yes |y |Y)echo "true";;
     no |n |N)echo "false";;
      * )echo "input error"
esac
exit 0
```

执行该脚本，若用户输入 yes、y 和 Y，则脚本会打印 true；若用户输入 no、n 或 N，则脚本会打印 false；若用户输入其他信息，则脚本会打印 input error。

【任务练习】 条件语句的使用

实现功能	命令语句
编写一个 Shell 脚本，实现以下功能： 输入一个文件名，判断该文件是目录文件还是普通文件。如果是普通文件，判断它是否具有读写执行权限。 请对该脚本进行用例测试	
编写一个 Shell 脚本，实现以下功能： 输出一个菜单，包含以下选项：1. ls -l；2. pwd；3. show file。脚本应能根据用户的选择，执行相应的命令并输出结果。 请对该脚本进行用例测试	
编写一个 Shell 脚本，实现以下功能： 输入一个颜色，判断它是红、黄还是蓝并输出结果，如果都不是，请输出“This color is out of choice”。 请对该脚本进行用例测试	

任务三 循环语句的使用

【任务描述】

小明要在 UOS 平台下编写许多重复的代码，希望使用循环语句减少 Shell 脚本的代码量。

【任务分析】

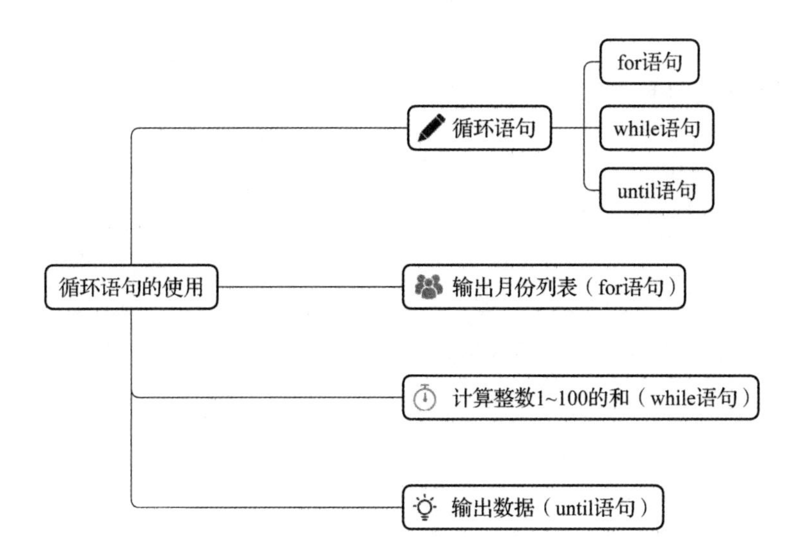

【知识准备】

循环语句

循环是编程语言中的重要部分，它可以将多次重复运算凝聚在简短程序中，大大减少代码量。Shell 脚本中常用的循环有 for 循环、while 循环和 until 循环。在下面的小节中，将分别通过简单的案例来展示这几种循环语句的使用方法。

1. for 循环

for 循环的格式如下：

```
for 变量 in 变量列表:
do
    …
done
```

其中，变量是在当前循环中使用的一个对象，用来接收变量列表中的元素；变量列表是整个循环要操作的对象的集合，可以是字符串集合或文件名、参数等，变量列表的值会被逐个赋给变量。

2. while 循环

while 循环的格式如下：

```
while [表达式]:
do
    …
done
```

在 while 循环中，当表达式的值为假时停止循环，否则循环将一直进行。此处表达式外的 [ ] 表示的是 [ ] 命令，而非语法格式中的中括号，不能省略。

3. until 循环

until 循环的格式如下：

```
until [表达式]:
do
    ...
done
```

until 循环与 while 循环的格式基本相同，不同的是，当 until 循环的条件为假时，才能继续执行循环中的命令。

【任务实施】

一、输出月份列表

使用 for 循环输出月份列表中的 12 个月份：

```
#! /bin/sh
for month in Jan Feb Mar Apr May Jun Jul Aug Sep Oct Nov Dec
do
      echo -e "$month\t\c"
done
echo
exit0
```

执行该脚本，输出的结果如下：

```
Jan Feb Mar Apr May Jun Jul Aug Sep Oct Nov Dec
```

需要注意的是，变量列表中的每个变量可以使用引号单独引起来，但是不能将整个列表置于一对引号中，因为使用一对引号引起来的值会被视为一个变量。

例如，在当前目录的 test 文件夹中存放着多个以 .cache 为后缀的文件，使用 for 循环将其中所有以 .cache 结尾的文件删除：

```
#! /bin/sh
for file in ~/test/*.cache
do
      rm $file
      echo "$file has been deleted."
done
exit 0
```

脚本第二行代码中，*表示通配符，*.cache 表示文件名以.cache 结尾的文件。执行该脚本，执行结果如下：

```
/home/test/123.cache has been deleted.
/home/test/456.cache has been deleted.
```

二、计算整数 1~100 的和

使用 while 循环计算整数 1~100 的和：

```
#!/bin/sh
count=1
sum=0
while [ $count -le 100]
do
      sum='expr $sum + $count'
      count='expr $count +1'
done
echo "sum= $sum"
exit 0
```

执行该脚本，输出的结果如下：

```
sum=5050
```

三、输出数据

使用 until 循环输出有限个数据：

```
#!/bin/sh
i=1
until [ $i -gt 3]
do
      echo "the number is $i"
      i='expr $i +1'
done
exit 0
```

执行该脚本，输出的结果如下：

```
the number is 1.
the number is 2.
the number is 3.
```

【任务练习】 循环语句的使用

实现功能	命令语句
编写一个 shell 脚本，实现以下功能： 输出当前目录下的所有子目录和文件。 对该脚本进行用例测试	
编写一个 shell 脚本，实现以下功能： 输出 10 以内的数字。 对该脚本进行用例测试	
编写一个 shell 脚本，实现以下功能： 将时间分成四个时间段：0 ~ 11(morning)、12(lunch time)、13 ~ 17(siesta time)、18 ~ 24(night)。请从 0 点开始逐小时输出当前时间对应的时段。 对该脚本进行用例测试	

任务四 函数的使用

【任务描述】

小明要在 UOS 平台下使用函数，使要实现的功能模块化，使代码结构清晰，提高程序可读性和可复用性。

【任务分析】

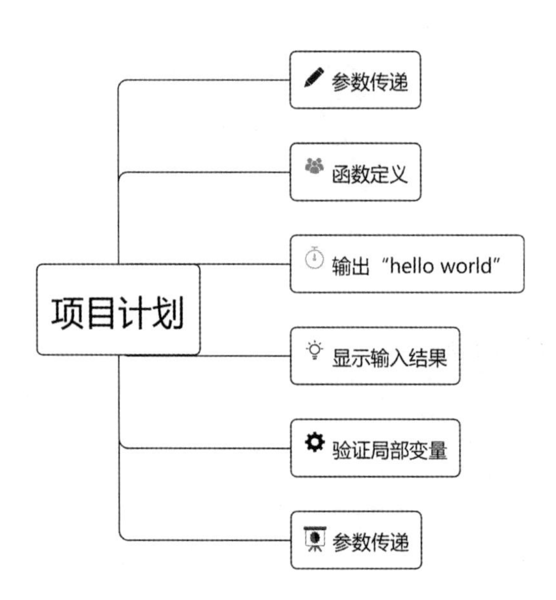

【知识准备】

函数是将某个要实现的功能模块化，使代码结构和程序的工作流程更为清晰，也提高了程序可读性和可重用性，是程序中重要的部分。

一、参数传递

在 C 语言中，一般在函数名后的括号中使用参数列表传递函数间的数据。Shell 脚本的函数中没有参数列表，而是使用位置变量获取参数，其中 $0 代表函数名称，$n 代表传入函数的第 n 个参数。

函数中的位置变量与脚本中的位置变量不冲突。函数中的位置变量在函数调用处传入，脚本中的位置变量在脚本执行时传入。

在执行 Shell 脚本时，可以向脚本传递参数，脚本内获取参数的格式为 $n。n 代表一个数字，1 为执行脚本的第一个参数，2 为执行脚本的第二个参数，依此类推。

除了常见的几种传递参数字符以外，还有一些特殊的传递参数字符，见表 7. 10。

表 7. 10　特殊的传递参数

参数处理	说明
$#	传递到脚本的参数个数
$ *	以一个单字符串显示所有向脚本传递的参数。如" $ * " 用引号（"）括起来的情况，以" $1　$2 … $n" 的形式输出所有参数
$ $	脚本运行的当前进程 ID 号
$!	后台运行的最后一个进程的 ID 号
$@	与 $ * 相同，但是使用时加引号，并在引号中返回每个参数。如" $@ " 用引号（"）括起来的情况，以" $1" " $2" … " $n" 的形式输出所有参数
$ -	显示 Shell 使用的当前选项，与 set 命令功能相同
$?	显示最后命令的退出状态。0 表示没有错误，其他任何值表明有错误

二、函数定义

Shell 脚本是逐行执行的，函数需要在使用前定义。Shell 中的函数相当于用户自定义的命令，函数名相当于命令名，代码段用来实现该函数的核心功能，其函数格式如下：

```
function 函数名(){
      代码段
      return 0
}
```

（1）在 Shell 脚本中定义函数时，可以使用关键字 function，也可以不使用。

（2）函数名后的括号可以省略，若省略，则函数名与 { 之间需要有空格。

（3）Shell 脚本中的函数不带任何参数。

（4）Shell 脚本函数中可以使用 return 返回一个值，也可以不返回，若不设置返回值，则该函数返回最后一条命令的执行结果。

【任务实施】

一、输出“hello world”

定义一个 hello( ) 函数，该函数可以输出 hello world，并在脚本中使用该函数。

```
#! /bin/sh
function hello(){
    echo "hello world"
}
hello
exit 0
```

执行脚本，输出结果如下：

```
hello world
```

二、显示输入结果

分别为脚本中的位置变量和函数中的位置变量传递参数：

```
#! /bin/sh
#function
function_choice(){
    echo "Your choice is $1"
}
#main
case $1 in
    "C ++")_choice C ++;;
    "Android")_choice Android;;
    "Python")_choice Python;;
    * )echo " $0:please select in (C ++ /Android /Python)"
esac
exit 0
```

在命令行中输入 sh fun C ++，执行该脚本，执行结果如下：

```
$sh fun C ++
Your choice is C ++
```

其中，代码可视为两个部分，#function 和#main 之间的部分为函数_choice，#main 之后为脚本部分。脚本主体为 case…in…esac 结构，结构中的变量为脚本的位置变量 $1；结构中的匹配项共调用了三次_choice 函数，调用的同时为_choice 函数传递一个参数，该参数被函数中的位置变量 $1 接收。

三、验证局部变量

```
#! /bin/sh
function fun(){
      a =10
      echo "func:a = $a"
}
a =5
echo "main:a = $a"
fun
echo "main:a = $a"
exit 0
```

执行该脚本，输出结果如下：

```
main:a =5
fun:a =10
main:a =10
```

分析输出结果：脚本中首先定义了一个全局变量 a 并输出，得到结果为 main：a =5，此时全局变量 a 值为 5；之后调用函数 fun，函数中也定义了一个 a 并被复制为 10，输出该变量，值为 10，函数调用结束；再次在脚本中输出变量 a，输出结果为 main：a = 10。由程序打印结果可知，函数调用后，全局变量 a 发生了变化，因此函数中的变量 a 是脚本中定义的全局变量 a，而非由函数重新定义的全局变量。

通过以上例子可以看出，下面通过一个例子来展示 local 的用法。

```
#! /bin/sh
function fun(){
      local a =10
      echo "fun:a = $a"
}
a =5
echo "main:a = $a"
fun
echo "main:a = $a"
exit 0
```

执行脚本，输出结果如下：

```
main:a=5
fun:a=10
main:a=5
```

根据输出结果可知，在函数调用前后，脚本中全局变量 a 的值一致，这说明使用关键字 local 定义在函数中的变量是一个局部变量。

四、参数传递

```
#!/bin/bash
echo "Shell 传递参数实例!";
echo "执行的文件名:$0";
echo "第一个参数为:$1";
echo "第二个参数为:$2";
echo "第三个参数为:$3";
```

为脚本设置可执行权限，并执行脚本，输出结果如下所示：

```
$ chmod +x test.sh
$./test.sh 1 2 3
Shell 传递参数实例!
执行的文件名:./test.sh
第一个参数为:1
第二个参数为:2
第三个参数为:3
```

例如：

```
#!/bin/bash
echo "Shell 传递参数实例!";
echo "第一个参数为:$1";
echo "参数个数为:$#";
echo "传递的参数作为一个字符串显示:$*";
```

执行脚本，输出结果如下所示：

```
$ chmod +x test.sh
$./test.sh 1 2 3
Shell 传递参数实例!
第一个参数为:1
参数个数为:3
传递的参数作为一个字符串显示:1 2 3
```

$* 与 $@ 都引用所有参数，二者的不同点只有在双引号中体现出来。设在脚本运行时写了三个参数 1、2、3，则"*"等价于 "1 2 3"（传递了一个参数），而"@"等价于 "1" "2" "3"（传递了三个参数）。

```
#! /bin/bash
echo "-- \$* 演示 ---"
for i in "$*"; do
    echo $i
done

echo "-- \$@ 演示 ---"
for i in "$@"; do
    echo $i
done
```

执行脚本，输出结果如下：

```
$ chmod +x test.sh
$./test.sh 1 2 3
-- $* 演示 ---
1 2 3
-- $@ 演示 ---
1
2
3
```

【任务练习】 函数的使用

实现功能	命令语句
编写一个 Shell 脚本，实现以下功能： 输入一个数字，求它的平方并输出，采用函数方式实现。 对该脚本进行用例测试	
编写一个 Shell 脚本，实现以下功能： 先定义一个全局变量 a，赋值为 10 并输出。定义一个增值函数，实现输入一个数字，输出增值 1 的结果。在函数中分别定义全局变量和局部变量。 对该脚本进行用例测试，并对比两种情况下的输出结果	

任务五 输入/输出重定向的使用

【任务描述】

小明需要在 UOS 平台上使用输入/输出重定向控制终端来读取输入和输出数据的位置。

【任务分析】

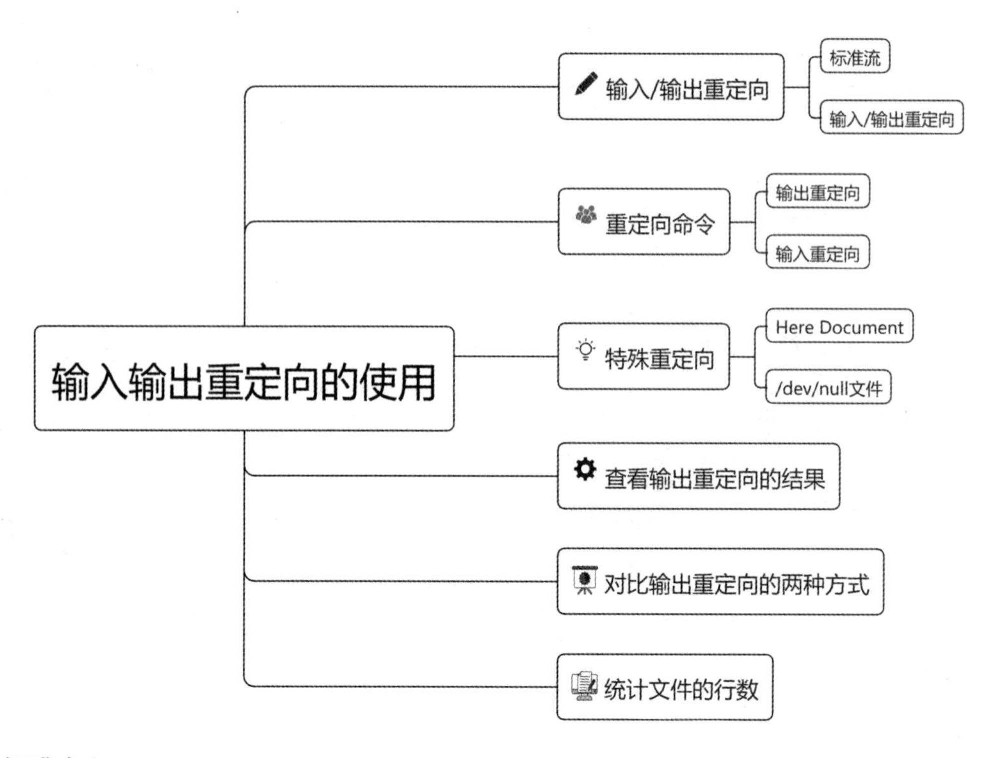

【知识准备】

一、输入/输出重定向

1. 标准流

执行一个 Shell 命令时，通常会自动打开三个标准文件，即标准输入文件，文件描述符为 0，通常对应终端的键盘；标准输出文件，文件描述符为 1；标准错误输出文件，文件描述符为 2。两个输出文件都对应终端的屏幕。标准 I/O 流以及相关设备信息见表 7.11。

表 7.11　标准 I/O 流及相关设备信息

标准流	Shell 文件号	C 语言描述	默认使用设备
标准输入流	0	stdin	键盘
标准输出流	1	stdout	屏幕
标准错误流	2	stderr	屏幕

直接使用标准流存在以下问题：

(1) 用户从终端输入的数据只能用一次，易出错且不便修改。

(2) 输出到终端屏幕上的信息只能看，不便使用。

UNIX/Linux 系统的标准 I/O 重定向可以解决上述问题。重定向命令见表 7.12。

表 7.12 重定向的命令

命令	说明
command > file	将输出重定向到 file
command < file	将输入重定向到 file
command >> file	将输出以追加的方式重定向到 file
n > file	将文件描述符为 n 的文件重定向到 file
n >> file	将文件描述符为 n 的文件以追加的方式重定向到 file
n > &m	将输出文件 m 和 n 合并
n < &m	将输入文件 m 和 n 合并
<< tag	将开始标记 tag 和结束标记 tag 之间的内容作为输入

2. 输出重定向

重定向一般通过在命令间插入特定的符号来实现，其语法格式如下：

```
command1 > file1
```

该命令执行 command1 后将输出的内容存入 file1。任何 file1 内已经存在的内容将被新内容替代。如果要将新内容添加在文件末尾，需要使用操作符“ >> ”。

默认情况下，将 stdout 重定向到 file 的语句如下：

```
command > file
```

将 stderr 重定向到 file 的语句如下：

```
$ command 2 > file
```

将 stderr 追加到 file 文件末尾的语句如下：

```
$ command 2 >> file
```

其中，2 表示标准错误文件（stderr）。

将 stdout 和 stderr 合并后重定向到 file 的语句如下：

```
$ command > file 2 >&1
```

或者

```
$ command >> file 2 >&1
```

3. 输入重定向

UNIX 命令也可以从文件获取输入，其语法格式如下：

```
command1 < file1
```

此时需要从键盘获取输入的命令会转移到文件读取内容。

将 stdin 重定向到 file 的语句如下：

```
command < file
```

将 stdin 和 stdout 都重定向的语句如下：

```
$ command < file1 >file2
```

command 命令将 stdin 重定向到 file1，将 stdout 重定向到 file2。

二、特殊重定向

1. Here Document

Here Document 是 Shell 中的一种特殊的重定向方式，用来将输入重定向到一个交互式 Shell 脚本或程序，其语法格式如下：

```
command << delimiter
    document
delimiter
```

它的作用是将两个 delimiter 之间的内容（document）作为输入传递给 command。

（1）结尾的 delimiter 一定要顶格写，前面不能有任何字符，后面也不能有任何字符，包括空格和 tab 缩进。

（2）开始的 delimiter 前后的空格会被忽略。

2. /dev/null 文件

在执行某个命令时，如果不希望在屏幕上显示输出结果，则可以将输出重定向到/dev/null，其语法格式如下：

```
$ command > /dev/null
```

/dev/null 是一个特殊的文件，写入该文件的内容会被丢弃，因此从该文件无法读取内容。将命令的输出重定向到/dev/null 文件，可以起到“禁止输出”的作用。

屏蔽 stdout 和 stderr 的语句如下：

```
$ command > /dev/null 2 >&1
```

2 和 > 之间不可以有空格，2 > 是一体的时候才表示错误输出。

【任务实施】

一、查看输出重定向结果

执行 who 命令，将命令的完整的输出重定向在用户文件（users）中：

```
$ who > users
```

执行后，输出被从默认的标准输出设备（终端）重定向到指定的文件，因此没有在终端输出信息。

使用 cat 命令查看文件内容：

```
$ cat users
```

查看结果如下：

```
test_user    console   Oct 31 17:35
test_user    ttys000   Dec  1 11:33
```

二、对比输出重定向的两种方式

（1）输出重定向会覆盖文件内容：

```
$ echo "覆盖的文本1" > users
$ cat users
```

结果如下：

```
覆盖的文本1
```

（2）输出结果追加到文件末尾：

```
$ echo "不覆盖的文本2" >> users
$ cat users
```

结果如下：

```
覆盖的文本1
不覆盖的文本2
```

三、统计文件的行数

（1）统计 users 文件的行数：

```
$ wc -l users
       2 users
```

（2）将输入重定向到 users 文件：

```
$ wc -l < users
      2
```

上面两个例子的结果不同：第一个例子会输出文件名；第二个不会，因为它仅仅知道从标准输入读取内容。

```
command1 < infile > outfile
```

同时替换输入和输出，执行 command1，从文件 infile 读取内容，然后将输出写入

outfile 中。

（3）在命令行中通过 wc -l 命令计算 Here Document 的行数：

```
$ wc -l << EOF
      这是第一行
      这是第二行
      这是第三行
EOF
3             # 输出结果为 3 行
```

（4）也可以将 Here Document 用在脚本中：

```
#! /bin/bash
cat << EOF
test1
test2
test3
EOF
```

执行以上脚本，输出结果如下：

```
test1
test2
test3
```

【任务练习】 输入输出重定向的使用

实现功能	命令语句
查看当前目录的详细信息并将结果重定向到文件 dirinfo 中	
计算/etc/passwd 文件的行数、单词数和字符数	
在/etc 目录下的所有文件中搜索包含字符串 delegate 的所有行，并将错误信息重定向到空设备	

【知识拓展】

一、Shell 文件包含

Shell 也可以包含外部脚本，方便封装一些公用的代码作为一个独立的文件，其语法格式如下：

```
.filename     # 注意点号(.)和文件名中间有一空格
```

或

```
source filename
```

创建两个 shell 脚本文件，分别为 test1. sh 和 test2. sh。

test1. sh 代码如下：

```
#! /bin/bash
url = "https://www.fjcpc.edu.cn"
```

test2. sh 代码如下：

```
#! /bin/bash
```

#使用 .号引用 test1. sh 文件：

```
../test1.sh
```

或者使用以下包含文件代码：

```
# source./test1.sh
echo "福建船政交通职业学院的官网地址：$url"
```

为 test2. sh 添加可执行权限并执行：

```
$ chmod +x test2.sh
$./test2.sh
福建船政交通职业学院的官网地址:https://www.fjcpc.edu.cn
```

被包含的文件 test1. sh 不需要可执行权限。

二、Shell 脚本调试

程序的编写不可能总是一帆风顺，尤其是编写的代码较长或较复杂时，很有可能出现各种各样的错误。Shell 脚本程序提供了编译调试工具，以便在程序执行前对程序进行编译和调试。

Shell 中提供了一些选项，用于 Shell 脚本的调试过程。Shell 脚本中常用于调试的选项为 -n、-v、-x，对应选项的功能分别如下：

（1） -n：不执行脚本，仅检查脚本中的语法问题。

（2） -v：在执行脚本的过程中，将执行过的脚本命令输出到屏幕。

（3） -x：将用到的脚本内容输出到屏幕上。

【项目总结】

通过本项目的学习，可知道 Shell 中的管道、tee 命令、引号机制与变量替换、参数替换，知道 Shell 中的字符、保留字，Shell 命令的格式、提示符与分隔符、选项与参数、命令行的编辑特性、Shell 命令的执行，Shell 变量的定义、引用、输入、分类及运算命令，条件判断命令，标准流、输入/输出重定向、重定向命令和特殊重定向。

要学会使用 Shell 脚本、if 语句、select 语句、case 语句、for 语句、while 语句、until 语句、输入/输出重定向。

【项目评价】

序号	学习目标	学生自评
1	Shell 命令的格式、选项与参数	□会用□基本会用□不会用
2	Shell 变量的定义、引用	□会用□基本会用□不会用
3	基本控制结构（条件、循环、函数）	□会用□基本会用□不会用
4	输入、输出重定向	□会用□基本会用□不会用
自评得分		

项目八

DNS服务器搭建

【项目场景】

小明在某公司担任网络管理员，需要 DNS 服务器来对公司网络进行域名解析工作，要求小明掌握在统信系统上配置 DNS 服务器的方法。

【项目目标】

知识目标

- 了解 DNS 的原理。
- 熟悉 DNS 服务器的配置要点。
- 熟悉 DNS 服务器的配置操作。

技能目标

- 会配置正反向 DNS。
- 会配置 DNS 访问控制。
- 会配置防火墙。

素质目标

- 具备较强的知识技术更新能力。
- 具备自主学习新知识、新技术的能力。
- 具有良好的心理素质和克服困难的能力。
- 具有较强的团队协作能力。
- 培养精益求精、密益求密的工作态度。
- 培养认真负责、善于思考总结的工作作风。

任务 DNS服务器配置

【任务描述】

本任务主要完成前期准备工作，了解 DNS 服务器、DNS 服务安装、DNS 服务的配置，为后续的 DNS 服务器搭建做准备。

【任务分析】

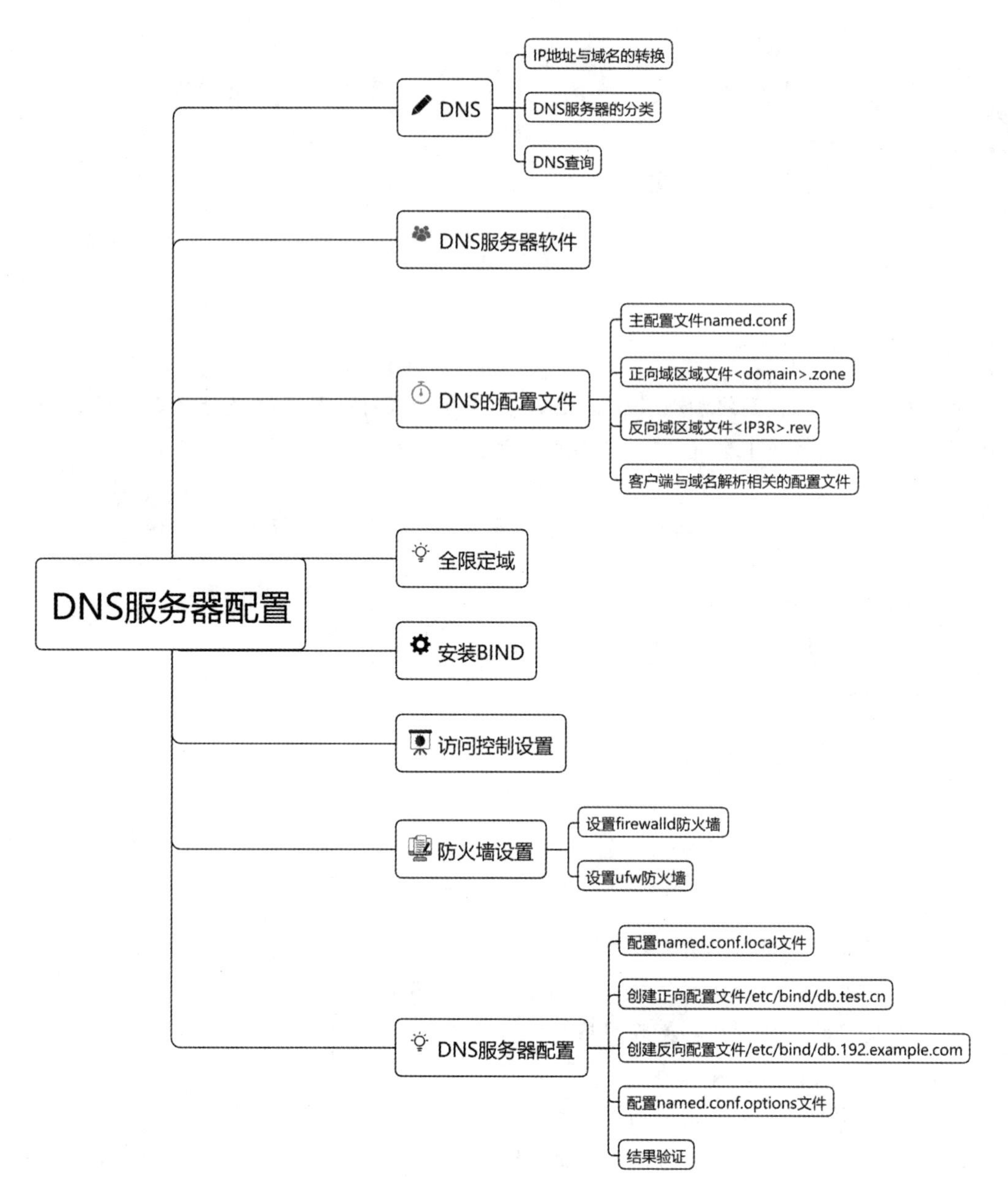

【知识准备】

一、DNS

DNS（Domain Name System，域名系统）是互联网的一项服务。它作为将域名和 IP 地址相互映射的一个分布式数据库，能够使用户更方便地访问互联网。

DNS 服务器可以实现将域名解析为 IP 地址，客户端向 DNS 服务器（DNS 服务器有自己的 IP 地址）发送域名查询请求，告知客户机 Web 服务器的 IP 地址，客户机与 Web 服务器通信等功能。

1. IP 地址与域名的转换

域名到 IP 地址的转换通过 DNS 协议实现。DNS 协议是一种分布式网络目录服务，主要用于域名与 IP 地址的相互转换，以及控制 Internet 的电子邮件的发送。大多数 Internet 服务依赖于 DNS 工作，当 DNS 出错时，其服务就无法连接网络，任何与网络有关的操作都不能使用。

DNS 是 Internet 上解决网上机器命名的一种系统。就像拜访朋友要先知道别人家怎么走一样，在 Internet 上，当一台主机要访问另外一台主机时，必须首先获知其地址，TCP/IP 中的 IP 地址由四段以“.”分开的数字组成，不方便记忆，所以就采用了域名系统来管理名字和 IP 的对应关系。

虽然 Internet 上的节点可以用 IP 地址唯一标识，并且可以通过 IP 地址被访问，但即使是将 32 位的二进制 IP 地址写成 4 个 0 ~ 255 的十位数形式，也依然太长、太难记。

因此，人们发明了域名（Domian Name），域名可将一个 IP 地址关联到一组有意义的字符上去。用户访问一个网站的时候，既可以输入该网站的 IP 地址，也可以输入其域名，对访问而言，两者是等价的。

例如，微软公司的 Web 服务器的 IP 地址是 207. 46. 230. 229，其对应的域名是 www. microsoft. com，用户在浏览器中输入 207. 46. 230. 229 或 www. microsoft. com，都可以访问其 Web 网站。

2. DNS 服务器的分类

1）按照服务器的作用分类

由于互联网中的域名采用层次树状结构的命名方法，因此与之对应的 DNS 服务器也采用层次树状结构。每一个 DNS 服务都只对域名体系中的某一域进行管辖。根据 DNS 服务器所起的作用，可以分为以下几种类型：

（1）根域名服务器是最高层次的域名服务器，它知道所有顶级服务器的域名和 IP 地址，当本地域名服务器无法对域名进行解析时，首先对根域名服务器发起请求。

（2）顶级域名服务器负责管理该服务器下的所有二级域名，当收到 DNS 查询请求时，就会给权威域名服务器相应的回答。

（3）权威域名服务器是前面所说的负责某一个区的域名服务器。当一个顶级域名服务器还不能给出最后的查询回答时，就会告知下一步应当请求的权威域名服务器。

（4）本地域名服务器：当一个主机发出 DNS 查询请求时，这个查询请求报文就发送给本地域名服务器。每一个互联网服务提供者 ISP 都可以拥有一个本地域名服务器。当本地域名服务器无法给出应答时，就会请求最高级的根域名服务器。通过根域名服务器，依次请求顶级域名服务器和权威域名服务器，最终获取对应 IP 地址，并将该结果保存在本地域名服务器，以待下次 DNS 请求使用。当用户再次对同一域名发起访问时，可以直接从本地域名服务器获得结果，无须再次发起全球递归查询。

2）按照服务器的类型分类

（1）主域名服务器。负责维护一个区域的所有域名信息，是特定的所有信息的权威信息源，数据可以修改。

（2）辅助域名服务器。当主域名服务器出现故障、关闭或负载过重时，辅助域名服务器作为主域名服务器的备份提供域名解析服务。辅助域名服务器中的区域文件中的数据是从另外一台主域名服务器中复制过来的，是不可以修改的。

（3）缓存域名服务器。从某个远程服务器取得每次域名服务器的查询回答，一旦取得一个答案，就将它放在高速缓存中，以后查询相同的信息就用高速缓存中的数据回答，缓存域名服务器不是权威的域名服务器，因为它提供的信息都是间接信息。

（4）转发域名服务器。负责所有非本地域名的本地查询。转发域名服务器接到查询请求后，在其缓存中查找，如找不到，就将请求依次转发到指定的域名服务器，直到查找到结果为止，否则返回无法映射的结果。

3. DNS 查询

DNS 查询包括递归查询、迭代查询、反向查询。

（1）递归查询：在该查询模式下，DNS 服务器接收到客户机请求，必须使用一个准确的查询结果回复客户机。如果 DNS 服务器本地没有存储查询 DNS 信息，那么该服务器会询问其他服务器，并将返回的查询结果提交给客户机。客户机和服务器之间的查询就是递归查询。

（2）迭代查询：DNS 服务器之间的查询一般属于迭代查询，即当 DNS1 服务器向 DNS2 服务器发出查询请求后，DNS2 无法解析，会告诉 DNS1 服务器 DNS3 的 IP 地址，让 DNS1 询问 DNS3，依此类推。

（3）反向查询：反向 DNS（或 rDNS）是一种将 IP 地址解析为域名的方法。

二、DNS 服务器软件

现在使用最为广泛的 DNS 服务器软件是 BIND（Berkeley Internet Name Domain），最早由加州大学伯克利分校的一名学生编写，现在最新的版本是 9，由 ISC（Internet Systems Consortium）编写和维护。

BIND 支持大多数的操作系统（Linux、UNIX、Mac、Windows），服务的名称为 named。

DNS 默认使用 UDP、TCP 协议，使用端口为 53（domain）、953（mdc，远程控制使用）。

三、DNS 的配置文件

bind 9 安装完成后，在配置文件目录/etc/bind 内包含 named. conf、named. conf. local、named. conf. options、named. conf. default - zones、bind. keys、zones. rfc 1918、rndc. key、db. root、db. local、db. empty 等文件。其中，named. conf 为主配置文件，其他文件会以某种方式包含到主配置文件中。

bind 9 的工作目录为/var/cache/bind，配置文件见表 8. 1。

表 8.1　DNS 的配置文件

文件类型	路径	相关说明
基本配置目录	/etc/bind	bind 刚安装后的默认配置文件放在这里
工作目录	/var/cache/bind	由 directory " file"；定义。不带路径的文件放在这里
主配置文件	named. conf	设置全局参数，并指定区域文件名及其保存路径
缓存数据库文件	db. root	包含全球 13 个 DNS 根服务器信息
本地区域文件	db. local	用于将主机名 localhost 转换为回送 IP 地址
本地回送文件	db. 127	用于将回送 IP 地址转换为主机名 localhost
域定义文件	named. local	可在此文件中定义自己的域
正向域区域文件	<domain>. zone	实现区域正向解析的 zone 文件（本书约定）
反向域区域文件	<IP3R>. rev	实现区域反向解析的 zone 文件（本书约定）

用户除了可以在域定义文件 named. local 中按照易用、易理解的原则定义自己的域外，也可以参考 named. conf. default - zones 定义域。

bind 被安装后，会在默认目录下生成一个默认的主配置文件 named. conf，这是唯一的缓存服务器配置文件。以这个配置文件运行 DNS 服务器时，会成为一台缓存服务器。

1. 主配置文件 named. conf

```
//This is the primary configuration file for the BIND DNS server named.
//
//Please read /usr/share/doc/bind9/README.Debian.gz for information on the
//structure of BIND configuration files in Debian, *BEFORE* you customize
//this configuration file.
//
//If you are just adding zones, please do that in /etc/bind/named.conf.local

include "/etc/bind/named.conf.options";
include "/etc/bind/named.conf.local";
include "/etc/bind/named.conf.default-zones";
```

include 语句用于定义主配置文件包含的子配置文件，其指定的包含文件可以作为主配置文件的一部分，在 DNS 服务器启动时被读入。

named. conf 配置文件被拆分成 3 个包含文件，其中，named. conf. options 用来定义全局选项，named. conf. local 用来定义本地域，named. conf. default - zones 用来配置 zone 文件。

1）named. conf. options 文件

option 配置文件路径为/etc/bind/named. conf. options，删除文件中 forwarders 的注释。forwarders 节点配置转发器，所有非本域和在缓存中无法找到的域名查询都将转发到设置的 DNS 转发器上，由这台 DNS 完成解析工作并实现缓存。

```
options {
        directory "/var/cache/bind";

        //If there is a firewall between you and nameservers you want
        //to talk to, you may need to fix the firewall to allow multiple
        //ports to talk. See http://www.kb.cert.org/vuls/id/800113

        //If your ISP provided one or more IP addresses for stable
        //nameservers, you probably want to use them as forwarders.
        //Uncomment the following block, and insert the addresses replacing
        //the all-0's placeholder.

        forwarders {
                8.8.8.8;
                114.114.114.114;
        };

//=====================================================================
        //If BIND logs error messages about the root key being expired,
        //you will need to update your keys. See https://www.isc.org/bind-keys
//=====================================================================
        DNSsec-validation auto;

        auth-nxdomain no;  # conform to RFC1035
        listen-on port 53 { 127.0.0.1; };
        listen-on-v6 port 53 { ::1; };
        allow-query { localhost; };
        DNSsec-validation yes;
        recursion;
};
```

（1）directory "dir"：定义工作目录，系统为/var/cache/bind. 配置文件中使用的所有相对路径，就是指此位置，以后创建的区域文件也要存放在此目录内。

（2）forwards {IP 地址}：将域名查询请求转发给其他 DNS 服务器。

（3）listen-on port 53 { 127.0.0.1; }：定义监听 53 端口所有的 IP 地址。

（4）listen-on-v6 port 53 { ::1; }：定义监听 53 端口所有的 IP 地址。

（5）allow-query { localhost; }：定义允许查询的主机。

（6）DNSsec-validation yes：确定是否需要验证。

（7）recursio：确定是否需要递归。

2）named.conf.default-zones 文件

```
//prime the server with knowledge of the root servers
zone "." {
     type hint;
```

```
    file "/usr/share/DNS/root.hints";
};

//be authoritative for the localhost forward and reverse zones, and for
//broadcast zones as per RFC 1912

zone "localhost" {
      type master;
      file "/etc/bind/db.local";
};

zone "127.in-addr.arpa" {
      type master;
      file "/etc/bind/db.127";
};

zone "0.in-addr.arpa" {
      type master;
      file "/etc/bind/db.0";
};

zone "255.in-addr.arpa" {
      type master;
      file "/etc/bind/db.255";
};
```

zone 语句定义了一个区域块，其中必须说明域名、DNS 服务器类型和区域文件名等信息，其基本格式如下：

```
zone string IN {
      type TYPE;
      file FILE;
      其他配置子句
};
```

（1）string：正向域时为由双引号引用的域名，反向域时为 <IP3R>. rev 型字符串。

（2）type TYPE：TYPE 用于指定 DNS 服务器的类型，常用的有 master（主域名服务器）和 slave（辅助域名服务器），还可以使用 hint、stub 和 forward 等类型的服务器。

（3）file FILE：指定区域文件名为 FILE（文件名要用双引号引用）。

2. 正向域区域文件 <domain>. zone

正向域区域配置文件的完整配置如下：

```
;
; BIND data file for local loopback interface
;
$TTL   604800
```

```
域名 IN SOA       主机名 . 管理员邮件地址 (
                  序列号        ; Serial
                  刷新间隔时间  ; Refresh
                  重试间隔时间  ; Retry
                  过期间隔时间  ; Expire
                  最短存活时间) ; Negative Cache TTL
   ;
   @ IN  NS   localhost.
   @ IN  A    127.0.0.1
   @ IN  AAAA      ::1
```

（1）TTL：记录在客户机上存活的时间，也就是在缓存中存在的时间，默认的存活时间（604 800）是一天。D 是天，H 是小时，W 是星期。

（2）域名：用户定义区域的域名，一般情况下为@，表示其值为主配置文件中相应区域的名称。

（3）IN：代表 Internet 类，其他类还有 HS、CH，常用 IN。

（4）SOA：起始授权类型，其功能是将某区域授权给某台服务器管理。

（5）管理员邮件地址：因为@符号在区域文件中有特殊的含义，所以管理员的电子邮件地址不能使用@符号，而使用“.”代替。

（6）Serial（序列号）：也称为版本号，用来表示该区域数据库文件的版本大小，最多有 10 位数字。在一般情况下，采用类似年月日的表示形式，如 20120101xx，这种写法可方便管理员记住最后修改该文件的日期和次数。需要注意的是，新版本号应该比旧版本号大。当辅助域名服务器与主域名服务器同步时，将比较此字段，以判断主域名服务器数据是否被更新过。

（7）Refresh（刷新间隔时间）：设定辅助域名服务器与主域名服务器同步的时间间隔或刷新周期，默认单位为秒，可以指定单位为分钟(M)、小时(H)、天(D)、周(W)、月(M)等。

（8）Retry（重试间隔时间）：指定主、辅助域名服务器之间的同步频率失败后再次重试的同步时间延迟或间隔。如果在 Refresh 指定的时间内，辅助域名服务器没有与主域名服务器同步成功，那么需要在此间隔内重新尝试一次。在一般情况下，重试间隔时间应小于刷新间隔时间。单位参考 Refresh。

（9）Expire（过期间隔时间）：设置辅助域名服务器缓存信息的有效期。如果在此时间间隔内辅助域名服务器始终没有与主域名服务器同步成功，那么辅助域名服务器则会认为自己的数据已经过期，进而停止响应客户对该区域的查询。单位参考 Refresh。

（10）TTL（最短存活时间）：设置每条记录的生存期。该生存期是指 DNS 服务器将本区域中相应的记录应答给客户后，该记录在客户机的缓存中保留的时间长度。单位参考 Refresh。

（11）NS：用于指明区域中的 DNS 服务器的主机名。

（12）A：用于为区域内的主机建立别名。

（13）AAAA：记录一个指向 IPv6 地址的记录。

3. 反向域区域文件 <IP3R>. rev

在反向域区域文件中只有 3 类记录：SOA、NS、PTR，并且前 2 条记录 SOA 和 NS 与正向域区域文件中的相同。除前2条记录以外，剩余的都是主机类型的记录，并且在反向域区域文件中只包括PTR一类记录。

PTR记录又称为反向类型或指针类型，用于定义由IP地址到域名的翻译，格式如下：

```
ipv4    IN    PTR    domain
```

domain为具体的域名，ipv4为domain所对应IP地址的第4段或最后一段，例如：

```
1      IN      PTR      DNS.test.edu.in
```

DNS. test. edu. cn主机的IP地址的最后一段为1。也就是说，若域test. edu. cn的网络地址为192. 168. 136. ×，则DNS. test. edu. cn的IP地址为192. 168. 136. 1。

4. 客户端与域名解析相关的配置文件

客户端要正确地获取域名解析，需要配置一些文件，与域名解析相关的配置文件有/etc/hosts、/etc/host. conf和/etc/resolv. conf。

四、全限定域

全限定域名（Fully Qualified Domain Name，FQDN）通过符号“.”连接主机名和域名，例如：主机名为zh，域名为closure. com，得到全限定域名为zh. closure. com。

全限定域名可以从逻辑上准确地表示出主机的位置，是主机名的一种完全表示形式。

【任务实施】

一、安装BIND

使用apt工具安装Debian软件仓库中的bind软件，需要使用root或sudo访问权限。

（1）安装DNS服务器软件包：

```
$ sudo apt-get install bind9-doc bind9
```

（2）服务管理：

```
$ sudo systemctl status bind9                              #检查服务状态
$ sudo systemctl enable/disable bind9                      #启动与禁用服务
$ sudo systemctl start/stop/restart/reload bind9           #启动、关闭、重启与重载服务
```

二、访问控制设置

默认配置的named服务只允许对本主机系统内的客户提供服务，将其更改为对外提供服务，需要修改named. conf. options文件的内容。

```
listen-on port 53 { any; };
listen-on-v6 port 53 { any; };
allow-query { any; }
DNSsec-validation no;
```

三、防火墙设置

DNS 服务器使用的服务名为 domain，端口号为 53，在 firewalld 防火墙和 ufw 防火墙中的服务名分别为 DNS 和 domain，在设置防火墙时，应允许该服务通过。

1. 设置 firewalld 防火墙

```
$ sudo apt install firewalld firewall-config            #安装 firewalld
$ sudo firewall-cmd --permanent --add-service=DNS #firewalld 防火墙添加 DNS 服务
```

2. 设置 ufw 防火墙

```
$ sudo apt-get install ufw                             #安装 ufw
$ sudo ufw allow domain
```

四、DNS 服务器配置

搭建一台 DNS 服务器，负责 test. cn 域的域名解析工作，使用统信服务器来完成任务，DNS 服务器的 FQDN 为 nsl. test. cn，IP 地址为 192. 168. 206. 130。要求为以下域名实现正反向域名解析服务。

```
ns1.test.cn                     192.168.206.130
www.test.cn                     192.168.206.131
```

1. 配置 named. conf. local 文件

分别给出自定义域名及其 IP 地址，正向查询和反向查询的配置文件在文件中。

```
//
//Do any local configuration here
//
//Consider adding the 1918 zones here, if they are not used in your
//organization
//include "/etc/bind/zones.rfc1918";
zone "test .cn"{
        type master;
        file "/etc/bind/db.test.cn";
};

zone "206.168.192.in-addr.arpa"{
        type master;
        file "/etc/bind/db.192.example.com";
};
```

2. 创建正向配置文件/etc/bind/db. test. cn

```
$TTL 604800
$ORIGIN test.cn.
```

```
@IN SOA test.cn.root.test.cn.(
   2006080401 ; Serial
   604800 ; Refresh
   86400 ; Retry
   2419200 ; Expire
   604800 ) ; Negative Cache TTL
   ;
   @IN NS ns1
   @IN A 192.168.206.130
   ns1 IN A 192.168.206.130
   www IN A 192.168.206.131
```

3. 创建反向配置文件/etc/bind/db.192.example.com

```
$TTL 604800
@       IN      SOA     test.cn.root.test.cn.(
        20211201;Serial
        604800   ;Refresh
        86400    ;Retry
        2419200  ;Expire
        604800)  ;Negative Cache TTL
;
@       IN      NS      test.cn.
130     IN      PTR     www.test.cn.
131     IN      PTR     nsl.test.cn.
```

4. 配置 named.conf.options 文件

将域名查询请求转发给 8.8.8.8，配置监听当前 IP 及其监听端口。

```
options {
        directory "/var/cache/bind";

        //If there is a firewall between you and nameservers you want
        //to talk to, you may need to fix the firewall to allow multiple
        //ports to talk. See http://www.kb.cert.org/vuls/id/800113

        ///If your ISP provided one or more IP addresses for stable
        //nameservers, you probably want to use them as forwarders.
        //Uncomment the following block, and insert the addresses replacing
        //the all-0's placeholder.

        forwarders {
                8.8.8.8;
        };

  //==============================================================================
========
        //If BIND logs error messages about the root key being expired,
```

```
//you will need to update your keys. See https://www.isc.org/bind-keys
//==========================================================================
=====
   DNSsec-validation auto;

   auth-nxdomain no;     # conform to RFC1035
   listen-on-v6 { any; };
   listen-on port 53 {192.168.0.129;}; //这一项是填写自己的 DNS 服务器 IP 地址
   allow-transfer {any; };
   allow-query{ any; };
     };
```

成功配置后，需要重启 bind9：

```
$ sudo systemctl restart bind9
```

5. 结果验证

（1）将本地 DNS 地址修改为当前 DNS 服务器的地址：

```
$ sudo vim /etc/resolv.conf
```

（2）使用 host 进行测试：

```
host 192.168.206.130
host www.test.cn
```

验证结果如图 8.1 所示。

```
trrq@trrq-PC:/etc/bind$ host www.test.cn
www.test.cn has address 192.168.206.131
trrq@trrq-PC:/etc/bind$ host 192.168.206.130
130.206.168.192.in-addr.arpa domain name pointer www.test.cn.
```

图 8.1 验证结果

【任务练习】 搭建 DNS 服务器

搭建一台 DNS 服务器，负责 world. cn 域的域名解析工作，使用统信服务器来搭建完成任务，DNS 服务器的 FQDN 为 nsl. world. cn，IP 地址为 192. 168. 130. 130。要求为以下域名实现正反向域名解析服务。

域名	正反向域名解析
ns1. world. cn 192. 168. 130. 130	
www. world. cn 192. 168. 130. 131	

续表

域名	正反向域名解析
www. closure. cn 192. 168. 130. 141	
www. kernel. cn 192. 168. 130. 151	

【项目总结】

通过本项目的学习，需要知道 IP 地址与域名的转换、DNS 服务器的分类、DNS 查询、DNS 服务器软件、DNS 的配置文件及全限定域，能够安装 bind 软件，设置访问控制和防火墙，根据要求修改 DNS 配置文件的参数，完成 DNS 服务器的配置。

【项目评价】

序号	学习目标	学生自评
1	DNS 服务的开启	□会用□基本会用□不会用
2	DNS 服务器配置文件的设置与管理	□会用□基本会用□不会用
3	DNS 访问控制	□会用□基本会用□不会用
4	防火墙开启或关闭	□会用□基本会用□不会用
5	DNS 服务的验证	□会用□基本会用□不会用
自评得分		

项目九

Web服务器搭建

【项目背景】

小华实习所在的公司由于业务开展需要，要在统信 UOS 系统上搭建一套 Web 服务器，公司让小明根据业务需求在 Apache、Nginx 中选择一款中间件进行 Web 服务器的搭建，同时指导小华选择主流架构 LNMP、LAMP 来实施服务器搭建。

【项目目标】

知识目标

- 熟悉 Nginx 的配置命令。
- 熟悉 Apache 的配置命令。
- 熟悉 LNMP 架构。
- 熟悉 LAMP 架构。

技能目标

- 能够独立创建一个 Nginx 的网站。
- 能够独立创建一个 Apache 的网站。

素质目标

- 具备较强的知识技术更新能力。
- 具有良好的心理素质和克服困难的能力。
- 培养发现问题、解决问题的能力。
- 培养精益求精、密益求密的工作态度。
- 培养认真负责、善于思考总结的工作作风。
- 培养遵纪守法的法律意识，工作过程中严格遵守规章制度。
- 培养岗位所需的规范操作的能力，具备相应的职业道德。

任务一 Nginx 服务器配置

【任务描述】

Nginx 是一个高并发而且轻量的 Web 服务器，作为公司网站的解析服务器，公司需要小华去学习如何在统信 UOS 系统中搭建一个 Nginx 服务器。

【任务分析】

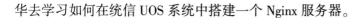

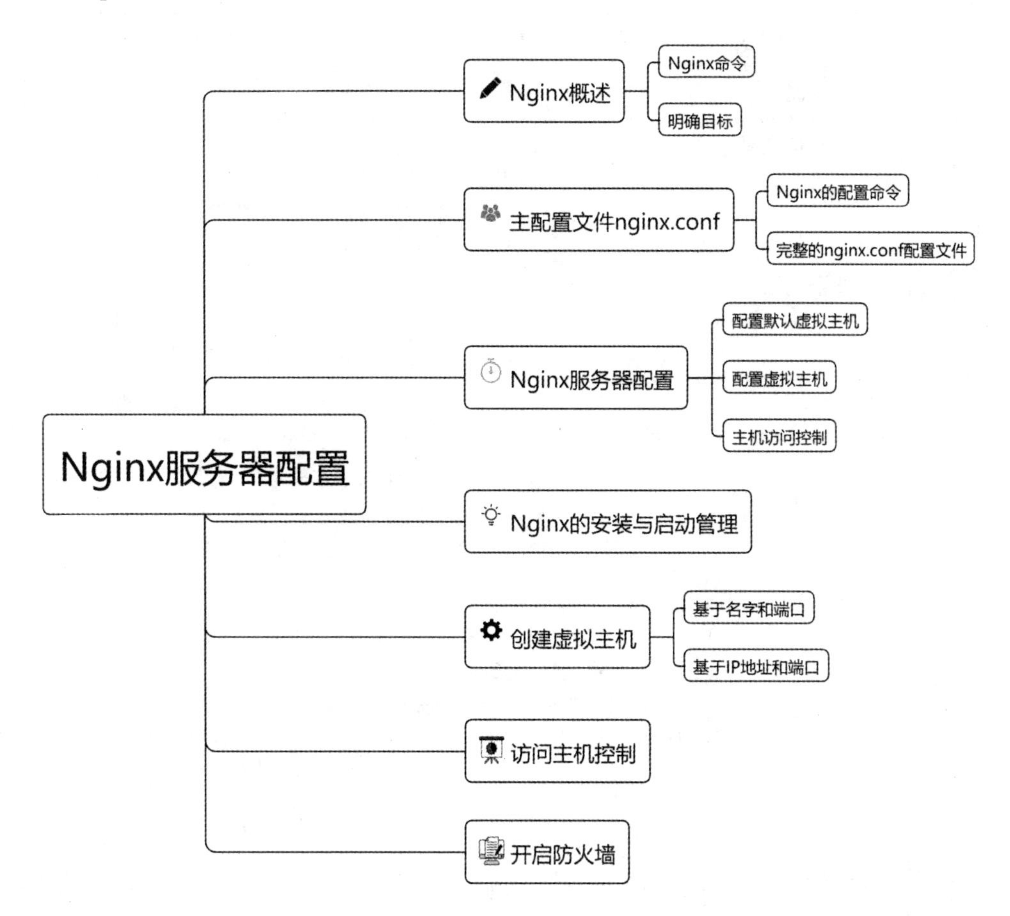

【知识准备】

一、Nginx 概述

Nginx（Engine x）是由伊戈尔·西索耶夫为俄罗斯访问量第二的 Rambler. ru 站点开发的 Web 服务器，第一公开版本 0. 1. 0 发行于 2004 年，截至 2022 年 1 月 21 日，版本 1. 21. 6 发布，Linux 系统库版本是 1. 14. 2 版本。

Nginx 是一款轻量级的高性能 Web 服务器，处理高并发事务的能力十分强大，能经受高负载的考验，也是一个反向代理及邮件代理服务器。国内使用 Nginx 服务器的有百度、京东、新浪、网易、腾讯、淘宝。

网站建设的 LNMP 模式是 Linux、Nginx、MySQL 和 PHP 的组合。

1. Nginx 命令

Nginx 可以作为前端命令来使用，其命令格式如下：

```
Nginx [参数]
```

Nginx 命令的常用参数见表 9.1。

表 9.1 Nginx 命令的常用参数

参数	功能描述	参数	功能描述
-?, -h	帮助	-c file	指定配置文件
-g directives	指定全局命令	-p prefix	指定路径前缀
-q	安静模式，抑制非错误输出	-s signal	指定信号，对 Nginx 服务器主程序进行控制，其中，stop 表示立即停止，quit 表示正常终止，reopen 表示重新打开日志，reload 表示重新加载配置文件
-t	检查配置文件的正确性	-T	检查配置文件并正确输出配置文件内容
-v	显示版本信息	-V	显示版本信息，编译版本和配置脚本参数信息

Nginx 命令使用示例如下：

```
#Nginx -t              #检查配置文件的正确性
#Nginx -T              #检查配置文件的正确性,并输出配置文件的内容
#Nginx -s reload       #重新加载配置文件,等价于 systemctl.reload Nginx
#Nginx -s stop         #停止 Nginx 服务,等价于 systemctl.stop Nginx
```

2. Nginx 的配置文件

统信 UOS 的配置目录和红帽的不同，默认配置下的文档目录也不同，Nginx 的主要配置文件见表 9.2。

表 9.2 Nginx 的主要配置文件

配置文件	意义及作用
Nginx. conf	主要的配置文件
conf. d/	用户配置文件，*. conf. d/包含在 Nginx. conf 中
sites - available/	可用站点文件
sites - enabled/	启用站点配置文件

修改配置或添加站点时，一般不会修改主配置文件 Nginx. conf/。在统信 UOS 中，通常将新建站点的配置文件（任意文随意）存放在 sites - available/中，使用时在 sites - enabled/内创建一个链接。

在统信 UOS 系统中，将新建站点的配置文件放在/etc/Nginx/sites - enabled/内，并且以 * 形式命名，而将站点文档目录存放在/var/www/html/中。

二、主配置文件 Nginx. conf

Nginx. conf 有 200 多行配置以注释的形式出现，有些行已去掉注释符“#”，可以直接启用。

Nginx. conf 由指令（directives）控制模块组成。指令可以分为简单模块和块指令模块。一个简单的指令由名称和参数组成，它们之间用空格分隔，以分号“;”结束。

块指令具有与简单指令相似的结构，参数是一组花括号括起来的指令组，不是以分号结束。如果一个块指令包含其他的块指令和简单的指令，那么在块内称为上下文。照此来说，配置文件中的最外层的内容称为主配置部分，在主配置部分的内容为主上下文。

Nginx 的块指令有 events、http、server、mail、location 和 upstream 等，events、http 和 mail 指令驻留在主上下文中，被称为主指令。server 驻留在 http 或 mail 中，location 驻留在服务器中。

1. Nginx 的配置命令

Nginx 有 700 多条语句，大多数由 Nginx 取默认值，常用的简单命令见表 9. 3。Nginx 的详细指令见 https://Nginx. org/en/docs/dirindex. html。

表 9. 3 常用的 Nginx 配置命令

(a) 简单的指令

指令	含义
user user [group]	指定 Nginx 的用户 [组]
pid/run/Nginx. pid	指定 Nginx 主程序 PID 存放的文件
include file;	指定包含文件，加载配置时，将包含文件添加到主配置文件中
worker_connections number;	定义主工作进程同时可以开启的最大进程数
worker. processes number | auto	定义工作进程数，通常取 auto
log. format name [escape = default | json | none] string	定义日志格式
error _log /var/log/Nginx/error. log	定义错误日志文件
access_log /var/log/Nginx/access. log	定义访问日志文件
sendfile on | off	是否启用 sendfile
tcp_nodelay on | off	是否启用 TCP sock 的 TCP_NODELAY 选项
default type mime – type	定义默认的 MIME 响应类型
listen address: port	定义监听地址和端口。可同时指定 IP 地址和端口，也可只指定其中的一个。如果只指定 IP 地址，则端口默认为 80；若只指定端口，则 IP 地址默认为所有。默认为：listen *: 80 | *: 8000

续表

指令	含义
server_ name name. . . .	定义虚拟（服务器）主机名，用在 server 上下文中。name 中可以包含“ * ”，用于替换最前或最后部分，默认主机名为“_”，如 server _name example. com * . example. com www. example. * ;
index file. . .	定义索引文件。可以包含变量，最后一个文件可以带绝对路径，如 indexindex $geo. html index. 0. html/index. html;
root path	定义文档目录，用在 server 上下文中
error _page code …[= [response]] uri	定义出现 code 错误时使用的页面为 uri
ssl_certificate file	指定认证文件
ssl_certificate_key file	指定密钥文件
ssl_protocols TLSv1 TLSv1. 1 TLSv1. 2	指定 ssl 协议及版本
gzip on | off	是否使用压缩
protocols imap | pop3 | smtp	指定代理服务器所用的协议
proxy on | off	是否使用代理
proxy_pass URI	设置代理服务器的协议和地址以及应映射到的 URI，可以指定“http”或“https”，地址可以指定为域名或 IP 地址，也可以是 UNIX 域套接字。如果域名解析为多个地址，则所有地址都将以循环方式使用，此外，可以将地址指定为服务器组

（b）块指令

指令	含义
events	提供配置文件上下文，其中指定了影响网络连接的指令。其结构在 Nginx. conf 中配置
http	提供指定 HTTP 服务器指令的配置文件上下文，包含 server 和 location 块，其结构在 Nginx. conf 中配置
mail	提供指定邮件服务器指令的配置文件上下文。结构与 http 块相同
stream	提供指定流服务器指令的配置文件上下文，做四层的代理、代理和负载均衡等
upstream	用于 http 块，定义一组或多组节点服务器，组中可以监听不同的端口，并且 TCP 和 UNIX Socket 可以混合使用
Server	定义 Web 虚拟主机或者 MAIL 站点上下文，包含站点所有配置信息。其结构在 Nginx. conf 中配置
location	定义 server 所需要的 URI

（1）upstream 的用法如下：

```
upstream php - fpm{
      server unix:/run/php - fpm/www.sock;
}
```

上述语句块定义了 http 块中的 php - fpm 服务器，用来监听 UNIX Socket，文件名为 unix：/run/php - fpm/www. sock。

（2）location 的用法如下：

```
location [ = | ~ | ~ * |^~ ] uri {…}
location @name{…}
```

在 Nginx 中，location 分为两类：普通的 location 和正则 location。在使用的时候，可以将两者结合。常用的正则表达式前缀符号见表 9. 4。

表 9. 4　常用的正则表达式前缀符号

符号	功能
=	普通字符的精确匹配
~	区分大小写
~ *	不区分大小写
^~	如果最长的前缀匹配得到满足，则不再匹配正则表达式，一般用来匹配目录
@	定义一个命名的 location，只用于内部重定向，如 error_page、try_files
!	取反

2. 完整的 Nginx. conf 配置文件

```
user www - data;
worker_processes auto;
pid /run/Nginx.pid;
include /etc/Nginx/modules - enabled/ * .conf;

events {
        worker_connections 768;                        #events 块及上下文
        # multi_accept on;
}
http {                                                 #http 块及上下文
        ##
        # Basic Settings
        ##
        sendfile on;                                   #优化的部分
        tcp_nopush on;
        tcp_nodelay on;
```

```
        keepalive_timeout 65;
        types_hash_max_size 2048;
        # server_tokens off;

        # server_names_hash_bucket_size 64;
        # server_name_in_redirect off;

        include /etc/Nginx/mime.types;                    #包含的文件
        default_type application/octet-stream;            #文件类型

        ##
        # SSL Settings
        ##

        ssl_protocols TLSv1 TLSv1.1 TLSv1.2; # Dropping SSLv3, ref: POODLE
        ssl_prefer_server_ciphers on;

        ##
        # Logging Settings
        ##

        access_log /var/log/Nginx/access.log;             #日志文件的定义
        error_log /var/log/Nginx/error.log;

        ##
        # Gzip Settings
        ##

        gzip on;

        # gzip_vary on;
        # gzip_proxied any;
        # gzip_comp_level 6;
        # gzip_buffers 16 8k;
        # gzip_http_version 1.1;
        # gzip_types text/plain text/css application/json application/
javascript text/xml application/xml application/xml+r
  ss text/javascript;

        ##
        # Virtual Host Configs
        ##

        include /etc/Nginx/conf.d/*.conf;
        include /etc/Nginx/sites-enabled/*;
  }
```

```
#mail {                                         #mail 块以及上下文
## See sample authentication script at:
## http://wiki.Nginx.org/ImapAuthenticateWithApachePhpScript
#
## auth_http localhost/auth.php;
## pop3_capabilities "TOP" "USER";
## imap_capabilities "IMAP4rev1" "UIDPLUS";
#
# server {                                 #pop3 服务
#        listen      localhost:110;
#        protocol    pop3;
#       proxy        on;
#}
#
#server {                                  #imap 服务

#       listen     localhost:143;
#        protocol    imap;
#        proxy       on;
# }
#}
```

查看代码如下:

```
# more /etc/Nginx/Nginx.conf
```

三、Nginx 服务器配置

Nginx Web 文件服务器配置通过编辑配置文件的方法来实现。用户可以将项目场景中的主机信息加入各个 Linux 系统的/etc/host 中，用于地址解析。后续的虚拟信息可以在此信息中获取，如果使用了自定义的站点名，则需要将自定义的站点追加到/etc/host 与主机或 IP 的相对应的行中。

1. 配置默认虚拟主机

在 Nginx 安装完成后，系统自动设置一个网站，这个网站的配置内容如下:

```
listen 80 default_server;
     listen [::]:80 default_server;
     server_name _;
```

这个内容表示是一个默认的站点，用户无论是远程访问还是本地登录，如果没有指定给一个“本地服务器”配置的“指定”站点名称或者 IP 地址，则都会在这个网站上，这个站点所在的目录是/var/www/html。

2. 配置虚拟主机

在服务器不足和 IP 地址紧缺的情况下，需要多个站点部署在同一台服务器上，甚至要共享一个 IP 地址。如果需要解决一些问题，可以创建基于站点名的或者 IP 地址的虚拟主机。

虽然可以通过基于端口进行虚拟主机的方法为每台主机指定不同的端口，但客户访问站点时，要在 IP 地址或者客户主机名上添加端口号，既不方便访问，还会影响推广。但是对特殊的网站，这是一个不错的选择。

3. 主机访问控制

主机访问控制通过 location 指定主机访问目录和资源的权限、访问方式、访问过程。

location 块结构中，使用访问控制的部分指令见表 9.5。

表 9.5　location 的访问控制命令

命令	功能
allow address ︱ CIDR ︱ unix ︱ all	允许访问，参数可以是 IP 地址、CIDR、unix 或 all
deny address ︱ CIDR ︱ unix ︱ all	拒绝访问
auth_basic [text︱off]	使用“HTTP Basic Authentication”
auth_ basic_user_file the_file	指定含有用户名和密码的认证文件
autoindex [on︱off]	启用/关闭
autoindex_location	默认为 off，显示的文件时间为 GMT 时间；改为 on 后，显示的文件时间为文件的服务器时间
alias file = path │ directory - path	指定别名
error_page code [...][= ︱ = code] uri ︱ @ named_location	指定错误页面或位置

（1）allow、deny 命令中出现参数的顺序会对结果产生影响：

① 主机或 IP 地址：211. 67. 65. 18。

② CIDR：211. 67. 65. 0//24。

③ unix：unix socket，如果指定 unix，则表示所有的 unix socket。

④ all：所有。

若在命令中使用参数，②在前，①在后，将优先实现②所指定的内容。

（2）在一个 server 块中，可以有多个 location 块，块的数量的大小和内容根据需求确定。在 location/images/{}块中，root/data 指令告诉 Nginx，/images/中的内容来自系统目录/data/images/，/other/的内容来自 http://1270. 0. 0. 1。

（3）配置文件可以位于任意 Linux 系统下，但是需要修改 allow 和 deny 的设置，一般将 allow 的 IP 地址修改为本机 IP 地址。

【任务实施】

一、Nginx 的安装与启动管理

统信 UOS 系统自带名称为 Nginx 的安装包，使用命令如下：

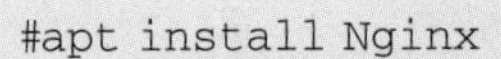

```
#apt install Nginx
```

有些配套包会在安装的时候自动安装。

使用服务器管理办法进行管理，方法如下：

```
#systemctl enable/disable Nginx                    #启用/禁用 Nginx
#systemctl star/restar/stop/reload Nginx           #启用/重启/停止/重载 Nginx
#systmectl status Nginx                            #检查运行状态
```

二、Nginx 服务测试

当 Nginx 安装成功后，Nginx 服务器开始工作，用户按照以下方法对 Nginx 服务器进行测试。

1. 系统自带界面

在 Nginx 安装完成后，在文档目录下，/var/www/html 内存放用于测试的页面，页面名称为 index. Nginx - debian. htm。测试方法为在浏览器输入内容：

```
http://127.0.0.1
```

2. 使用自制页面

用户也可以在网站文档目录内创建一个名为 index2. html 的页面，内容如下：

```
<HTML>
      <TITLE>Nginx Server Test! </TITLE>
      <BODY>
          <H2>Hello Nginx World! </br></H2>
          <H1>I am MEN, You are welcome! </H1>
      </BODY>
</HTML>
```

在浏览器地址栏下输入 http://127. 0. 0. 1/index2. html，此时就会显示标题为“Nginx Server Test!”，内容为“Hello Nginx World!”的页面。

三、创建虚拟主机

1. 基于名字和端口

要求：在同一台主机上创建两台基于名字的虚拟主机，端口号根据需要指定。

给两个站点分别取名为 www. centos8. gjshao 和 www1. centos8. gjshao。前者监听默认端口，后者监听 8080 端口；文档目录和站点名字相同，都存储在/var/www/html/下站点的配置文件 namebased. conf 中，内容代码如下：

```
server{
        server_name    www.centos8.gjshao;  //服务名字
        root           /var/www/html/www.centos8.gjshao;//文件目录
        index index.html index.html;//文件类型
        location /{
        }
}
server{
        listen         8080;  //监听端口
        listen         [::]:8080; //所有网络全部监听
        server_name    www1.centos8.gjshao;
        root           /var/www/html/www1.centos8.gjshao
        index index.html index.html index.php;
        location = /{
        }
}
```

因为站点 www1. centos8. gjshao 监听的是 8080 端口，而非标准的 80 端口，所以服务器防火墙需要开启 8080 端口。用户访问网站，需要在地址后面添加端口号 8080；修改/etc/hosts 文件 IP 地址与主机名的对应关系，或本配置文件中的主机名，当然，也可以修改文档目录或端口等。

2. 基于 IP 地址和端口

要求：在同一系统内配置多个 IP 地址，每一个 IP 地址配置一台虚拟主机并指定端口号。

创建两个网站，只能以 IP 地址方式访问，网站分别为 192. 168. 65. 130 和 192. 168. 65. 13，分别监听 8008 和默认端口，文档目录分别为/var/www/html/下的 19216865130 和 19216865131。站点配置文件 ipbased. conf 的内容如下：

```
server{
        listen         8008;  //监听端口
        listen         [::]:8080; //所有网络全部监听
        server_name    192.168.65.130; #服务名字
        root           /var/www/html/19216865130;

        index index.html index.html;//文件类型
        location /{
        }
}
server{
        server_name    192.168.65.131;
        root           /var/www/html/1921665131;
        location = /{
index index.html index.html index.php;
        }
}
```

只需要将 server_name 的 IP 的地址改为本地 IP 地址即可。也可以修改文档目录或端口号等信息。

四、访问主机控制

创建一个站点，命名为 www. ubuntu18. gjshao，文档目录为/var/www/html/acctrl/。要求文档目录只允许本地访问；/images/内容从/data/images/提取；/other/目录的内容由其他站点或默认主机代理。设置站点文件为 accctrl. conf，其内容如下：

```
server{
        server_name www.ubuntu18.gjshao;
        root /var/www/mycfg/;
        index index.html;
        location =/{
        }
        location /images/{
                root /data;
                autoindex on;
        }
        location /other/{
                proxy_pass http://127.0.0.1/;
        }
}
```

上述操作需要在/data/images/中进行相关准备，比如创建一个 index. html。同样，需要在默认站点下准备一个 other 目录和一个 index. html。

http://www. ubuntu18. gjshao 只允许本地访问，http://www. ubuntu18. gjshao /images/和 http://www. ubuntu18. gjshao/other/允许从任何地方访问。

五、开启防火墙

在 Linux 系统下，Apache 以 httpd 服务形式出现，需要打开对应的端口，命令如下：

```
#firewall-cmd --permanent --add-service=http      #增加允许 http 的规则：firewalld 防火墙
#firewall-cmd --permanent --add-service=https     #增加允许 https 的规则
#firewall-cmd --permanent --add-porte=8080/tcp    #增加允许 8080/tcp 的规则
#firewall-cmd --add-porte=8008-8009/tcp           #增加允许 8008-8009/tcp 的规则
```

【任务练习】 Nginx 服务器配置

实现功能	命令语句
1. Nginx 的安装与启动管理	
2. Nginx 服务测试	

续表

实现功能	命令语句
3. 创建虚拟主机	
4. 访问主机控制	
5. 防火墙开启和关闭	

任务二 Apache 服务器配置

【任务描述】

Apache 是一个稳定且安全的 Web 服务器，作为公司网站的解析服务器，公司需要小华去学习如何在统信 UOS 系统中搭建一个 Apache 服务器。

【任务分析】

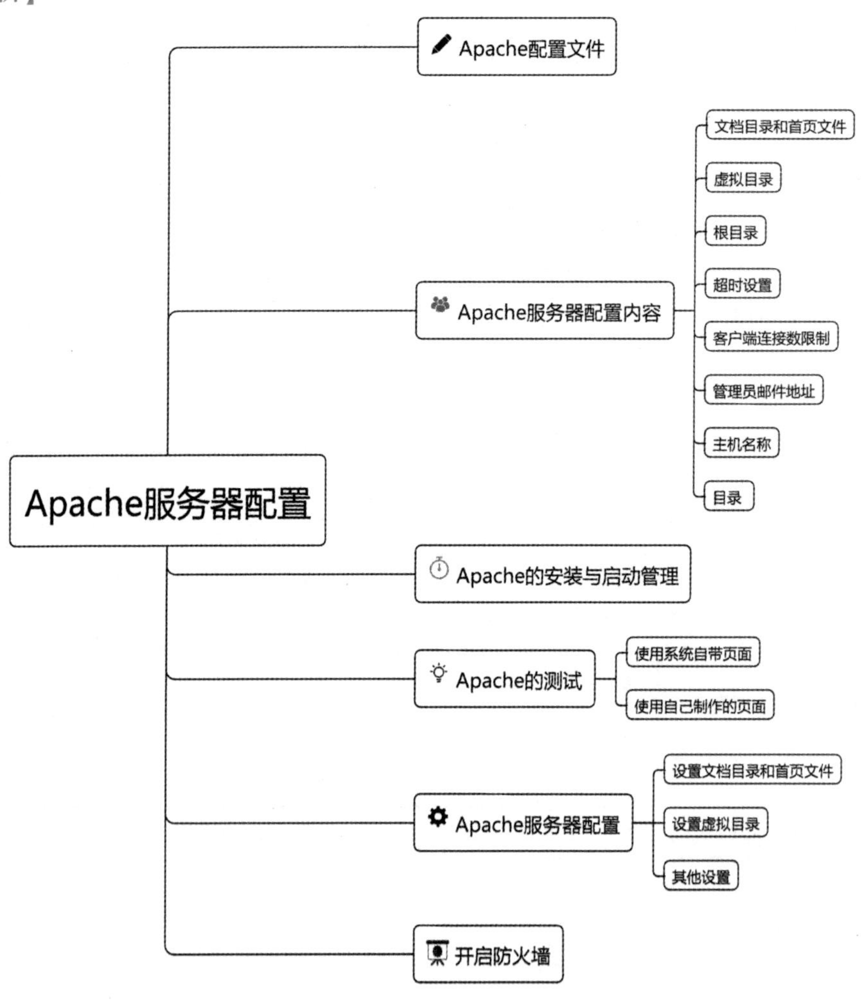

【知识准备】

Apache HTTP 服务器（Apache HTTP Server）是 Apache 基金会的开放源代码的 Web 服务器软件，Apache HTTP 服务器是一个模块化服务器，源于 NCSAhttp 服务器，经过多次修改，成为世界第一的服务器，其名称源于 Apatchy Server（一个充满补丁的服务器）。

一、Apache 的配置文件

Linux 的配置服务就是修改配置文件，Apache 服务主要配置文件的存放位置见表 9.6。

表 9.6　Linux 系统的配置文件

配置文件的名称	存放位置
服务目录	/etc/Apache2
主配置文件	/etc/Apache2
端口配置文件	/etc/Apache2/ports. conf
设置默认目录文件	/etc/Apache2/sites – enabled/000 – default. conf
设置默认用户设置文件	/etc/Apache2/envvars
设置默认主页的配置文件	/etc/Apache2/mods – enabled/dir. conf
网站数据目录	/var/www/html
访问日志	/var/log/Apache2/access. log
错误日志	/var/log/Apache2/error. log

Apache 服务器的主配置文件是 Apache2. conf，一般存放在/etc/Apache2。Apache2. conf 文件不区分大小写 ，该文件中通常包含以#开始的行为注释行。除了注释和空行，服务器把其他认为是完整的或部分指令。指令分为类似于 shell 的命令和伪 HTML 标记。

伪 HTML 标记的语法格式如下：

```
指令语法配置参数名称参数值
<Directory />
Options  FollowSymLinks
AllowOverride    None
</Directory>
```

在 Apache2 服务程序的主配置文件中，存在 3 种类型的信息：注释行信息、全局配置、区域配置。在 Apache2 服务程序主配置文件中包含其他的配置文件，常用参数见表 9.7。

表 9.7　配置 Apache2 服务常用的参数和功能

参数	功能
ServerRoot	用户管理目录
ServerAdmin	管理员邮箱
User	运行服务的用户
Group	运行服务的用户组
ServerName	网站的服务器的域名
DocumentRoot	文档根目录（网站数据的目录）
Directory	网站数据目录的权限
Listen	监听的 IP 地址和端口号
DirectoryIndex	默认的索引页页面
ErrorLog	错误日志文件
CustomLog	访问日志文件
Timeout	网页超时时间，默认为 300 秒

从表 9.7 中可以得知，DocumenRoot 参数用于定义网站数据的保存路径，其参数的默认值是把网站数据保存到/var/www/html 目录中；而当前网站普通的首页面名称是 index. html，因此可以向/var/www/html 目录写一个文件，替换掉当前服务器的默认首页面，该操作马上生效。代码如下：

```
root@fjcpc-PC:~# echo "Welcome To MyWeb" > /var/www/html/index.html
```

在浏览器中输入 http://127.0.0.1，可以看出页面内容发生了改变，如图 9.1 所示。

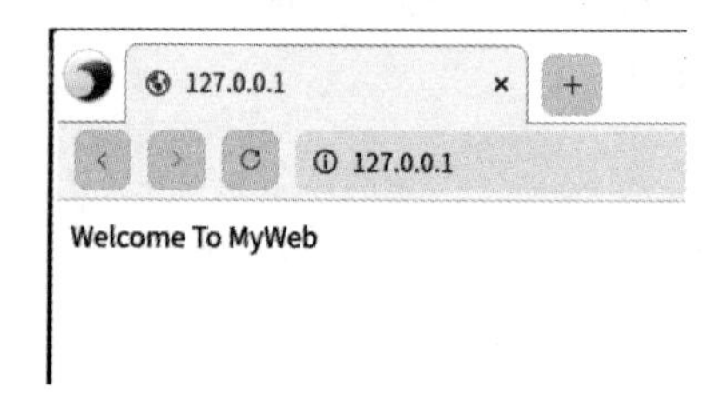

图 9.1　测试页面的内容改变

二、Apache 服务器配置内容

1. 文档目录和首页文件

在默认情况下，网站的文档根目录保存在/var/www/html 中，需要把保存的网站修改为/home/wwwroot，并且将首页文件修改为 myweb. html。

文档的根目录一般是比较重要的设置，上网的内容通常都保存在文档的根目录中。在默认情况下，除了记号和别名将根目录指向别处，所有请求都是从根目录开始的，而打开网站时，所显示的页面即该网页的主页，主页文件名称由 DirectoryIndex 字段定义。在默认情况下，Apache 的默认首页名称为 index. html。可以根据需要进行修改。

2. 虚拟目录

如果需要使用站点外目录来设置站点，可以使用虚拟目录来实现。虚拟目录是位于 Apache 的主目录外的目录，不包含在 Apache 服务器主目录中。但对于访问 Web 站点目录，也是位于主目录的子目录下的。每一个虚拟目录都有一个别名，客户端可以通过别名来访问虚拟目录。

每个目录可以设置不同的权限，适合不同用户访问此虚拟目录。

3. 根目录 ServerRoot

配置文件中的 ServerRoot 字段用于设置 Apache 的配置文件、错误文件和日志文件存放的目录，该目录是整个目录树的根节点。如果字段设置中出现相对路径，那么就是对于这个整个路径的。默认情况下，根路径为/etc/httpd，可以根据需要进行修改。

4. 超时设置

Timeout 字段用于接收和发送数据时的超时设置。默认单位是秒。如果超过限定的时间，客户端仍然无法连接上服务器，则予以断线处理。默认时间为 120 秒，可以根据需求来修改。

5. 客户端连接数限制

客户端连接数限制就是指在某一刻，WWW 服务器允许多少客户同时进行访问。允许同时访问的最大数值就是客户端连接数限制。

设置客户端连接数限制可以防止同一时间被访问数量过多而导致服务器崩溃，比如大规模的 DDoS（分布式拒绝服务攻击），会导致服务崩溃，我们要尽可能减少这类事情的发生，所以限制客户端连接数是非常有必要的。

在/etc/Apache2/Apache2. conf 配置文件中有 MaxKeepAliveRequests 100，限制同时访问数量为 100，可以满足小型网站的需要，大型网站可以根据实际情况进行修改。

6. 管理员邮件地址

当客户端访问服务器发生错误时，服务器通常会将有错误的提示信息的网页反馈给客户端，并且上面包含管理员的 E - mail 地址，以便解决出现的错误。在默认文件网站的设置文件/etc/Apache2/sites - available/000 - default. conf 中可以看到 ServerName 属性。

7. 主机名称

ServerName 字段定义了服务器名称和端口号，用来表明自己的身份。如果没有注册 DNS 名称，则可以输入 IP 地址。也可以在任何情况下输入 IP 地址，完成重定向工作。其定义在服务器的配置文件/etc/Apache2/sites - available 中。

8. 目录

目录设置还可以为服务器的某个目录设置权限，访问某个网站时，真正访问的是 Web 服务器中的某个网站，而整个网站是由零散的文件组成的。作为网站的管理员，只需要对某个目录进行设置，而不需要对整个网站进行设置。例如，拒绝 192. 169. 0. 10 的客户端访问某个目录的文件，可以使用 <Directory> < /Directory >容器设置。这是一对容器的语句，需要成对出现。在每个容器中有 option、AllowOverride、Limit 等指令，它们都与访问控制有关，参数见表 9. 8。

表 9. 8 Apache 目录访问控制选择

访问控制选择	描述
option	设置特定目录中的服务器特性
AllowOverride	设置如何使用访问控制文件 . htaccess
order	设置 Apache 默认的访问权限经 Allow 和 Deny 语句处理的顺序
Allow	设置允许访问 Apache 服务器主机，可以是主机名，也可以是 IP 地址
Deny	设置拒绝访问 Apache 服务器主机，可以是主机名，也可以是 IP 地址

根目录默认设置如下：

```
<Directory>
  Options FollowSymLinks
  AllowOverride   None
< /Directory >
```

（1） Option 用来定义目录使用的特性，后面的 FollowSymLinks 指令表示可以在该目录中使用符号链接。Option 还可以设置很多功能，常见功能参考表 9. 9。

（2） AllowOverride 用于设置 . htaccess 文件中的指令类型。None 表示禁止使用。

表 9. 9 Option 选项的取值

可选项取值	描述
Indexes	允许目录浏览，当访问没有 DirectiryIndex 参数指定的网页文件时，会列出目录清单
Multiviews	允许内容显示的多重视图
All	支持除 Multiviews 以外的所有选择，如果没有 option 语句，默认为 All
ExecCGI	允许在该目录下执行 CGI 脚本
FollowSysmLinks	可以在该目录中使用符号链接，以访问其他目录
Includes	允许服务器端使用 SSI（Server Side Include，服务器端包含）技术
IncludesNoExec	允许服务器端使用 SSI（ 服务器端包含）技术，但禁止执行 CGI 脚本
SymLinksIfOwnerMatch	目录文件与目录属于同一用户时支持符合链接

文档目录默认位置如下：

```
<Directory /var/www/html/>
        Options Indexes FollowSymLinks
        AllowOverride None          ①
        Require all granted         ②
</Directory>
```

AllowOverride 参数就是指明 Apache 服务器是否去找 .htacess 文件作为配置文件，如果设置为 none，那么服务器将忽略 .htacess 文件，如果设置为 All，那么所有在 .htaccess 文件里的指令都将被重写。

Require 设置服务器访问权限，见表 9.10。

表 9.10　Require 服务器的访问权限

命令	功能
Require all granted	允许所有
Require all denied	拒绝所有
Require env env - var [env - var]...	允许匹配环境变量中的任意一个
Require method http - method [http - method]...	允许特定的 HTTP 方法（GET/POST/HEAD/OPTIONS）
Require expr expression	允许，表达式为 true
Require user userid [userid]...	允许特定用户
Require group group - name [group - name]...	允许特定用户组
Require valid - user	允许有效用户
Require ip 192. 100 192. 168. 100 192. 168. 100. 5	允许特定 IP 或 IP 段，多个 IP 或 IP 段间使用空格分隔

【任务实施】

一、Apache 的安装与启动管理

统信 UOS 系统有自带安装包，名字叫 Apache2，由于安装完成后没有配置系统环境，创建环境需要使用命令：

```
#apt install Apache2
#source /etc/Apache2/envvars
```

安装时有些配套包会自动安装。

Apache 服务在统信 UOS 下的名称为 Apache2，其管理方法如下：

```
#systemctl enable/disable Apache2                      #启用/禁用 Apache2
#systemctl star/restar/stop/reload Apache2              #启用/重启/停止/重载 Apache2
#systmectl status Apache2                               #检查运行状态
```

二、Apache 的测试

1. 使用系统自带页面

Apache 安装之后，会存储文档目录（/var/www/html）用于存放测试界面，为 index. html。测试方法如下：

```
http://127.0.0.1
```

一切正常时，浏览器会显示 it works。

2. 使用自己制作的界面

在网站的目录下面创建一个 index2. html 的页面，内容如下：

```
<HTML>
<TITLE> Apache Server Test! </TITLE>
<BODY>
<H2>Hello Apache World! </br></H2>
<H1>I am MEN, You are welcome! </H1>
</BODY>
</HTML>
```

在浏览器地址栏输入“127. 0. 0. 1/index2. html”，此时会显示标题为“Apache Server Test!”和内容为“Hello Apache World!”的页面。

三、Apache 服务器配置

1. 设置文档目录和首页文件

（1）在 home 界面上创建根目录/home/www 和首页文件 myweb. htm。命令如下：

```
# mkdir /home/www
#echo "The Web's DocumentRoot Test" > /home/www/myweb.html
```

（2）打开设置默认目录文件 000 - default. conf，将 DoucumenRoot 修改为新建的目录：

```
#vim  /etc/Apache2/sites-enabled/000-default.conf
# DocumentRoot /home/www
```

（3）打开主配置文件 Apache2. conf，将定义目录权限的/var/www/修改为/home/www。

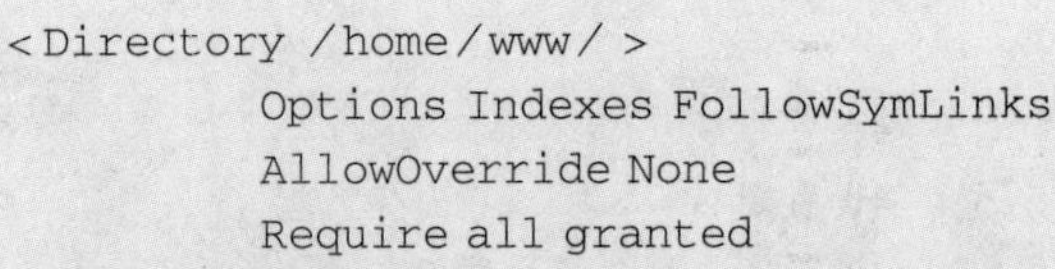

```
<Directory /home/www/>
        Options Indexes FollowSymLinks
        AllowOverride None
        Require all granted
</Directory>
```

（4）打开默认页面属性文件 dir. conf，设置页面属性为 index. html myweb. html。

```
<IfModule mod_dir.c>
        DirectoryIndex index.html myweb.html
</IfModule>
```

配置完成后重启服务器。

2. 设置虚拟目录

本例在 Apache 服务器中配置一个/test/的虚拟目录，对应的物理路径是/virdir/。

（1）创建物理目录/virdir/：

```
mkdir    -p /virdir/
```

（2）创建虚拟目录中的默认首文件：

```
cd /virdir/
echo "This is Virtual Directory sample." >> index.html
```

（3）修改默认文件权限，使其他文件具有读和执行权限：

```
chmod 705 index.html
```

（4）修改/etc/Apache2/Apache2. conf 文件，添加以下语句：

```
Alias /test "/virdir"
<Directory "/virdir">
        AllowOverride None
        Require all granted
</Directory>
```

（5）重启服务器：

```
systemctl restart Apache2
```

在浏览器输入当前 IP 地址 127. 0. 0. 1/test/，出现如图 9. 2 所示的页面。

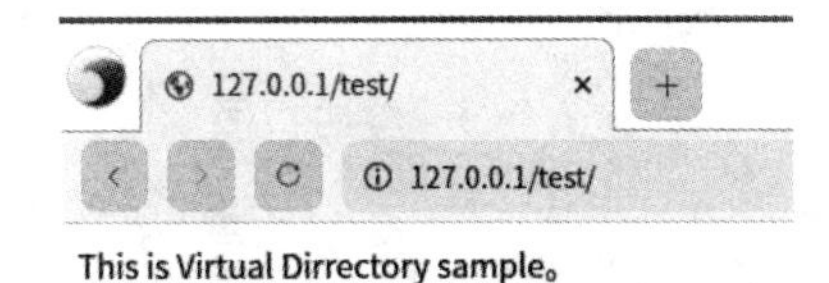

图 9. 2　虚拟目录的 index. hmtl

3. 其他设置

```
ServerRoot  /user/local/Apache                  #设置根目录 ServerRoot
Timeout 120                                     #设置超时
MaxKeepAliveRequests 200                        #设置客户端连接数限制
ServerName root@smile,com                       #设置管理员邮件地址
ServerName  www.example.com:80                  #设置服务器主机和端口号
```

四、开启防火墙

```
#firewall-cmd --permanent --add-service=http #增加允许 http 的规则:firewalld
防火墙
#firewall-cmd --permanent --add-service=https      #增加允许 https 的规则
#firewall-cmd --permanent --add-porte=8080/tcp     #增加允许 8080/tcp 的规则
#firewall-cmd --add-porte=8008-8009/tcp            #增加允许 8008-8009/tcp 的
规则
```

【任务练习】 Apache 服务器配置

服务端安装 httpd，客户端/etc/hosts 增加域名映射，域名指向服务端，服务端安装 httpd 服务并启动，设置服务自动运行；Web 默认站点目录下增加 html 默认首页文件；服务端安装 PHP 服务，Web 默认站点目录下增加 PHP 首页文件，重启 httpd 服务；Web 默认站点目录下增加 CGI 首页文件，赋操作权。

实现功能	命令语句
1. Apache 的安装与启动管理	
2. 设置文档目录和首页文件	
3. 设置虚拟目录	
4. 其他设置	
5. 防火墙开启和关闭	

任务三 LNMP 和 LAMP 环境部署

【任务描述】

小华已经会在统信 UOS 上安装和配置 Nginx 与 Apache 服务了，他需要在统信 UOS 上的 LNMP 和 LAMP 主流架构进行服务器的搭建。

【任务分析】

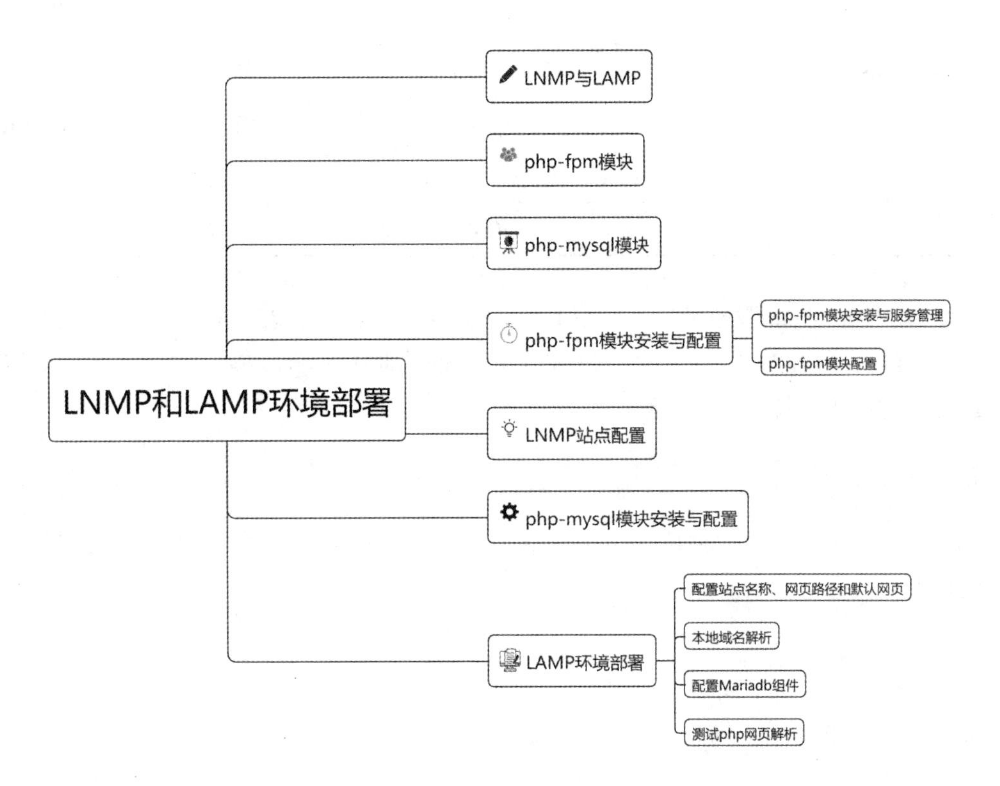

【知识准备】

一、LNMP 与 LAMP

LNMP 是指一组通常一起使用来运行动态网站或者服务器的自由软件名称首字母缩写。L 指 Linux，N 指 Nginx，M 一般指 MySQL 或 MariaDB，P 一般指 PHP、Perl 或 Python。Nginx、MySQL、Linux 与 PHP 组合可以构成 LNMP，MySQL 和 Nginx 安装与配置已经介绍了，要构建 LNMP 的网页开发模式，还需要安装 PHP 和 PHP－MySQL。

本任务使用 PHP－FPM 构造 LNMP 的开发模式。

LAMP 指 Linux（操作系统）+ Apache（HTTP 服务器）+ MySQL（数据库）和 PHP（网络编程语言），一般用来建立 Web 应用平台。在统信 UOS 下安装 Apache2 的 http 服务器，MySQL 安装 MariaDB 版本。

二、php－fpm 模块

php－fpm 模块中与 Web 配置相关的文件 www. conf 位置为/etc/php/7. 3/fpm/pool. d/www. conf。

可以修改的位置见表 9. 11。

表 9.11　可以修改的文件内容

配置项	Ubuntu	说明
User	www - data	统信 UOS 使用 www - data
Group	www - data	统信 UOS 使用 www - data
Listen	/run/php/php7.3.fpm.sock	在 UNIX/Linux 下使用
	127.0.0.1	在 Windows 下使用

在端口，php - fpm 服务可以工作在 UNIX Socket 或 TCP 的端口 90 上。Linux 使用 UNIX Socket。Socket 文件在统信 UOS 中的位置为 run/php/php7.3.fpm.sock。在 LNMP 结构节点中，配置文件必须保持一致。

三、php - mysql 模块

php - mysql 模块配置文件位于/etc/mysql/my.cnf；php - mysql 服务将默认工作于 3306/TCP 端口上。

【任务实施】

一、php - fpm 模块安装与配置

1. php - fpm 模块安装与服务管理

在统信 UOS 系统下提供 php - fpm 模块，安装方法如下：

```
#apt install php - fpm
```

php - fpm 需与支持的其他软件包一起安装。

在统信 UOS 下，php - fpm 的服务名为 php7.3.fpm。

```
systemctl enable /start /restart /reload php7.3.fpm
```

2. php - fpm 模块配置

按照表 9.11 所示内容修改 www.conf。完成修改后，重启加载 php - fpm 服务。

用户也可以让服务器监听端口 9000。

Nginx - doc 包中的/usr/share/doc/Nginx - doc/给出了处理方法：在 etc/Nginx/default 中，将两个 location 块放在 php 站点的配置文件中，配置文件代码如下：

```
location /{
        # First attempt to serve request as file, then
        # as directory, then fall back to displaying a 404.
        try_files $uri $uri/ =404;
}
```

```
    #pass PHP scripts to FastCGI server

    location ~ \.php $ {
            include snippets/fastcgi-php.conf;

            #With php-fpm (or other unix sockets):
            fastcgi_pass unix:/run/php/php7.3.fpm.sock;
            #With php-cgi (or other tcp sockets):
            fastcgi_pass 127.0.0.1:9000;
    }
```

将倒数第 4 行代码修改如下：

```
fastcgi_pass unix:/run/php/php7.3.fpm.sock;
```

UNIX Socket 文件 unix：/run/php/php7. 3. fpm. sock；与 php-fpm 配置文件 www. conf 中使用的文件/run/php/php7. 3. fpm. sock 符合，如果不符合，可以参照其中的一个修改另一个，使两者保持一致。

二、LNMP 站点配置

在统信 UOS 建立一个支持 PHP 的站点，监听端口，站点名称为 php. ubuntu18. gjshao，文档目录为 php. ubuntu18. gjshao，配置文件为 php. ubuntu18. gjshao. conf。要求使用网站静态地址也能访问。

需要在/ect/hosts 文档里面分配 IP 地址给 php. ubuntu18. gjshao。

```
192.168.65.134   php.ubuntu18.gjshao
```

php. ubuntu18. gjshao 站点配置文件代码如下：

```
server{
        server_name php.ubuntu18.gjshao;
        root /var/www/html/php.ubuntu18.gjshao;
        location =/{
        index index.php index.html index.htm;
        }
         location /{
         # First attempt to serve request as file, then
         # as directory, then fall back to displaying a 404.
                try_files $uri $uri/ =404;
        }
         #pass PHP scripts to FastCGI server
        location ~ \.php $ {
                include snippets/fastcgi-php.conf;
                #With php-fpm (or other unix sockets):
                fastcgi_pass unix:/run/php/php7.3.fpm.sock;
                #With php-cgi (or other tcp sockets):
          }
}
```

在文档目录/var/www/html/php. ubuntu18. gjshao 下创建一个文档 index. php，写入以下内容：

```
<? php phpinfo(); ? >
```

在浏览器中输入 http://php. ubuntu18. gjshao，即可在网页上显示 php 的信息，如图 9. 3 所示。

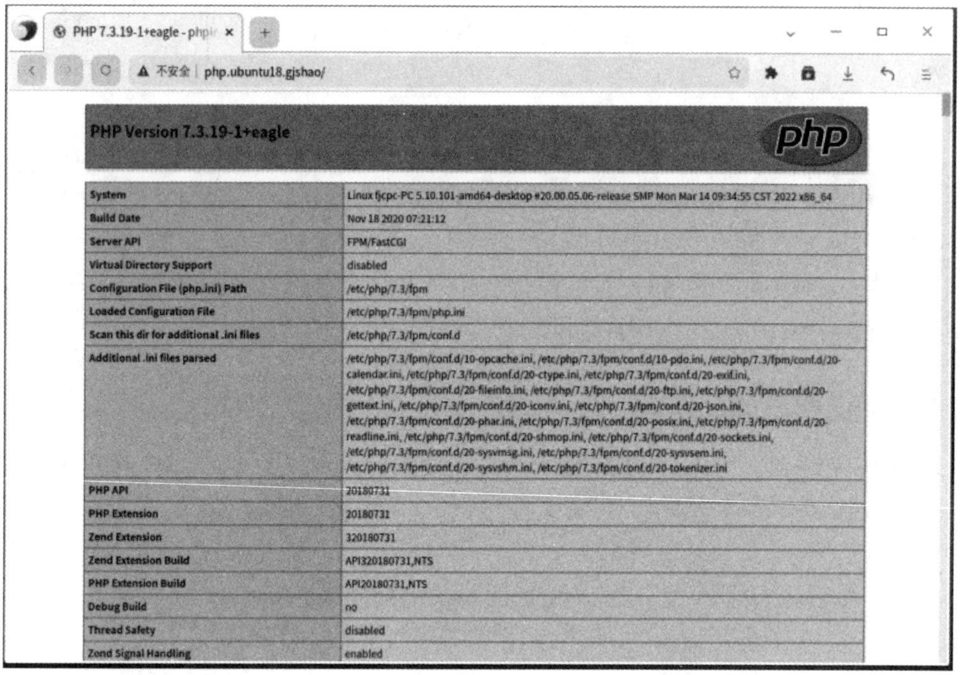

图 9. 3　php 的信息内容

三、php - mysql 模块安装与配置

要实现 php - fpm 对 MySQL 的访问，安装并启动 MySQL，还需要安装 php - mysql 模块。安装命令如下：

```
#apt install php - mysql
```

php - mysql 模块安装后，不需要任何配置即可使用，所以可以和 php - fpm 模块一起安装。通过 php - fpm 访问 MySQL 的示例程序代码如下：

```
<?php
    $mysqli = new mysqli("localhost", "lee", "123", "kali");
   if(! $mysqli) {
         echo"database error";
   }else{
         echo"php env successful";
   }
```

```
    $mysqli - >close();
? >
    $mysqli = new Mysqli( $serve, $username, $password, $dbname);
```

（1） $serve：所使用的用户主机名称，这里是本地用户 localhost。

（2） $username：数据库用户名，上面设置为 lee。

（3） $password：用户对应的密码。

（4） $dbname：所使用的数据库，默认调用上一个打开的数据库。

将此文档放在支持 php - fpm 目录内，在浏览器中使用 http://php. ubuntu18. gjshao/index2. html 进行访问。

四、LAMP 环境部署

LAMP 环境配置语句如下：

```
  apt    install  -y  Apache2  php - fpm  php - mysql  mariadb - server  mariadb
- client  libApache2 - mod - php
  php - xml   >> lamp.install.log    //两行同一行输入
```

1. 配置站点名称、网页路径和默认首页

```
#systemctl start Apache2                          //启动 Apache2
#systemctl enable Apache2                         //Apache2 加入开机启动
#vim /etc/Apache2/sites - enabled/000 - default.conf  //修改默认界面的配置文件
#<VirtualHost *:80 >
#ServerName  www.uosbbs.cn                        #站点名
#DocumentRoot  "/var/www/html"                    #网页根路径
#</VirtualHost >
# vim /etc/Apache2/mods - enabled/dir.conf
#<IfModule mod_dir.c >
#     DirectoryIndex index.php index.html myweb.html
#</IfModule >
#systemctl  restart Apache2
```

2. 本地域名解析

```
#修改临时域名解析文件
#vim /etc/hosts
```

添加以下语句：

```
#127.0.0.1        www.uosbbs.com
```

3. 配置 Mariadb 组件

（1） 启用 mysqld 服务并加入开机启动：

```
#systemctl restart mariadb.service
#systemctl enable mariadb.service
```

（2）将数据库的配置文件的监听关闭：

```
# vim /etc/mysql/mariadb.conf.d/50 - server.cnf
#bind - address                    = 127.0.0.1 #将此行注释
```

（3）设置数据库 root 账户密码：

```
#mysqladmin -u root password'123456'  //为数据库设置密码
```

4. 测试 php 网页解析

（1）建立 phpinfo( )检查完成。

```
systemctl restart php7.3.fpm;          #启动 php
systemctl enable php7.3.fpm;     #PHP 加入开机启动
```

（2）建立网页 test. php：

```
echo "<? php phpinfo(); ? >" >> /var/www/html/test1.php
```

（3）在浏览器中访问 http://www. uosbbs. com/test. php，界面如图 9. 4 所示。

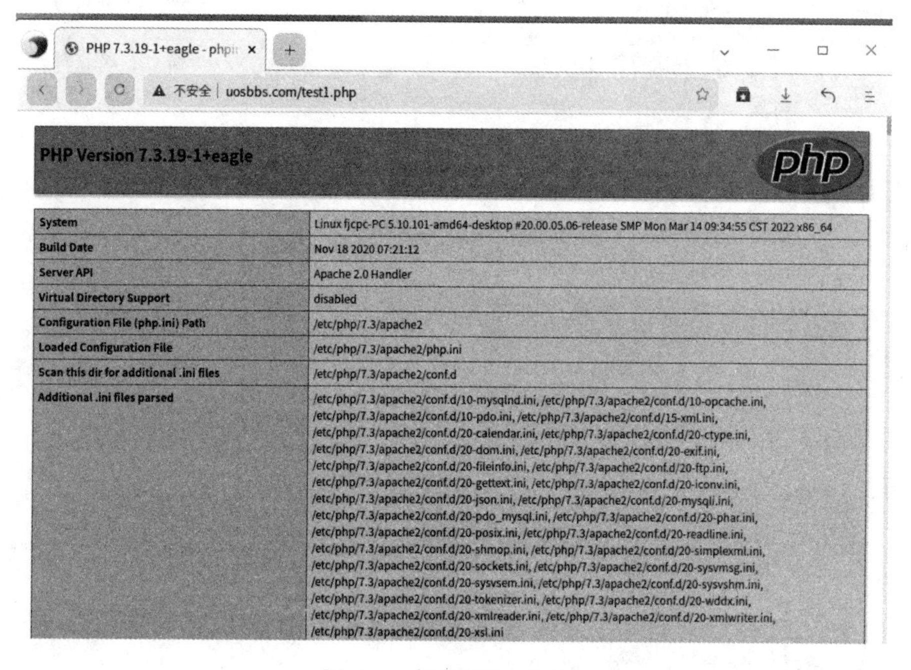

System	Linux fjcpc-PC 5.10.101-amd64-desktop #20.00.05.06-release SMP Mon Mar 14 09:34:55 CST 2022 x86_64
Build Date	Nov 18 2020 07:21:12
Server API	Apache 2.0 Handler
Virtual Directory Support	disabled
Configuration File (php.ini) Path	/etc/php/7.3/apache2
Loaded Configuration File	/etc/php/7.3/apache2/php.ini
Scan this dir for additional .ini files	/etc/php/7.3/apache2/conf.d
Additional .ini files parsed	/etc/php/7.3/apache2/conf.d/10-mysqlnd.ini, /etc/php/7.3/apache2/conf.d/10-opcache.ini, /etc/php/7.3/apache2/conf.d/10-pdo.ini, /etc/php/7.3/apache2/conf.d/15-xml.ini, /etc/php/7.3/apache2/conf.d/20-calendar.ini, /etc/php/7.3/apache2/conf.d/20-ctype.ini, /etc/php/7.3/apache2/conf.d/20-dom.ini, /etc/php/7.3/apache2/conf.d/20-exif.ini, /etc/php/7.3/apache2/conf.d/20-fileinfo.ini, /etc/php/7.3/apache2/conf.d/20-ftp.ini, /etc/php/7.3/apache2/conf.d/20-gettext.ini, /etc/php/7.3/apache2/conf.d/20-iconv.ini, /etc/php/7.3/apache2/conf.d/20-json.ini, /etc/php/7.3/apache2/conf.d/20-mysqli.ini, /etc/php/7.3/apache2/conf.d/20-pdo_mysql.ini, /etc/php/7.3/apache2/conf.d/20-phar.ini, /etc/php/7.3/apache2/conf.d/20-posix.ini, /etc/php/7.3/apache2/conf.d/20-readline.ini, /etc/php/7.3/apache2/conf.d/20-shmop.ini, /etc/php/7.3/apache2/conf.d/20-simplexml.ini, /etc/php/7.3/apache2/conf.d/20-sockets.ini, /etc/php/7.3/apache2/conf.d/20-sysvmsg.ini, /etc/php/7.3/apache2/conf.d/20-sysvsem.ini, /etc/php/7.3/apache2/conf.d/20-sysvshm.ini, /etc/php/7.3/apache2/conf.d/20-tokenizer.ini, /etc/php/7.3/apache2/conf.d/20-wddx.ini, /etc/php/7.3/apache2/conf.d/20-xmlreader.ini, /etc/php/7.3/apache2/conf.d/20-xmlwriter.ini, /etc/php/7.3/apache2/conf.d/20-xsl.ini

图 9. 4　在浏览器中访问

【任务练习】 LNMP 和 LAMP 环境部署

实现功能	命令语句
1. 分配 IP 地址	
2. php - fpm 模块安装与服务管理	
3. php - fpm 模块配置	
4. 配置站点名称、网页路径和默认首页	
5. 本地域名解析	
6. 配置 Mariadb 组件	
7. 测试 php 网页解析	

【项目总结】

在 Web 服务器搭建过程中，需要熟练掌握常见的 Web 服务器技术，如 Apache、Nginx 等，因此，在开展该项前，需要具有 Apache 和 Nginx 的相关知识储备，还要掌握 LNMP 和 LAMP 等架构，熟悉其架构原理。

【项目评价】

序号	学习目标	学生自评
1	Nginx 服务器开启	□会用□基本会用□不会用
2	Nginx 服务器配置文件的设置与管理	□会用□基本会用□不会用
3	Nginx 服务器验证	□会用□基本会用□不会用
4	APCHE 服务器开启	□会用□基本会用□不会用
5	APCHE 服务器配置文件的设置与管理	□会用□基本会用□不会用
6	APCHE 服务器验证	□会用□基本会用□不会用
自评得分		

项目十

网络服务器搭建

【项目场景】

小明在一家企业里担任网络管理员，需要搭建相应的网络服务器，以满足公司日常的网络服务需求。其中，DHCP 服务器用来对企业内部网络进行 IP 分配，FTP 服务器方便工作上的文件共享，Samba 和 NFS 服务器满足大家的网络资源共享需求。

【项目目标】

知识目标

- 了解 DHCP、FTP、Samba 和 NFS 服务的工作原理。
- 了解 DHCP、FTP、Samba 和 NFS 的工作流程。

技能目标

- 会安装 DHCP、FTP、Samba 和 NFS。
- 会配置 DHCP、FTP、Samba 和 NFS。
- 会配置防火墙。

素质目标

- 能够根据实践需要，利用上网等方式查询并整理相关知识。
- 能将理论联系实际。
- 具有良好的开拓进取精神。
- 培养精益求精、密益求密的工作态度。
- 培养认真负责、善于思考总结的工作作风。
- 培养遵纪守法的法律意识，工作过程中严格遵守规章制度。
- 培养岗位所需的规范操作的能力，具备相应的职业道德。

任务一　DHCP 服务器搭建

【任务描述】

小明需要搭建一个 DHCP 服务器，满足公司网络中一部分终端自动获取 IP 配置的需求。

【任务分析】

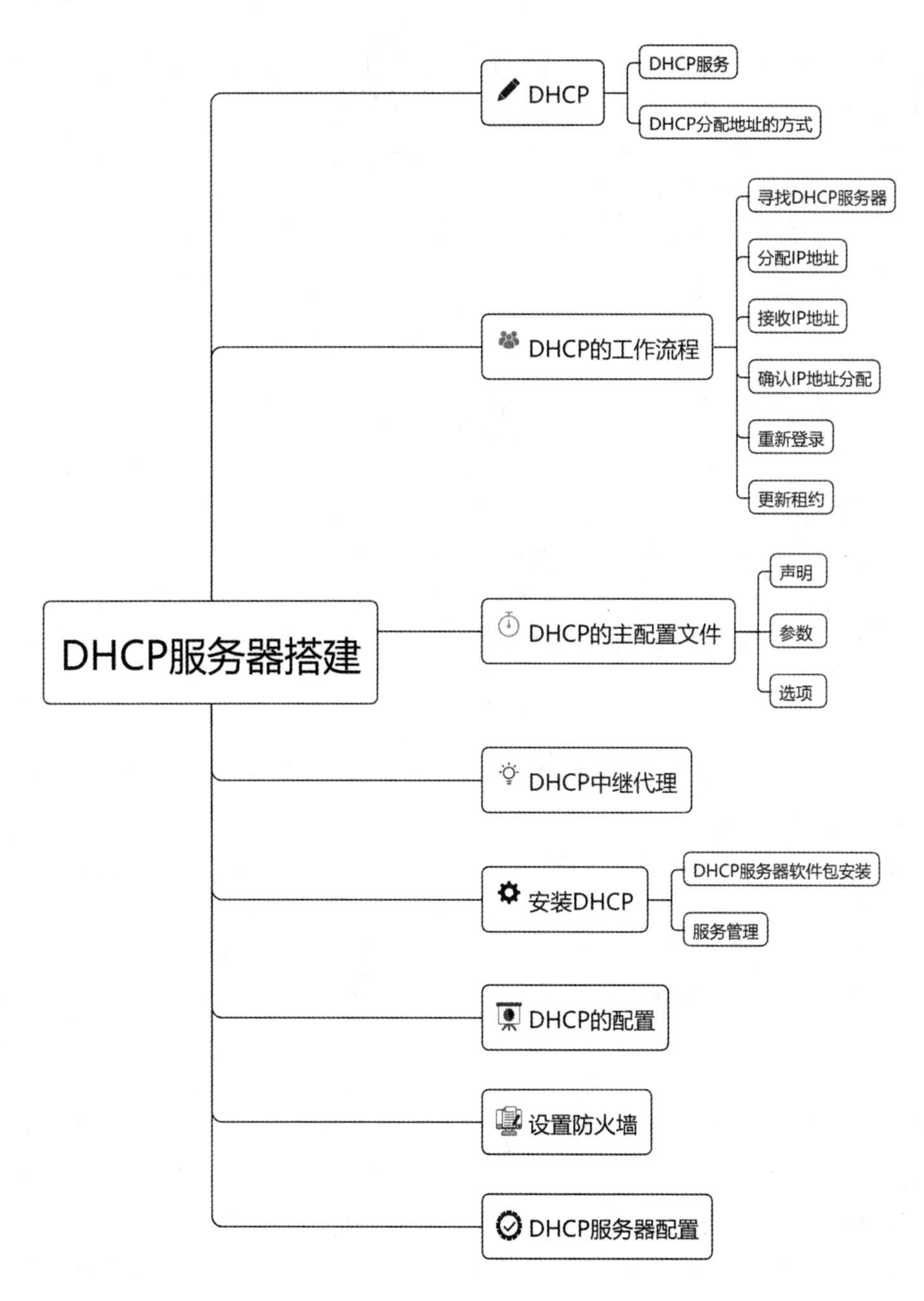

【知识准备】

一、DHCP

DHCP（Dynamic Host Configuration Protocol，动态主机配置协议）是 TCP/IP 协议簇中的一种，主要为网络客户机分配动态的 IP 地址。被分配的 IP 地址是 DHCP 服务器预先保留的由多个地址组成的地址集，一般是一段连续的地址。

1. DHCP 服务

使用 DHCP 时，必须在网络上有一台 DHCP 服务器，而其他机器执行 DHCP 客户端。当 DHCP 客户端程序发出一个信息，要求一个动态的 IP 地址时，DHCP 服务器会根据目前已经配置的地址，提供一个可供使用的 IP 地址和子网掩码给客户端。

2. DHCP 分配地址的方式

DHCP 使用客户/服务器模式，网络管理员建立一个或多个 DHCP 服务器，在这些服务器中，保存了可以提供给客户机的 TCP/IP 配置信息。这些信息包括网络客户的有效配置参数、分配给客户的有效 IP 地址池（其中包括为手工配置而保留的地址）、服务器提供的租约持续时间。

如果将 TCP/IP 网络上的计算机设定为从 DHCP 服务器获得 IP 地址，这些计算机则成为 DHCP 客户机。启动 DHCP 客户机时，它与 DHCP 服务器通信，以接收必要的 TCP/IP 配置信息。该配置信息至少包含一个 IP 地址和子网掩码，以及与配置有关的租约。

DHCP 服务器有 3 种为 DHCP 客户机分配 TCP/IP 地址的方式。

（1）手工分配：在手工分配中，网络管理员在 DHCP 服务器通过手工方法配置 DHCP 客户机的 IP 地址。当 DHCP 客户机要求网络服务时，DHCP 服务器把手工配置的 IP 地址传递给 DHCP 客户机。

（2）自动分配：在自动分配中，不需要进行任何的 IP 地址手工分配。当 DHCP 客户机第一次向 DHCP 服务器租用到 IP 地址后，这个地址就永久地分配给了该 DHCP 客户机，而不会再分配给其他客户机。

（3）动态分配：当 DHCP 客户机向 DHCP 服务器租用 IP 地址时，DHCP 服务器只是暂时分配给客户机一个 IP 地址。只要租约到期，这个地址就会还给 DHCP 服务器，以供其他客户机使用。如果 DHCP 客户机仍需要一个 IP 地址来完成工作，则可以再要求另外一个 IP 地址。

动态分配方法是唯一能够自动重复使用 IP 地址的方法，它对于暂时连接到网上的 DHCP 客户机来说尤其方便，对于永久性与网络连接的新主机来说，也是分配 IP 地址的好方法。DHCP 客户机在不再需要时才放弃 IP 地址，如 DHCP 客户机要正常关闭时，它可以把 IP 地址释放给 DHCP 服务器，然后 DHCP 服务器就可以把该 IP 地址分配给申请 IP 地址的 DHCP 客户机。

使用动态分配方法可以解决 IP 地址不够用的困扰，例如 C 类网络只能支持 254 台主机，而网络上的主机有 300 多台，但如果网上同一时间最多有 200 个用户，此时如果使用手工分配或自动分配，将不能解决这一问题。而动态分配方式的 IP 地址并不固定分配给某一客户

机，只要有空闲的 IP 地址，DHCP 服务器就可以将它分配给要求地址的客户机；当客户机不再需要 IP 地址时，就由 DHCP 服务器重新收回。

二、DHCP 的工作流程

DHCP 客户机在启动时，会搜寻网络中是否存在 DHCP 服务器。如果找到，则给 DHCP 服务器发送一个请求。DHCP 服务器接到请求后，为 DHCP 客户机选择 TCP/IP 配置的参数，并把这些参数发送给客户端。如果已配置冲突检测设置，则 DHCP 服务器在将租约中的地址提供给客户机之前会使用 Ping 来测试作用域中每个可用地址的连通性。这可确保提供给客户的每个 IP 地址都没有被使用手动 TCP/IP 配置的另一台非 DHCP 计算机使用。

根据客户端是否第一次登录网络，DHCP 的工作形式会有所不同。客户端从 DHCP 服务器上获得 IP 地址的所有过程可以分为六个步骤，如图 10.1 所示。

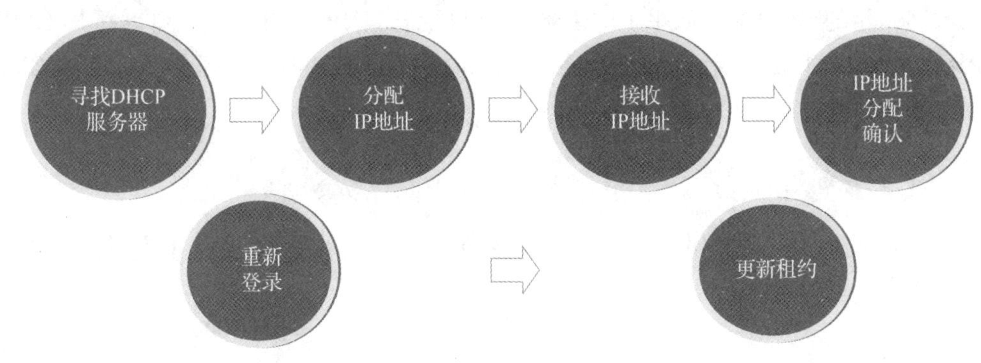

图 10.1　DHCP 的工作流程

1. 寻找 DHCP 服务器

当 DHCP 客户端第一次登录网络的时候，计算机发现本机上没有任何 IP 地址设定，将以广播方式发送 DHCP discover 发现信息来寻找 DHCP 服务器，即向 255.255.255.255 发送特定的广播信息。网络上每一台安装了 TCP/IP 协议的主机都会接收这个广播信息，但只有 DHCP 服务器才会作出响应。

2. 分配 IP 地址

在网络中接收到 DHCP discover 发现信息的 DHCP 服务器会做出响应，它从尚未分配的 IP 地址池中挑选一个分配给 DHCP 客户机，向 DHCP 客户机发送一个包含分配的 IP 地址和其他设置的 DHCP offer 提供信息。

3. 接收 IP 地址

DHCP 客户端接收到 DHCP offer 提供的信息之后，选择第一个接收到的提供信息，然后以广播的方式回答一个 DHCP request 请求信息，该信息包含向它所选定的 DHCP 服务器请求 IP 地址的内容。

4. IP 地址分配确认

当 DHCP 服务器收到 DHCP 客户端回答的 DHCP request 请求信息之后，便向 DHCP 客户端发送一个包含它所提供的 IP 地址和其他设置的 DHCP ack 确认信息，告诉 DHCP 客户端可以使用它提供的 IP 地址。然后，DHCP 客户机便将其 TCP/IP 协议与网卡绑定，另外，除了 DHCP 客户机选中的 DHCP 服务器外，其他的 DHCP 服务器将收回曾经提供的 IP 地址。

5. 重新登录

以后 DHCP 客户端每次重新登录网络时，就不需要再发送 DHCP discover 发现信息了，而是直接发送包含前一次所分配的 IP 地址的 DHCP request 请求信息。当 DHCP 服务器收到这一信息后，它会尝试让 DHCP 客户机继续使用原来的 IP 地址，并回答一个 DHCP ACK 确认信息。如果此 IP 地址已无法再分配给原来的 DHCP 客户机使用，则 DHCP 服务器给 DHCP 客户机回答一个 DHCP NACK 否认信息。当原来的 DHCP 客户机收到此 DHCP NACK 否认信息后，它就必须重新发送 DHCP discover 发现信息来请求新的 IP 地址。

6. 更新租约

DHCP 服务器向 DHCP 客户机出租的 IP 地址一般都有一个租借期限，期满后 DHCP 服务器便会收回出租的 IP 地址。如果 DHCP 客户机要延长其 IP 租约，则必须更新其 IP 租约。DHCP 客户机启动时和 IP 租约期限到达租约的 50% 时，DHCP 客户机都会自动向 DHCP 服务器发送更新其 IP 租约的信息。

三、DHCP 的主配置文件

在主配置文件/etc/dhcp/dhcpd. conf 中，包括声明、参数和选项 3 种基本类型的配置项，其作用与表现形式如下。

1. 声明

声明用来描述 DHCPD 服务器中对网络布局的划分，是网络设置的逻辑范围。常用的声明见表 10. 1。

表 10. 1　配置文件中的声明

声明	解释
shared - network	用来告知是否为一些子网络分享相同网络
subnet	描述一个 IP 地址是否属于该子网
range	用来提供动态分配 IP 地址的范围
host	需要进行特别设置的主机，如为某个主机固定一个 IP 地址
group	为一组参数提供声明
allow unknown - clients deny unknown - client	是否动态分配 IP 给未知的使用者
allow bootp deny bootp	是否响应激活查询
allow booting deny booting	是否响应使用者查询

续表

声明	解释
filename	开始启动文件的名称，应用于无盘工作站
next - server	设置服务器从引导文件中装入主机名，应用于无盘工作站

2. 参数

参数由配置关键字和对应的值组成，多用来确定 DHCP 服务的相关运行参数（如默认租约时间、最大租约时间等）。参数总是以分号“;”结束，可以位于全局配置或指定的声明中。常用参数见表 10. 2。

表 10. 2 配置文件中的参数

参数	解释
ddns - update - style	配置 DHCP - DNS 为互动更新模式
default - lease - time	指定默认租约时间的长度，单位为秒
max - lease - time	设置最大租约时间长度，单位为秒
hardware	设置网卡接口类型和 MAC 地址
server - name	告知 DHCP 客户服务器名称
get - lease - hostnames flag	检查客户端使用的 IP 地址
fixed - address ip	分配给客户端一个固定的 IP 地址
authoritative	拒绝不正确的 IP 地址的要求

3. 选项

选项由 option 引导，后面跟具体的配置关键字和对应的值，一般用于指定分配给客户端的配置参数（如默认网关地址、子网掩码、DNS 服务器地址等）。选项也是以分号“;”结束，可以位于全局配置或指定的声明中。常用选项见表 10. 3。

表 10. 3 配置文件中的选项

选项	解释
subnet - mask	为客户端设定子网掩码
domain - name	为客户端指明 DNS 名字
domain - name - servers	为客户端指明 DNS 服务器 IP 地址
host - name	为客户端指定主机名称
routers	为客户端设定默认网关
broadcast - address	为客户端设定广播地址

续表

选项	解释
ntp - server	为客户端设定网络时间服务器 IP 地址
time - offset	为客户端设定和格林尼治时间的偏移时间，单位为秒

四、DHCP 中继代理

需要安装 DHCP 中继及其相关软件包，该软件包为 isc - dhcp - relay，它们对应的服务名为 dhcrelay. service 和 isc - dhcp - relay. service （isc - dhcp - relay6. service），用户可以根据需要安装并使用它们，DHCP 中继在操作系统上搭建不适用于当下企业，因此本项目不进行设置。

【任务实施】

一、安装 DHCP

使用 apt 工具用来安装 Debian 软件仓库中的 ISC 软件，来创建这个多宿主服务器，需要使用 root 或者 sudo 访问权限。

1. DHCP 服务器软件包安装

```
$ sudo apt - get install isc - dhcp - server
```

2. 服务管理

（1）检查服务状态：

```
$ sudo systemctl status isc - dhcp - server isc - dhcp - server6
```

（2）启动与禁用服务：

```
$ sudo systemctl enable /disable isc - dhcp - server isc - dhcp - server6
```

（3）启动、关闭、重启与重载服务：

```
$ sudo systemctl start /stop /restart /reload isc - dhcp - server isc - dhcp - server6
```

二、DHCP 的配置

DHCP 的配置目录为/etc/dhcp/，IPv4 配置文件为/etc/dhcp/dhcpd. conf。

（1）配置监听的网卡：

```
$ sudo vim /etc /default /isc - dhcp - server
```

（2）修改成自己网卡名称：

```
INTERFACESv4 = "ens33"
```

（3）编辑 DHCP 配置格式：

```
ddns - update - style none;                          #使用 DHCP - DNS 互动更新模式
     subnet 10.10.100.0 netmask $255.255.255.0{      #配置子网
     range 10.10.100.1 10.10.100.50;                 #设置地址池的可用地址范围
     option subnet - mask 255.255.255.0;             #设置子网掩码
     option routers 10.10.100.2;                     #配置默认网关
     option domain - name "dhcp.com";                #设置域名字
     option domain - name - servers 114.114.114.114; #设置 DNS 服务器 ip 地址
     default - lease - time 3600;                    #设置默认的地址租期
     max - lease - time 7200;                        #设置最长的地址租期
}
```

三、设置防火墙

（1）IPv4 和 IPv6 的 DHCP 客户端和服务器的使用必须得到防火墙的允许，防火墙的设置方法如下：

```
$ sudo apt install firewalld firewall - config   #安装 firewalld
$ sudo firewall - cmd --permanent --add - service = dhcp  #IPv4:(永久)添加 dhcp 客户端及服务端
$ sudo systemctl restart firewalld.service     #需要时,重启 firewalld 防火墙
```

（2）设置 ufw 防火墙：

```
$ sudo apt - get install ufw                   #安装 ufw
$ sudo ufw allow bootps                        #打开 bootps(IPv4 服务端)
$ sudo ufw allow bootpc                        #打开 bootpc(IPv4 客户端)
$ sudo ufw allow dhcpv6 - server               #打开 dhcpv6 - server(IPv6 服务端)
$ sudo ufw allow dhcpv6 - client               #打开 dhcpv6 - client(IPv6 客户端)
```

四、DHCP 服务器配置

企业内部分为 DMZ 区和内网，配置一台 DHCP 服务器，IP 为 192.168.1.2；DNS 服务器的域名为 dns.jnrp.cn，IP 地址为 192.168.1.3；Web 服务器 IP 地址为 192.168.0.10；Samba 服务器 IP 地址为 192.168.1.5；内网区的地址范围为 192.168.1.11 ~ 192.168.1.150，掩码为 255.255.255.0。

通过以上需求可以看出，DMZ 区的网段是从 192.168.1.0 到 192.168.1.10，需要保留一些地址用于后面其他服务器的分配。

配置主配置文件/etc/dhcp/dhcpd.conf：

```
subnet 192.168.1.0 netmask 255.255.255.0 {
  range 192.168.1.11 192.168.1.150;
  option domain - name - servers 192.168.1.3;
  option domain - name "dns.jnrp.cn";
  option routers 192.168.1.254;
  option broadcast - address 192.168.1.255;
  default - lease - time 3600;
```

```
    max-lease-time 7200;
}
```

重启服务：

```
$ sudo systemctl restart isc-dhcp-server isc-dhcp-server6
```

通过一台 Win7 的客户端，通过 DHCP 服务器分配所需的 IP 地址，由于前 10 个 IP 分配给 DNS、Web、Samba 服务器，所以客户端获取到 IP 地址应是从 192.168.1.11 开始，通过 ipconfig 验证，如图 10.2 所示。

图 10.2　验证过程

【任务练习】 DHCP 服务器搭建

创建一台 Linux 主机作为 DHCP 服务器，实现为 Linux 客户端主机和 NFS 服务器主机分配 IP 地址。

实现功能	命令语句
安装 DHCP 服务器软件包	
启动 DHCP 服务	
修改监听网卡	
安装防火墙	
关闭防火墙	
重启防火墙	

任务二　FTP 服务器搭建

【任务描述】

在完成任务一后，项目组开始进行任务二的工作。首先，项目组需要搭建 FTP 服务器，为公司的员工提供 FTP 服务，然后，允许全体员工（使用匿名用户）进行访问和下载，但不能进行上传和改写。其次，只有公司的高级员工（使用本地用户）才能上传文件并可以进行修改。同时，为了让服务器能够良好地运作，要对一般的员工进行下载速率及同时在线的用户数量的限制。

【任务分析】

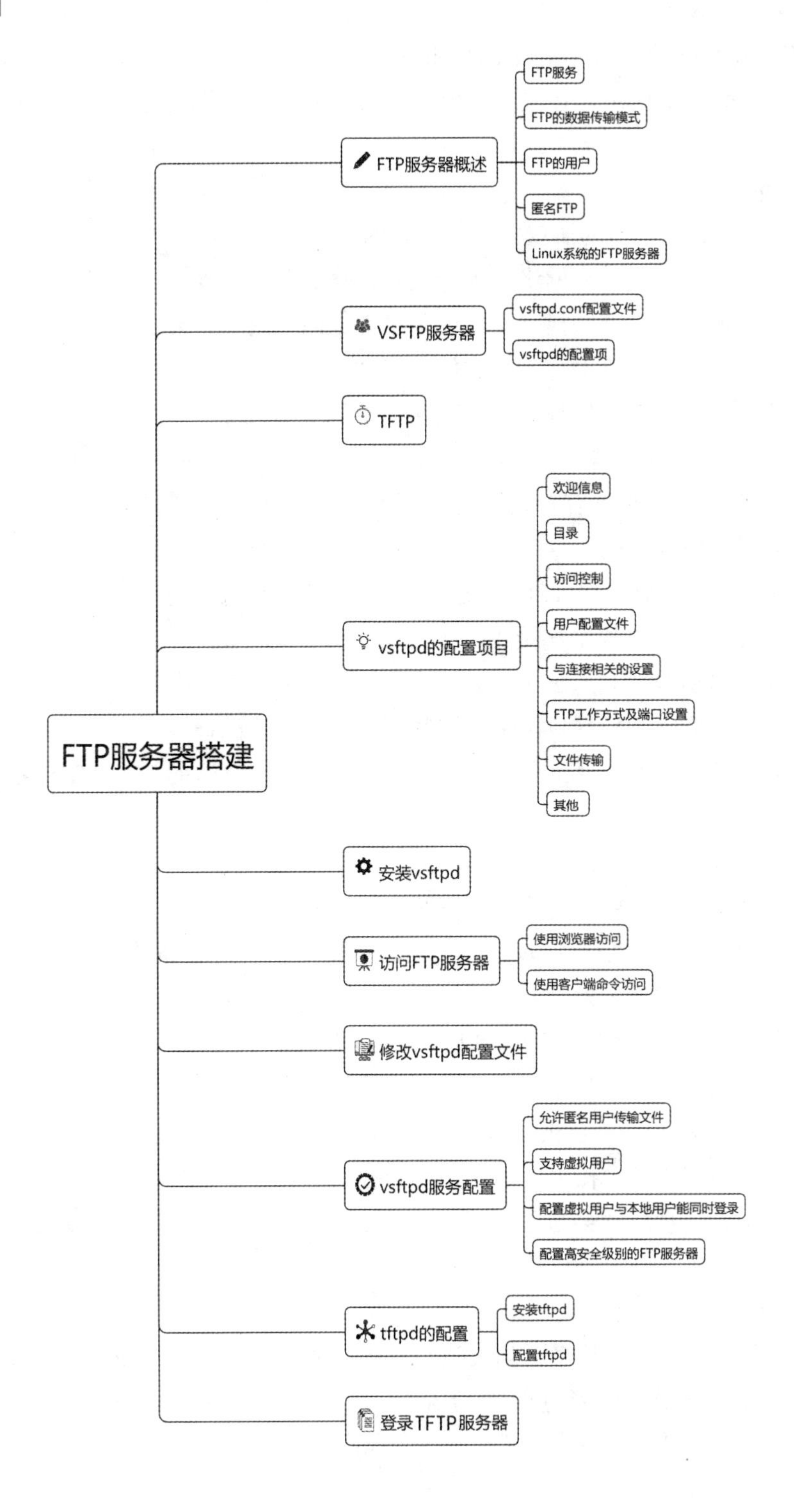

【知识准备】

一、FTP 服务器概述

FTP（File Transfer Protocol，文件传输协议）是专门用于传输文件的标准网络协议。在1990—2000 年，互联网的网络应用被 FTP 和 Web 服务器所占据，大部分的资源存放在 FTP 服务器中。现在，FTP 的应用正在减少，但 FTP 在学校和科研单位等网络中，还是比较重要的服务。

1. FTP 服务

FTP 是 TCP/IP 协议组中的协议之一。FTP 的主要功能是在服务器和客户端之间进行控制文件的双向传输。该协议是在网络上进行文件传输的基础，同时定义了在远程主机和本地主机之间传输文件的标准，能够提高文件的共享性。FTP 完成两台主机之间的复制，从远程主机将文件复制到自己的主机上是下载文件，将文件从自己的主机中复制到远程主机上是上传文件，即用户可以通过客户机程序向远程主机上传或下载文件。

FTP 是一种客户机/服务器（C/S）架构的软件，用户可以使用客户机程序连接远程主机的 FTP 服务器程序，并通过客户机程序向远程主机的服务器程序发出所要执行的命令，服务器程序收到客户机发来的命令后会执行命令，并将执行结果返回给客户机。

FTP 在工作中需要用到两个 TCP 连接，即命令连接和数据连接。命令连接在 FTP 客户机和服务器之间传递命令，数据连接用于上传、下载数据。同时，FTP 需要用到两个端口，即命令端口（21）和数据端口（20），命令端口用来控制连接，给服务器发送命令和等待服务器接收到命令后响应；数据端口用来建立数据传输所需要的通道。

FTP 服务器可以独立于平台，在不同的操作系统上使用自己的 FTP，实现在不同的平台之间传输文件信息。

2. FTP 的数据传输模式

FTP 支持两种模式：一种是主动模式，另一种是被动模式。

（1）主动模式（Port，也称 Active）：在主动模式下，当 FTP 的客户端需要与 FTP 服务器连接时，会向服务端发送一条命令告诉服务端：客户端已经在本地打开了一个端口 N，正在等着你进行数据连接，服务端收到命令后，会与客户端打开的端口 N 建立连接，连接成功后，即可开始传输数据。

（2）被动模式（PASV）：在被动模式下，当 FTP 的客户端需要与 FTP 服务器连接时，服务端会发送信息给客户端，信息的内容是：服务端已经在本地打开了一个端口 P，正在等待连接。客户端收到信息后，会与服务端打开的端口 P 建立连接，连接成功后，即可开始传输数据。

3. FTP 的用户

在正常情况下，用户登录服务器需要进行认证，才可以访问、下载和上传文件。在创建 FTP 服务器时，可以根据使用者登录的情况分为三类：本地用户（real user）、虚拟用户（guest）和匿名用户（anonymous）。

（1）本地用户。如果用户在 FTP 服务器上拥有账号，这个账号则为本地用户。本地用户可以通过输入账号和密码登录 FTP 服务器。在用户使用本地用户登录 FTP 服务器后，其默认的主目录是本地用户命名的家目录。在完成服务器配置后，本地用户可以上传或下载文件，系统也可以允许本地用户作为虚拟用户工作。

（2）虚拟用户。如果用户在 FTP 服务器上拥有账号，但是这个账号只能进行 FTP 文件的传输，这个账号则为虚拟用户。虚拟用户也可以通过输入账号和密码登录 FTP 服务器。在用户使用虚拟用户登录 FTP 服务器后，其目前所在的位置为虚拟用户的家目录。

（3）匿名用户。通常，FTP 服务器都会设有让非本地用户使用的账号，即匿名用户。匿名用户登录 FTP 服务器时，不需要输入账号和密码，但对于字符或命令行界面，一般来说，用户名输入 ftp，在密码处直接按 Enter 键即可。要登录服务器，就必须提供匿名用户的账号和密码。在用户使用匿名用户登录 FTP 服务器后，其默认的位置为/var/ftp 目录，也就是匿名用户的根目录。通常，匿名用户只能下载文件，不能上传文件。

4. 匿名 FTP

匿名 FTP 是 FTP 的一个特例，用户不需要拥有在服务器上的账户。一般情况下，匿名访问的账户名称是匿名的，此账户不需要密码。通常 FTP 会要求用户将其电子邮件地址作为其身份验证的密码，但一般会进行简单的验证或无须验证。

5. Linux 系统的 FTP 服务器

目前，在 Linux 的环境下有许多 FTP 服务器，比如功能比较简单的 ftpd 和 oftpd，配置性中等的 vsftpd 和 pure - ftpd，配置性强的 proftpd、wu - ftpd 和 glftpd。

二、VSFTP 服务器

VSFTP 服务器（Very Secrue FTP daemon）在类似 UNIX 的系统中使用，能够在大多数的系统上运行，支持许多传统 FTP 不支持的特征，具有安全、高速、稳定的特点。

1. vsftpd. conf 配置文件

在 VSFTPD 服务器中，所有的配置都基于 vsftpd. conf 这个配置文件。默认配置文件的目录是 /etc/。配置文件的内容和 Linux 系统中的大多数配置文件一样，vsftpd 的配置文件以#开始注释。

vsftpd 的常用配置目录和文件见表 10. 4。

表 10. 4　vsftpd 常用配置目录和文件

配置目录或文件	说明
vsftpd. conf	主要的配置文件
vsftpd. user_list	作为用户白名单、黑名单或无效名单
ftpusers	用户黑名单，名单中的用户不可以使用 FTP 服务
/etc/	存放配置文件的目录
匿名用户目录 /svr/ftp/	记为 anon_root
PAM 配置文件 /etc/pam. d/vsftpd	访问控制

vsftpd. conf 是一个配置文件，在使用命令运行这个配置文件时，命令会读取里面的配置行，然后执行配置内容。文件内容以#开头的行表示注释行，空行表示无效行，文件执行时会被自动忽略，其他行则被视为配置行。每个配置的内容占一行，配置的内容格式为"local_enable = YES"，其中，" = "两端不能有空格。

2. vsftpd 的配置项

vsftpd. conf 配置文件中的默认配置内容比较简单，安全性和实用性不高，用户需要根据实际情况对配置文件进行设置和修改，让 VSFTPD 服务器更有目的性和针对性，提高文件的安全性和实用性。如果要编辑配置文件，可以使用 vi、vim 等文件工具来编辑 vsftpd. conf 配置文件，在配置完文件后，退出插入模式（进入文件后，使用"i"进入插入模式），按"：q"（保存）或"：wq"（强制保存）来保存文件，然后重新启动 vsftpd 服务器，来重新加载新配置的内容。

VSFTPD 服务器安装后的 vsftpd 配置项见表 10. 5。

表 10. 5　VSFTPD 服务器安装后的 vsftpd 配置项

配置项	说明
local_enable = YES	允许用户登录
write_enable = YES	允许用户上传、修改、移动、删除文件
local_umask = 022	用户上传文件的默认权限
anon_upload_enable = YES	允许匿名用户上传
anonymous_enable = YES	允许匿名用户访问，需 local_enable 开启才生效
anon_mkdir_write_enable = YES	允许匿名用户创建文件夹
anon_other_write_enable = YES	允许匿名用户删除、移动、修改等
anon_umask = 077	匿名用户上传、创建文件的默认权限
anon_max_rate = 0	匿名用户最大下载速度
chroot_local_user = YES	禁止所有用户离开家目录
chroot_list_enable = YES	启用配置文件限制，白名单模式
chroot_list_file = /etc/vsftpd/chroot_list	只允许该文件中用户离开家目录，其余用户都不可离开家目录，一行一个用户名
local_max_rate = 0	用户最大下载速度
max_clients = 2000	最大并发连接数
max_per_ip	单 IP 的最大并发连接数
userlist_enable = YES	启用配置文件限制
userlist_deny = NO	NO 白名单，YES 黑名单

续表

配置项	说明
xferlog_enable = YES	是否让系统自动维护上传和下载的日志文件
xferlog_file = /var/log/vsftpd. log	服务器上传和下载情况的日志文件，默认为/var/log/vsftpd. log
xferlog_std_format = YES	是否以标准 xferlog 的格式书写传输日志文件

（1）local_enable = YES/NO：是否允许本地用户登录 FTP 服务器，默认设置为 YES（允许）。

（2）write_enable = YES/NO：是否允许本地用户对 FTP 服务器文件具有写权限，默认设置为 YES（允许）。

（3）anonymous_enable = YES/NO：是否允许匿名登录 FTP 服务器，默认设置为 NO（不允许）。

（4）anon_upload_enable = YES/NO：是否允许匿名用户上传文件，须将全局的 write_enable = YES，该配置才能执行。默认设置为 NO（不允许）。

（5）anon_mkdir_write_enable = YES/NO：是否允许匿名用户创建新文件夹，须将全局的 write_enable = YES，该配置才能执行。默认设置为 NO（不允许）。

服务器的配置是根据自己搭建的服务器所需要用到的各类功能、权限等，通过修改 vsftpd. conf 配置文件来实现所需的目的。安装完 VSFTPD 服务器后，开始配置 vsftpd. conf 配置文件时，建议先复制一份文件当作备份，在配置好服务器后，还需要对防火墙和 SELinux 进行配置，来保证服务器可以正常运行。

VSFTPD 服务器在默认情况下只允许本地用户登录服务器，其配置文件中的配置项如下：

```
local_enable = YES                    #允许本地用户登录 FTP 服务器
anonymous_enable = NO                 #不允许匿名用户登录 FTP 服务器
```

三、TFTP

TFTP（简单文件传输协议）是 TCP/IP 协议簇中一种简单的文件传输协议，用来在客户端与服务器之间进行文件传输。

TFTP 基于 UDP 协议进行文件传输。与 FTP 协议不同的是，TFTP 传输文件时不需要用户进行登录。它只能从文件服务器上下载或上传文件，不能列出目录。

TFTP 使用 UDP 协议的 69 号端口作为其传输，不能列出目录内容，无验证或加密机制，被用于在远程服务器上读取或写入文件，因此文件的传输过程也不像 FTP 协议那样可靠。但是 TFTP 不需要客户端的权限认证，也就减少了无谓的系统和网络带宽消耗，因此在传输琐碎不大的文件时，效率更加高，目前主要适用于私人的本地网络中，常用于 PXE 无盘启动、网络设备的设置等。

TFTP 可以与 DHCP、FTP 服务器配合使用，组成 Linux 安装服务器或备份服务器。利用安装服务器可以进行大规模的 Linux 操作系统网络安装。在网络环境中，还可以利用 Linux 的 TFTP 服务器下载路由器配置文件，编辑后再上传到路由器中。

四、TFTP 服务器

tftpd 是用于普通文件传输协议的服务器软件，使用 TFTP 协议，服务器正常是由 inetd 来启动的，但也可以进行独立运行。

tftpd－hpa 是一个功能更加强大的 TFTP 服务器软件。它提供了很多 TFTP 的增强功能，目前 tftpd－hpa 已经移植到大部分的 UNIX 系统中。

五、ftp 命令

ftp 命令的使用方法如下：

```
ftp ip 地址
```

ftp 命令的常用参数见表 10.6，常用的内部命令见表 10.7。

表 10.6　ftp 命令的常用参数

配置目录或文件	说明
ftp_hxj	FTP 服务器的主机名或 IP 地址
－d	启动调试模式
－n	用来抑制 FTP 服务器的自动登录
－i	在多文件传输时关闭交互模式

表 10.7　ftp 命令的常用内部命令

配置目录或文件	说明
!	表示在本机执行交互 Shell，退出后将回到 FTP 环境
bell	表示每个命令执行完毕后计算机响铃 1 次
open	用于建立指定 FTP 服务器连接，可指定连接端口
status	用于显示当前 FTP 状态
trace	用于设置包跟踪
user	用于重新以其他用户登录远程主机
debug	设置调试方式，显示发送至远程主机的每条命令
verbose	同命令行参数－v，即设置详尽的报告方式，FTP 服务器的所有相应都将显示给用户，默认为 on
close	用于中断与远程服务器的 FTP 会话
disconnection	用于中断与远程服务器的 FTP 会话
bye	退出 FTP 会话

续表

配置目录或文件	说明
quit	同“bye”，退出 FTP 会话
pwd	用于显示远程主机的当前工作目录
dir	显示远程主机目录
cd	进入远程主机目录
ls	用于列出当前远程主机目录中的文件
mkdir	用于在远端主机上创建目录
delete	用于删除远程主机文件
mdelete	用于删除远程主机上的多个文件
help	用于输出帮助命令的解释
?	用于输出帮助命令的解释

六、vsftpd 的配置项目

1. 欢迎信息

在用户登录 FTP 服务器后，服务器可以向登录的用户输出预先设置好的欢迎信息，设置的方法如下。

确定在/etc/vsftpd/vsftpd. conf 当中是否有以下代码：

```
dirmessage_enable=YES
```

如果没有，就在配置文件的底部添加该配置项。

（1）ftpd_banner = Welcome to the FTP server：该配置项是输出欢迎信息，“ =”后面输入的是输出给登录 FTP 服务器用户的欢迎信息，在欢迎信息比较多的时候，可以使用 banner_file 配置项来输出。

（2）banner_file = welcome：在设置较多欢迎信息的时候所使用的文件，“ =”后面输入要存放的文件名。这个配置项会覆盖 ftpd_banner 配置项。

（3）dirmessage_enable = YES：控制是否启用目录提示信息功能，默认设置为 YES（启用）。

（4）message_file = file：这个配置项在 dirmessage_enable = YES 时才能生效，默认值为 . message。

2. 目录

1）用户登录后所在目录

（1）local_root = shared：设置使用本地用户登录 FTP 服务器后的所在目录，默认值为无，默认的位置为用户家目录的位置。

（2）anon_root = shared：设置使用匿名用户登录 FTP 服务器后的所在目录，默认值为无，默认的位置为/srv/ftp/。

2）用户是否运行切换到其他目录

默认配置如下：

（1）当 chroot_list_enable = yes，chroot_local_user = yes 时，在/etc/vsftpd/chroot_list 文件中列出的用户可以切换到上级目录，未在文件中列出的用户不能切换到站点根目录的上级目录。

（2）当 chroot_list_enable = yes，chroot_local_user = no 时，在/etc/vsftpd/chroot_list 文件中列出的用户不能切换到站点根目录的上级目录，未在文件中列出的用户可以切换到上级目录。

（3）当 chroot_list_enable = no，chroot_local_user = yes 时，所有用户均不能切换到上级目录。

（4）当 chroot_list_enable = no，chroot_local_user = no 时，所有用户均可以切换到上级目录。

3. 访问控制

1）主机访问控制设置

tco_wrappers = YES/NO：设置 VSFTP 服务器是否和 tcp_wrappers 结合，进行主机的访问控制，默认设置为 NO，如需开启，需要 tco_wrappers 包的支持。

2）本地用户访问控制设置

（1）userlist_enable = YES/NO：如果同时设置了 userlist_deny = YES，则 user_list 文件中的用户将不允许登录 FTP 服务器，甚至没有输入密码的提示信息。

（2）userlist_deny = YES/NO：设置是否阻止 user_list 文件中的用户登录 FTP 服务器，默认为 YES。

（3）userlist_file = file：在 userlist_enable = YES 的时候所使用的文件名，作用是限制名单文件放置的路径。

3）pam service 设置

PAM（Pluggable Authentication Modules）是由 Sun 提出的一种认证机制。它通过提供一些动态链接库和一套统一的 API，将系统提供的服务和该服务的认证方式分开，使系统管理员可以灵活地根据需要为不同的服务配置不同的认证方式而无须更改服务程序，同时也便于向系统中添加新的认证手段。在 VSFTP 服务器里使用 PAM 服务实现对本地用户的访问控制，需要在 vsftpd. conf 配置文件中使用 pam_service_name 进行配置。使用 pam_service_name 可以指定/etc/pam. d/中的一个能用于控制 vsftpd 服务的文件，语句如下：

```
pam_service_name = vsftpd
```

/ec/pam. d/vsftpd 中的内容还有下一行信息：

```
auth required pam_listfile.so item = user sense = deny file = /etc/ftpusers onerr =
succeed
```

这行配置项说明了 pam service 将会使用 ftpusers 文件，并且拒绝文件内的用户访问 FTP 服务器。

4）访问速度

（1）anon_max_rate =0：如果允许匿名登录，限制匿名用户传输速率，单位为 bit，默认值为 0，不受限制。

（2）local_max_rate =0：本地用户传输速率，单位为 bit，默认值为 0，不受限制。

4. 用户配置文件

（1）VSFTP 服务器允许让不同的用户使用不同的配置，这个可以通过用户的配置文件来实现。

（2）user_config_dir =/etc/ftp/：设置用户的单独配置文件，用哪个账户登录，就用哪个账户命名。默认设置为无。

在配置文件里添加了该配置项后，用户登录到 FTP 服务器时，服务器就会到 user_config_dir 指定的目录下去读取与当前用户所对应的配置文件，并且会对照配置文件中的配置项，执行配置项，对当前的用户进行进一步的配置。因此，要想对不同用户的访问速度和权限等进行控制，那么就可以通过用户文件来实现。

5. 与连接相关的设置

（1）listen = YES/NO：设定是否支持 IPv4。如果设置为 YES，则 vsftpd 将以独立模式运行，由 vsftpd 自己监听和处理 IPv4 端口的连接请求。

（2）listen_ipv6 = YES/NO：设定是否支持 IPv6。

（3）max_clients =0：设置 vsftpd 允许的最大连接数，如果超出连接数，超出的将拒绝建立连接，默认为 0，不受限制。该配置项只能在运行 standalone 模式时有效。

（4）max_per_ip = 3：设置每个 IP 地址允许与 FTP 服务器同时建立的最大连接数，默认为 0，不受限制。该配置项只能在运行 standalone 模式时有效。

（5）listen_address = IP 地址：绑定到某个 IP 地址，其他 IP 地址不能访问。

（6）idle_session_timeout =600：设置多长时间不对 FTP 服务器进行任何操作则断开该 FTP 连接，单位为秒，默认为 600 秒。

（7）data_connection_timeout =120：设置建立 FTP 数据连接的超时时间，默认为 300 秒。

（8）accept_timeout =60：设置建立被动模式（PASV）数据连接的超时时间，单位为秒，默认值为 60 秒。

（9）connect_timeout =60：主动模式（PORT）下建立数据连接的超时时间，单位为秒，默认值为 60 秒。

6. FTP 工作方式及端口设置

（1）listen_port =21：设置 FTP 服务器建立连接所侦听的端口，默认值为 21。

（2）ftp_data_port =20：设置主动模式（PORT）下 FTP 数据连接所使用的端口，默认值为 20。

（3）connect_from_port_20 = YES：启用 FTP 数据端口的数据连接。指定 FTP 使用 20 端口进行数据传输，默认值为 NO。

（4）pasv_max_port =0：设置在被动模式（PASV）下，数据连接能够使用的端口范围的上界。默认值为 0，表示任意端口。

（5）pasv_min_port =0：使用 FTP 设置在被动模式（PASV）下，数据连接能够使用的端口范围的下界。默认值为 0，表示任意端口。

7. 文件传输

1）传输模式

（1）ascii_upload_enable = YES/NO：启用上传的 ASCII 传输方式。设置是否启用 ASCII 模式上传数据。默认值为 YES。

（2）ascii_download_enable = YES/NO：启用下载的 ASCII 传输方式，设置是否启用 ASCII 模式下载数据。默认值为 YES。

2）上传文档的属性关系和权限

（1）chown_uploads = YES/NO：（默认 NO）指定上传文件的默认的所有者和权限。

（2）chown_username = xiang：指定匿名用户上传文件的所属者是“xiang”。

（3）chown_upload_mode =777：指定匿名用户上传文件的权限。默认设置为 0666。

（4）local_umask =022：设置本地用户新增文件的掩码，也可以说是 FTP 上本地的文件权限，默认值为 022。所对应的文件权限是 644。

（5）anon_umask =022：设置匿名用户新增文件的掩码，默认值为 077。

3）日志文件

（1）xferlog_enable = YES/NO：是否让系统自动维护上传和下载的日志文件，默认为 /var/log/vsftpd. log。

（2）xferlog_file =/var/log/vsftpd. log：设定系统维护记录 FTP 服务器上传和下载情况的日志文件，默认为/var/log/vsftpd. log。

（3）xferlog_std_format = YES/NO：是否以标准 xferlog 的格式书写传输日志文件，默认为/var/log/xferlog。

8. 其他

（1）text_userdb_names = YES/NO：在执行 ls 命令时，是显示 UID、GID 还是显示出具体的用户名或组名称，默认为 NO。若希望显示用户名和组名称，则设置为 YES。

（2）ls_recurse_enable = YES/NO：是否允许执行“ls - R”命令，默认值为 NO。

【任务实施】

一、安装 vsftpd

在 UOS 系统中安装 vsftpd 服务器，需要使用 apt - get 命令和软件包，vsftpd 的包名称为 vsftpd。在安装前，使用 apt - get 命令更新下软件源。

```
#apt - get update                    #更新下软件源
#apt - get install vsftpd            #安装 vsftpd 服务器和客户端
```

在安装完 vsftpd 服务器后，需要创建一个文件夹作为目录（目录名为 ftp）来存放 vsftp

服务器中的文件。

```
#mkdir /home/ftp                          #在/home 下创建名为 ftp 的文件夹
```

在创建完目录后，需要创建用户（用户名 hxjftp，密码 123456），通过它来访问 FTP 服务器。

```
#useradd -d /home/ftp -s /bin/bash hxjftp
#passwd hxjftp
#提示输入密码
```

二、访问 FTP 服务器

1. 使用浏览器访问 FTP 服务器

1）匿名登录方式

打开浏览器，在浏览器的地址栏里输入 FTP 服务器的 IP 地址或主机名。

```
ftp://192.168.31.170             #根据自己的主机输入服务器的 IP 地址
ftp://hxj                        #根据自己的主机输入服务器的主机名
```

2）用户登录方式

打开浏览器，在浏览器的地址栏里输入 FTP 服务器的 IP 地址或者是服务器的主机名。并且在 IP 地址或主机名前面输入用户名。

```
ftp://root@ 192.168.31.170                 #以 root 用户为例
ftp://root@ hxj
ftp://test@ hxj                            #以 test 用户为例
```

在输入完后，会提示用户输入密码，由于使用的浏览器不同的关系，可能会提示用户再次输入用户名。输入完成后，就能成功登录。由于 ftpuser、user_list、防火墙等原因，可能会出现登录不成功或成功登录后无法进行正常工作的情况。

2. 使用客户端命令访问 FTP 服务器

1）交互式

（1）使用 apt 命令来安装 FTP 客户端，命令如下：

```
#apt-get install ftp
```

（2）使用 ftp 命令访问 FTP 服务器，命令如下：

```
#ftp 192.168.31.170
    Name(192.168. 31.170:root):hxjftp      #用户名为 hxjftp,IP 地址是 192.168.31.170
    Password:123456                        #密码为 123456
ftp>ls                                     #列出目录
ftp>put fileA.txt                          #上传文件
ftp>get fileB.txt                          #下载文件
ftp>by                                     #退出 FTP 客户端
```

使用 ftp 命令访问 FTP 服务器有两种方式：用户登录和匿名登录。在使用匿名登录 FTP

服务器时，会使用 ftp 或 anonymous 作为登录 FTP 的用户名，密码为 ftp。在使用本地用户 test 登录服务器时，将上述交互过程中的用户名和密码分别改成 test 和 123456 即可。

使用本地用户登录服务器存在以下安全隐患：

（1）本地用户是系统账号，服务器出现安全问题导致信息泄露时，会对 FTP 服务器所在的主机系统造成很大的威胁。

（2）FTP 服务器的配置出错可能导致本地用户的账号能够离开自己的家目录到其他的目录里，甚至可能出现向自己家目录以外的目录传输文件的情况。

这些安全隐患会对主机系统造成很大的安全威胁。尤其是权限最大的 root 用户登录 FTP 服务器出现上述问题时，主机系统就更危险了。所以，在设置 FTP 时，要把本地用户关在自己的家目录里，禁止本地用户“外出”和“外看”。

2）脚本方式

为了提高 FTP 服务器的效率，可以将交互过程中使用的命令放入一个 shell 脚本文件里：

```
user test 123456
ls
put fileA.txt
get fileB.txt
by
```

将命令保存到 ftp. script 文件中，命令如下：

```
#ftp -n 192.168.31.170 < ftp.script
#ftp -n hxj < ftp.script
```

使用管道命令如下：

```
#cat ftp.script | ftp -n hxj
```

将上面的 ftp 命令行主机或 IP 地址的信息添加到 FTP 服务器的脚本文件中，这时，可以在脚本文件的第一行输入打开通信链路的命令：

```
open hxj
```

在上述的 ftp. script 中使用 user 命令需要的两个参数分别是用户名（test）和用户密码（123456）。在 FTP 的命令行中可以使用参数 -n，禁止 FTP 用户的自动登录功能。在脚本里需要输入要登录的用户名和密码。

3）使用即时文档

将 ftp. script1 的内容作为即时文档，执行 FTP 客户端的脚本命令。使用用户 test 登录 FTP 服务器，从 hxj 上下载所有的 *. txt 文件，命令如下：

```
#ftp -n -i << !
        open hxj
        user test 123456

        mget *.txt
```

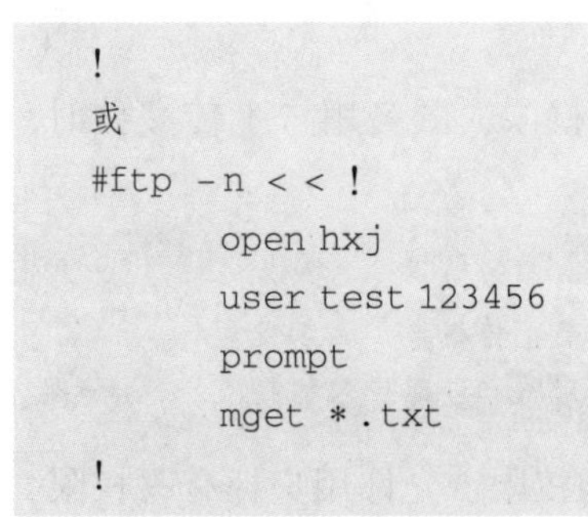

```
!
或
#ftp -n < < !
    open hxj
    user test 123456
    prompt
    mget *.txt
!
```

无论是使用即时文档还是脚本文件，在使用 user 命令时，在文本里输入用户名和密码，这是非常不安全的，所以尽可能避免使用脚本或即时文档来输入。

三、修改 vsftpd 配置文件

（1）打开/etc/vsftpd. conf 配置文件，添加以下配置项：

```
#vim /etc/vsftpd.conf                     #打开 vsftpd.conf 配置文件
write_enable = YES                        #开启写权限
userlist_file = /etc/vsftpd.user_name     #设置用户列表文件
userlist_enable = YES                     #允许用户列表文件中的用户登录 FTP
userlist_deny = NO               #作用同上,为 NO 时允许用户列表文件中的用户登录 FTP
```

（2）创建用来存放用户信息的用户列表文件，输入已经创建的用户名（hxjftp）。

```
#vim /etc/vsftpd.user_name                   #新建 vsftpd.user_name 配置文件
hxjftp
```

（3）重启 vsftpd 服务。

```
#service vsftpd restart                      #重新启动 vsftpd 服务
```

四、vsftpd 服务配置

在完成 vsftpd 服务的安装和配置后，启动 vsftpd 服务才能让服务器开始工作。

在统信下，配置文件中允许登录用户开启写权限的配置项被注释掉，因此本地用户只允许下载而不允许上传文件，配置过 vsftpd 服务后，本地用户才能进行上传和下载。

1. 允许匿名用户传输文件

1）下载

（1）修改配置文件里的配置项，开启匿名下载服务：

```
anonymous_enable = YES
```

（2）在终端输入以下命令：

```
#systemctl restart vsftpd
```

（3）重启服务器。目前大部分的 FTP 服务器对匿名用户只允许下载。

2）上传

（1）在一般情况下。匿名用户只有下载权限而没有上传权限，匿名用户上传文件时，需要在 vsftpd. conf 配置文件中增加或修改下列配置项：

```
write_enable = YES                    #允许登录用户开启写权限
anon_upload_enable = YES              #允许匿名用户开启上传权限
anon_mkdir_write_enable = YES         #允许匿名用户开启写和创建目录的权限
```

（2）创建允许匿名用户上传文件的目录，并设置文件夹的权限，允许用户拥有写权限，在终端中输入下列命令：

```
#cd /srv/ftp/                    #进入匿名用户的根目录,默认路径为/srv/ftp
#mkdir public                    #创建匿名用户上传文件的目录 public
#chown -R ftp:ftp public         #修改属主和组
#chmod -R g+w public             #给同组人添加写权限
```

匿名用户默认的用户身份是 ftp，因此需要对上传用的目录添加写权限，最好将匿名用户要上传的目录的属主和组改成 ftp，并且同用户组的人员都要有写权限。

2. 支持虚拟用户

为了提高 vsftpd 本地用户在 FTP 服务器上传文件的安全性，需要使用 vsftpd 虚拟用户方式上传文件。虚拟用户通过映射到一个真实系统用户并设置相应的权限来访问 FTP 服务器，它不能登录系统，从而提高了系统的安全性。

ftp 虚拟用户的配置过程如下。

1）建立虚拟用户和密码库文本文件

```
#cd /etc/                #进入配置目录,默认为/etc/
#vim virtual.txt         #编辑一个文本文件,用来存放虚拟用户的信息(用户名和密码)
```

密码库文本文件的奇数行是存放虚拟用户的用户名，偶数行是存放虚拟用户的密码，每个虚拟用户占 2 行，可以存放多个用户信息。用户信息的输入：虚拟用户名为 virftp、密码为 virtual，文本输入内容如下：

```
virftp
virtual
```

2）生产 PAM 认证使用的数据库文件

（1）使用 apt 命令安装 db_load 的软件包（名称为 db - util）。安装命令如下：

```
#apt install db-util
```

（2）使用 db_ load 命令生成认证使用的数据库文件，命令如下：

```
#db_load -T -t hash -f vlogin.txt database.db
```

3）修改权限

```
#chmod 600 database.db#修改 database.db 的权限为 600
```

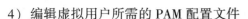

4）编辑虚拟用户所需的 PAM 配置文件

vsftpd 用户认证所需要的 PAM 配置文件默认位置在/etc/pam. d/vsftpd，在开始编辑文件内容前，建议先把文件备份。

在编辑/etc/pam. d/vsftpd 配置文件时，要注释掉里面的所有内容，然后在底部添加下面两行配置项：

```
auth required pam_userdb.so db = /etc/vlogin
account required pam_userdb.so.db = /etc/vlogin
```

5）建立虚拟用户所使用的系统用户并为其设置权限

```
#useradd -M -d /etc/ -G ftp -s /usr/sbin/nologin usvftp        #创建虚拟用户
#cd $ /srv/ftp                    #进入匿名用户的根目录,默认路径为/srv/ftp
#mkdir usvftp1                    #创建匿名用户上传文件的目录
#chown -R ftp:ftp usvftp1         #修改主和组
#chown -R g+w usvftp1             #给同组人添加写权限
```

6）修改主配置文件

在编辑 vsftpd. conf 配置文件时，在文件底部添加下面的配置项：

```
anon_upload_enable = YES              #允许虚拟用户开启写权限
guest_enable = YES                    #允许启动虚拟用户
guest _username = usvftp              #虚拟用户的用户名为 usvftp
pam_service_name = vsftpd             #pam 的服务名
user_config_dir = /srv/ftp/usv        #虚拟用户的子配置目录
```

7）创建子配置目录并生成虚拟用户使用的子配置文件

```
#mkdir /srv/ftp/usv
#cd /srv/ftp/usv
```

编辑文件 usvftp1，在文件内输入下面的配置项（创建虚拟用户 usvftp1 的子配置文件）：

```
allow_writeable_chroot = YES          #允许 chroot 用户开启写权限
allow_word_readable_only = NO         #虚拟用户可以浏览目录和下载文件
allow_other_enable = YES              #允许虚拟用户拥有修改文件名和删除文件的权限
allow_mkdir_write_enable = YES        #允许虚拟用户拥有创建和删除目录的权限
#ocal_root = /srv/ftp/usv             #设置虚拟用户的工作目录
```

8）重启 vsftpd 服务

```
#systemctl restart vsftpd
```

完成以上步骤，一个只能允许虚拟用户登录的 FTP 服务器就设置完成了，配置文件里的配置项设置，决定了虚拟用户的权限，本小节创建了一个虚拟用户 usvftp1，并给了它上传和下载文件、创建和删除目录的权限。

3. 配置虚拟用户与本地用户能同时登录

在开启虚拟用户后，本地的用户会被归类到虚拟用户里，无法作为本地用户进行登录，但是在上文的配置生效后，是不能用本地用户登录服务器的，因此，需要在之前配置的基础上进行如下修改：

（1）删除/etc/pam.d/vsftpd 配置文件中添加的注释符，如果有备份 vsftpd 配置文件，则将文件覆盖掉。

（2）把下列内容

```
auth required pam_userdb.so db = $CONF_DIR/vlogin
account required pam_userdb.so db = $CONF_DIR/vlogin
```

中的 required 修改成 sufficient：

```
auth sufficient pam_userdb.so db = $CONF_DIR/vlogin
account sufficient pam_userdb.so db = $CONF_DIR/vlogin
```

（3）将这两行配置项添加到/etc/pam.d/vsftpd 的第一行后，保存配置文件并重启 vsftpd 服务。

在进行配置修改后，本地用户和虚拟用户都可以同时登录到服务器上，但是本地用户登录成功后，会和虚拟用户一样被限制在虚拟用户的目录下，不能离开本目录，也不能查看其他目录。所以，为了安全性，可以把虚拟用户目录的权限设置得小一点。

4. 配置高安全级别的 FTP 服务器

上面所展示的是服务器创建的示例。如果想要让服务器的安全性进一步提高，可以设置配置文件里的一些用来保障服务器的安全和提高服务器性能的配置项。

（1）只能用匿名用户来登录访问，不能使用本地用户来登录访问。

```
anonymous_enable = YES                    #开启匿名用户登录
local_enable = NO                         #关闭本地用户登录
```

（2）使用 ftpd_banner 来代替 vsftpd 默认的欢迎词，防止泄露 FTP 服务器的相关信息。

```
ftpd_banner = welcome to my FTP server
```

（3）让匿名用户只拥有浏览和阅读文件的权限，但没有下载文件的权限。

```
anon_word_readable_only = YES
```

（4）隐藏文件的主和组的信息，让匿名用户看见文件的主和组的信息全是 ftp。

```
hide_ids = YES
```

（5）关闭写权限。

```
write_enable = NO
anon_upload_enable = NO
anon_mkdir_write_enable = NO
anon_other_write_enable = NO
```

（6）使用独立运行模式，并且设置监听的 IP 地址或端口号。

```
#listen = YES                             #开启独立运行模式
```

```
#listen_address = ip address #设置 IP 地址。如果本行不存在或者是被注释掉,那么就采用默认的值
#listen_port = PORT #设置端口号。如果本行不存在或者是被注释掉,那么就采用默认的值(21)
```

（7）控制并发数，用于限制每个 IP 地址的并发数。

```
max_clients = numerical_value
max_per_ip = numerical_value
```

（8）限制用户的下载速度，可根据自己的需要来设置。

```
anon_max - rate = 50000
```

五、tftpd 的配置

1. 安装 tftpd

tftpd 服务的客户端程序的软件名是 tftp - hpa，而服务器的软件包名是 tftpd - hpa，要安装 TFTP 客户端和服务器，可以使用以下命令：

```
# apt - get install tftpd - hpa tftp - hpa
```

2. 配置 tftpd

（1）安装完 tftpd 服务的服务器和客户端后，新建一个文件夹作为 TFTP 服务器的目录，并给该目录读、写、执行的权限，命令如下：

```
#mkdir /home/tftp                  #在 home 中创建 tftp 文件夹
#chmod -R 777 /home/tftp           #给 tftp 文件夹读、写、执行的权限
```

（2）进入/etc/default/tftpd - hpa 配置文件，命令如下：

```
#vim /etc/default/tftpd - hpa
```

（3）修改文件的配置项，命令如下：

```
TFTP_USERNAME = "tftp"              #用户名为 tftp
TFTP_DIRCTORY = "/home/tftp"        #目录为 /home/tftp
TFTP_ADDRESS = "0.0.0.0:69"         #地址为 0.0.0.0:69
TFTP_OPTIONS = "-l -c -s"           # -l 为独立运行服务器模式,-c 为可创建新文
                                       件,-s 为指定 tftpd - hpa 服务目录。
```

（4）重启 tftpd - hpa 服务，命令如下：

```
# service tftpd - hpa restart
```

六、登录 TFTP 服务器

TFTP 服务器的登录方法如下：

```
#tftp IP 地址
```

设 TFTP 服务器的主机名为 hxj，IP 地址为 192.168.31.170，下载和上传的文件分别为 1.txt 和 2.txt。下载和上传的用法是相同的，不同的是所使用的命令分别为 get 和 put，具体命令如下。

（1）交互方式的代码如下：

```
#tftp 192.168.31.170                    #登录成功显示 tp 提示符,进入交互界面
tftp >get 1.txt                         #下载 1.txt 文件
tftp >put 2.txt                         #上传 2.txt 文件
tftp >quit                              #退出 TFTP 客户端
```

（2）即时文档方式的代码如下：

```
#tftp 192.168. 31.170 < < EOF
     get 1.txt
     quit
EOF
```

【任务练习】 FTP 服务器搭建

搭建 FTP 服务器 192.168.180.130，并能在客户端成功访问该 FTP 服务器，在 FTP 客户端使用 FTP 命令访问 FTP 服务器。

实现功能	命令语句
访问 FTP 服务器 192.168.180.130	
安装 vsftpd	
安装 FTP 客户端	
使用 ftp 命令访问 FTP 服务器 192.168.180.130	
安装 db_load	
使用 db_load 生成数据库文件	

任务三 网络资源共享配置

【任务描述】

小明需要搭建 Samba 和 NFS 服务器，满足公司日常运行中公司员工网络资源共享的需求。

【任务分析】

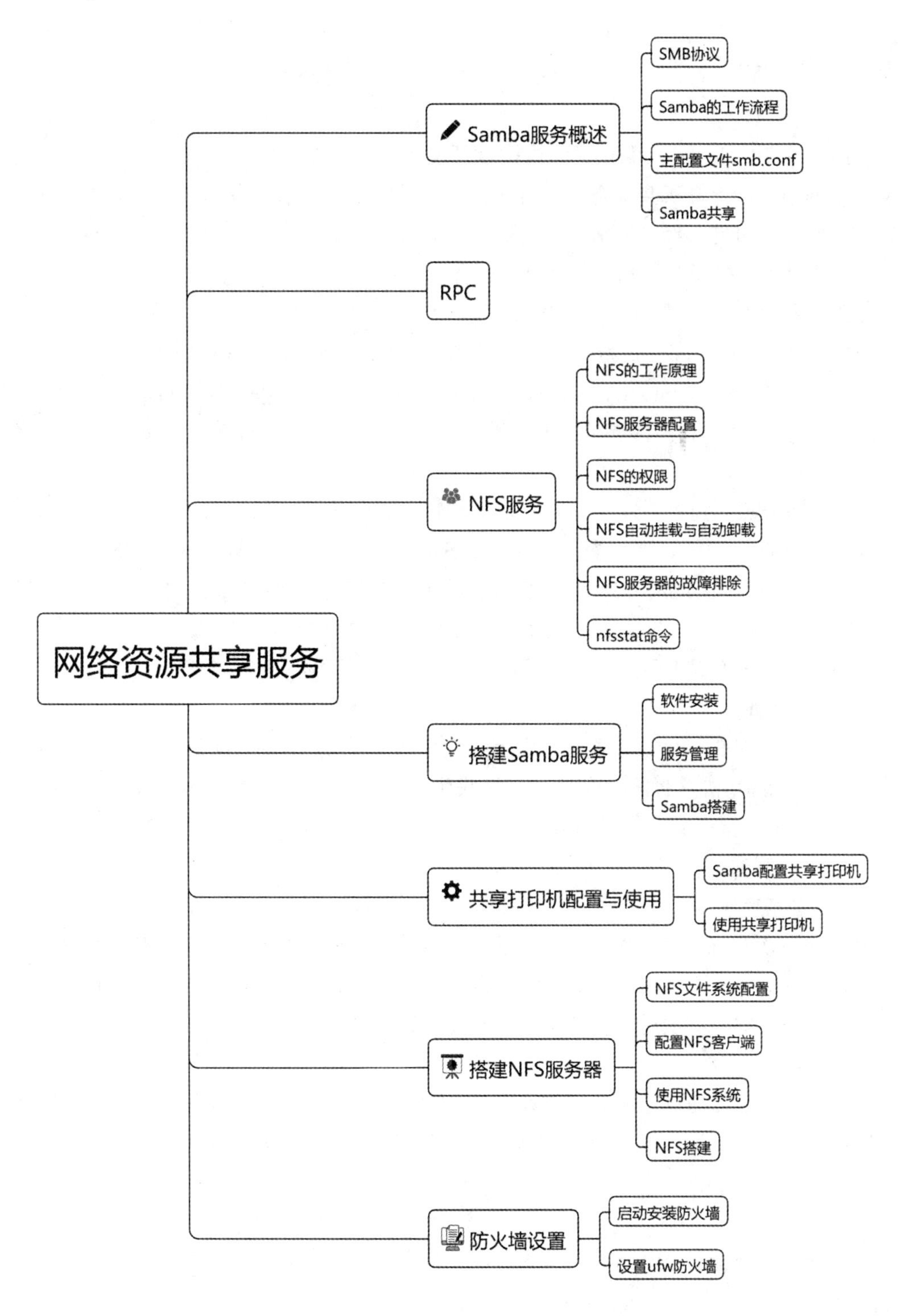
网络资源共享服务
Samba服务概述
SMB协议
Samba的工作流程
主配置文件smb.conf
Samba共享
RPC
NFS服务
NFS的工作原理
NFS服务器配置
NFS的权限
NFS自动挂载与自动卸载
NFS服务器的故障排除
nfsstat命令
搭建Samba服务
软件安装
服务管理
Samba搭建
共享打印机配置与使用
Samba配置共享打印机
使用共享打印机
搭建NFS服务器
NFS文件系统配置
配置NFS客户端
使用NFS系统
NFS搭建
防火墙设置
启动安装防火墙
设置ufw防火墙

【知识准备】

一、Samba 服务

1. SMB 协议

SMB（Server Message Block）是由微软开发的一种软件程序级的网络传输协议，主要用来使一个网络上的计算机共享文件、打印机、串行端口、通信等资源。它也提供认证的运行状态进程间通信机能。经过 UNIX 服务器厂商重新开发后，它可以用于连接 UNIX 服务器和 Windows 客户机，执行打印和文件共享等任务。

SMB 一开始的设计是在 NetBIOS 协议上运行的（而 NetBIOS 本身则运行在 NetBEUI、IPX/SPX 或 TCP/IP 协议上）。从 Windows 2000 开始，微软引入 SMB Direct Over TCP，重新命名为 CIFS（Common Internet File System），并打算将它与 NetBIOS 脱离，试图使它成为 Internet 上计算机之间相互共享数据的一种标准。CIFS 是公开或开放的 SMB 协议版本。

2. Samba 的工作流程

Samba 服务功能强大，这与其通信基于 SMB/CIFS 协议有关。SMB 不仅提供目录和打印机共享，还支持认证、权限设置。在早期，SMB 运行于 NBT 协议（NetBIOS over TCP/IP）上，使用 UDP 协议的 137、138 及 TCP 协议的 139 端口；后期 SMB 经过开发，可以直接运行于 TCP/IP 协议上，没有额外的 NBT 层，使用 TCP 协议的 445 端口。

Samba 的工作流程主要为四个阶段：

1）协议协商

客户端在访问 Samba 服务器时，由客户端发送一个 SMB negprot 请求数据报，并列出它所支持的所有 SMB 协议版本。服务器在接收到请求信息后，开始响应请求，并列出希望使用的协议版本，选择最优的 SMB 类型。如果没有可使用的协议版本，则返回信息 OXFFFFH，结束通信。

2）建立连接

SMB 协议版本确定后，客户端进程向服务器发起一个用户或共享的认证，这个过程是通过发送 SesssetupX 请求数据报实现的。客户端发送一对用户名和密码或一个简单的密码到服务器，服务器则通过发送一个 SesssetupX 应答数据报来允许或拒绝本次连接。

3）访问共享资源

客户端和服务器完成了协商和认证后，会发送一个 Tcon 或 SMB TconX 数据报并列出它想访问网络资源的名称，服务器则发送一个 SMB TconX 应答数据报，以表示此次连接是否被接受。

4）断开连接

连接到相应资源，SMB 客户端通过 open SMB 打开一个文件，通过 read SMB 读取文件，通过 write SMB 写入文件，通过 close SMB 关闭文件。

客户端访问 SAMBA 服务器上文件的所有过程可以分为四个步骤，如图 10.3 所示。

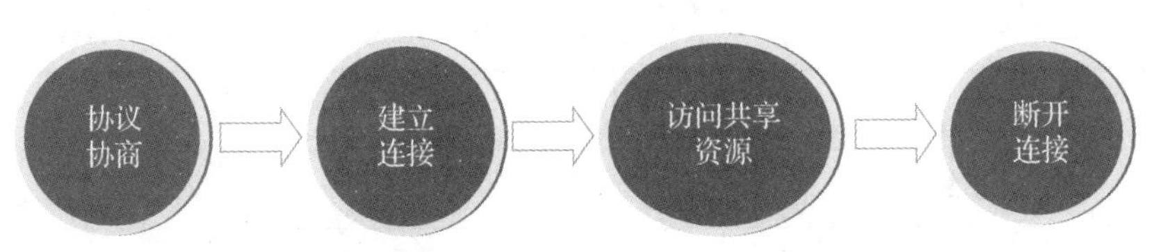

图 10.3　Samba 的工作流程

3. 主配置文件 smb. conf

Samba 的配置文件存放在/etc/samba/下面，主配置文件是 smb. conf，它指定需要共享的文件目录、目录共享权限、访问日志名称与路径等。主配置文件分成 Global Settings 和 Shared Definitions。Global Settings 用来指全局设置的变量，如安全级别等，对整个服务器生效；Shared Definitions 说明共享相关的定义，是以“#”开头的注释行，也有以“;”开头的配置范例行，默认是不生效的，如果想设置该行生效，则需要删除“;”。

```
[global]
      workgroup = MYGROUP
      server string = Samba Server Version % v
      security = user
      passdb backend = tdbsam
      load printers = yes
      cups options = raw
[homes]
      comment = Home Directories
      browseable = no
      writable = yes
[printers]
      comment = All Printers
      path = /var/spool/samba
      browseable = no
      guest ok = no
      writable = no
      printable = yes
```

上述代码有 [global]、[homes]、[printers] 三部分内容，文件的要素见表 10.8。

表 10.8　Smb. conf 文件要素

(a) 结构说明

名称	说明
[Global]	用于定义全局参数和缺省值
[Homes]	用于定义用户的 Home 目录共享
[Printers]	用于定义打印机共享
[Userdefined ShareName]	用户自定义共享（可有多个）

（b）语法元素说明

语法元素	说明
#或;	注释
[Name]	节名称
\	续行符
%	变量名前缀
参数=值	一个配置选项，值可以有两种数据类型
字符串	可以不用引号定界字符串
布尔值	1/0 或 yes/no 或 true/false

（c）变量说明

变量	说明
%S	当前服务名
%P	当前服务的根路径
%u	当前服务的用户名
%g	给定%11 所在的主工作组名
%H	给定%u 的宿主目录
%v	Samba 版本号
%h	运行 Samba 的机器的主机名
%m	客房机的 NETBIOS 名
%L	服务器的 NetBIOS 名
%T	当前的日期和时间

Samba 有 Share、User、Server、Domain 四种安全等级。

（1）Share：用户不需要账户及密码即可登录 Samba 服务器。

（2）User：由提供服务的 Samba 服务器负责检查账户及密码（是 Samba 默认的安全等级）。

（3）Server：检查账户及密码的工作指定由另一台 Windows NT/2000 或 Samba 服务器负责。

（4）Domain：指定 Windows NT/2000 域控制服务器来验证用户的账户及密码。

常用的全局参数见表 10.9。

表 10.9　Smb. conf 文件中常用的全局参数

(a) 基本全局参数

参数	说明	举例
netbios name	设置 Samba 的 NetBIOS 名字	netbios name = mysmb
workgroup	设置 Samba 要加入的工作组	workgroup = WorkGroup
server string	指定浏览列表里的机器描述	server string = Smbsvr %v at %h
client code page	设置客户字符编码页	client code page = 936

(b) 安全全局参数

参数	说明	举例
socket address	指定 Samba 监听的 IP 地址	socket address = 192. 168. 1. 220
admin user	设置管理员账户	admin user = osmond
security	定义 Samba 的安全级别	security = User
encrypt passwords	用户指定是否使用加密口令	encrype passwords = yes
smb passwd file	指定 Samba 口令文件的路径	smb passwd file = /etc/samba/smbpasswd
map to guest	设置 guest 身份登录时用户名及密码不正确时的处理方式	map to guest = Never
username map	指定 SMB 名字和 UNIX 名字映射文件的路径	user name map = /etc/samba/smbusers
hosts allow	指定可以访问 Samba 的主机	host allow = 192. 168. 1. host. domain. com
hosts deny	指定不可以访问 Samba 的主机	hosts deny = 192. 168. 2.

(c) 日志全局参数

参数	说明	举例
log file	指定日志文件的名称	log file = /var/log/samba/ %mlog
max log size	指定日志文件的最大尺寸（KB）	max log size = 100

(d) 运行效率全局参数

参数	说明	举例
change notify timeout	设置服务器周期性异常通知	change notify timeout = 90
deadtime	客户端无操作多少分钟后服务器端中断连接	Deadtime = 10
getwd cache	是否使用 Cache 功能	getwd cahce = NO

续表

参数	说明	举例
keepalive	服务器每隔多少秒向客户端发送 keepalive 包用于确认客户端是否工作正常	Keepalive = 60
max open files	同一个客户端最多能打开的文件数	max open files = 1000
socket options	设置服务器和客户之间会话的 Socket 选项	socket option = TCP_NODELAY SO_RCVBUF = 8192 SO SNDBUF = 8192

（e）共享资料基本参数

参数	说明	举例
comment	指定对共享的描述	comment = my share
path	指定共享服务的路径	path = /tmp

（f）共享资源访问控制参数

参数	说明	举例
writable	指定共享路径是否可写	writable = yes
browseable	指定共享的路径是否可浏览（默认为可以）	browseable = no
available	指定共享资源是否可用	available = no
read only	指定共享的路径是否为只读	read only = yes
public	指定是否可以允许 guest 账户访问	public = yes
guest account	指定一般性客户的账户	guest account = nobody
guest ok	指定是否可以允许 guest 账户访问	guest ok = yes
guest only	指定是否只允许 guest 账户访问	guest only = yes
read list	设置只读写访问用户列表	read list = tom，@stuff（组）
write list	设置读写访问用户的用户列表	write list = tom，@stuffl
valid users	指定允许使用服务的用户列表	valid users =tom，@stuff
invalid users	指定不允许使用服务的用户列表	invalid users = tom，@stuff

smb. conf 配置文件详解：

#========================== Global Settings =====================

（1）［global］：Samba 服务器的全局设置，对整个服务器有效。

（2）workgroup 的语法如下：

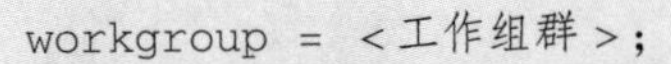

```
workgroup = <工作组群>;
```

预设：workgroup = MYGROUP

说明：设定 Samba Server 的工作组。

例：workgroup = workgroup 和 Win2000S 设为一个组，可在网上邻居中看到共享。

（3）server string 语法如下：

```
server string = <说明>;
```

预设：Server string = Samba Server

说明：设定 Samba Server 的注释。

其他：支持变量 t% –访问时间、I% –客户端 IP、m% –客户端主机名、M% –客户端域名、S% –客户端用户名。

例：server string = this is a Samba Server，将出现在 Windows 网上邻居的 Samba Server 注释为 this is a Samba Server。

（4）hosts allow 的语法如下：

```
hosts allow = <IP 地址>; ...
```

预设：host allow = 192.168.1. 192.168.2. 127。

说明：限制允许连接到 Samba Server 的机器，多个参数以空格隔开。表示方法可以为完整的 IP 地址，如 192.168.0.1 网段，如 192.168.0。

例：hosts allow = 192.168.1. 192.168.0.1 表示允许 192.168.1 网段的机器网址为 192.168.0.1 的机器连接到自己的 Samba Server。

（5）printcap name 的语法如下：

```
printcap name = <打印机配置文件>;
```

预设：printcap name = /etc/printcap

说明：设定 Samba Server 打印机的配置文件。

例：printcap name = /etc/printcap 设定 Samba Server 参考/etc/printcap 的打印机设定。

（6）load printers 的语法如下：

```
load printers = <yes/no>;
```

预设：load printers = yes

说明：是否在开启 Samba Server 时即共享打印机。

（7）printing 的语法如下：

```
printing = <打印机类型>;
```

预设：printing = lprng

说明：设定 Samba Server 打印机所使用的类型为目前支持的类型。

（8）guest account 的语法如下：

```
guert account = <账户名称>;
```

预设：guert account = pcguest

说明：设定访问 Samba Server 的来宾账户（即访问时不用输入用户名和密码的账户），若设为 pcguest，则为默认为“nobody”用户。

例：guert account = andy，设定访问 Samba Server 的来宾账户以 andy 用户登录，则此登录账户享有 andy 用户的所有权限。

（9）log file 的语法如下：

```
log file = <日志文件>;
```

预设：log file = /var/log/samba/%m. log

说明：设定 Samba Server 日志文件的储存位置和文件名（%m 代表客户端主机名）。

（10）max log size 的语法如下：

```
max log size = <?? KB>;
```

预设：max log size = 0

说明：设定日子文件的最大容量，单位 KB 这里的预设值 0 代表不做限制。

（11）security 的语法如下：

```
security = <等级>;
```

预设：security = user

设定访问 Samba Server 的安全级别共有四种：

①share 不需要提供用户名和密码。

②user 需要提供用户名和密码，而且身份验证由 Samba Server 负责。

③server 需要提供用户名和密码，可指定其他机器（WinNT/2000/XP）或另一台 Samba Server 作身份验证。

④domain 需要提供用户名和密码，指定 WinNT/2000/XP 域服务器作身份验证。

（12）password server 的语法如下：

```
password server = <IP 地址/主机名>;
```

预设：password server = <NT - Server - Name>;

说明：指定某台服务器（包括 Windows 和 Linux）的密码，作为用户登录时验证的密码。

其他：此项需配合 security = server 时，才可设定本参数。

（13）password level 的语法如下：

```
password level = <位数>;
```

预设：password level = 8

（14）username level 的语法如下：

```
username level = <位数>;
```

预设：username level = 8

说明：设定用户名和密码的位数，预设为8位字符。

（15）encrypt passwords 的语法如下：

```
encrypt passwords = <yes/no>;
```

预设：encrypt passwords = yes

说明：设定是否对 samba 的密码加密。

（16）smb passwd file 的语法如下：

```
smb passwd file = <密码文件>;
```

预设：smb passwd file = /etc/samba/smbpasswd

说明：设定 samba 的密码文件。

（17）local master 的语法如下：

```
local master = <yes/no>;
```

预设：local master = no

说明：设定 Samba Server 是否要担当 LMB 角色（LMB 负责收集本地网络的 Browse List 资源），通常无特殊原因时设为 no。

（18）os level 的语法如下：

```
os level = <数字>;
```

预设：os level = 33

说明：设定 Samba Server 的 os level，os level 从 0 到 255，WinNT 的 os level 为 33，Win95/98 的 os level 是 1。若要拿 Samba Server 当 LMB 或 DMB，则它的 os level 至少要大于 WinNT 的 33 以上。

（19）domain master 的语法如下：

```
domain master = <yes/no>;
```

预设：domain master = yes

说明：设定 Samba Server 是否要担当 DMB 角色（DMB 会负责收集其他子网的 Browse List 资源），通常无特殊原因设为 no。

（20）preferred master 的语法如下：

```
preferred master = <yes/no>;
```

预设：preferred master = yes

说明：设定 Samba Server 是否要担当 PDC 角色（PDC 会负责追踪网络账户进行的一切变更），通常无特殊原因时设为 no（同一网段内不可有两个 PDC，它们会每 5 分钟抢主控权一次）。

（21） wins support 的语法如下：

```
wins support = <yes/no>;
```

预设：wins support = yes

说明：设定 Samba Server 是否想让网络提供 WINS 服务，通常无特殊原因时设为 no。除非所处网络上没有主机提供 WINS 服务且需要此台 Samba Server 提供 WINS 服务时才设为 yes。

（22） wins server 的语法如下：

```
wins server = <IP 地址>;
```

预设：wins server = w. x. y. z

说明：设定 Samba Server 是否要使用别的主机提供的 WINS 服务，通常无特殊原因时不设置，除非所处网络上有一台主机提供 WINS 服务时才设置，Wins Support 设为 yes，Wins Server 设置成具体 WINS 服务器 IP 地址。

例如，wins server = 192. 168. 0. 1 表示 Samba Server 要使用 192. 168. 0. 1 提供的 WINS 服务。

#======================= Share Definitions =====================

```
[homes]
    comment = Home Directories
    browseable = no
    writable = yes
    valid users = %S
```

使用者家目录，当使用者以 Samba 使用者身份登录 Samba Server 后，可以看到其家目录，目录名称是使用者的账号。

```
[printers]
    comment = All Printers
    path = /var/spool/samba
    browseable = no
    guest ok = no
    writable = no
    printable = yes
```

设置了 Samba 服务器中打印共享资源的属性后，Samba 服务器除了可以提供文件共享外，还可以提供打印共享。

```
[分享的资源名称]
<指令 1>; = (参数)
<指令 2>; = (参数)
```

其中，指令和参数用来设定资源及其存取权限。

（1） comment：注释说明。

（2）path：分享资源的完整路径名称，需要设置正确的路径和目录权限。

（3）browseable = yes/no：在浏览资源中显示共享目录，为否时必须指定共享路径才能进行存取。

（4）printable = yes/no：打印。

（5）hide dot files = yes/no：隐藏文件。

（6）public = yes/no：公开共享，为否则进行身份验证（只有当 security = share 时，此项才起作用）。

（7）guest ok = yes/no：公开共享，为否则进行身份验证（只有当 security = share 时，此项才起作用）。

（8）read only = yes/no：以只读方式共享，当与 writable 发生冲突时，以 writable 为准。

（9）writable = yes/no：不以只读方式共享，当与 read only 发生冲突时，无视 read only。

（10）vaild users：设定只有此名单内的用户才能访问共享资源（拒绝优先）（用户名/@组名）。

（11）invalid users：设定只有此名单内的用户不能访问共享资源（拒绝优先）（用户名/@组名）。

（12）read list：设定此名单内的成员为只读（用户名/@组名）。

（13）write list：若设定为只读时，则只有此设定的名单内的成员才可做写入动作（用户名/@组名）。

（14）create mask：建立文件时所给的权限。

（15）directory mask：建立目录时所给的权限。

（16）force group：指定存取资源时须以此设定的群组使用者进入才能存取（用户名/@组名）。

（17）force user：指定存取资源时须以此设定的使用者进入才能存取（用户名/@组名）。

（18）allow hosts：设定只有此网段/IP 的用户才能访问共享资源。

（19）deny hosts：设定只有此网段/IP 的用户不能访问共享资源。

设置当前用户的家目录共享如下：

```
[homes]
      comment = Temporary file space              //设置描述串
      browseable = no                             //不允许浏览
      writable = yes                              //允许写入
      valid users = % S           //所有用户都可以通过 Windows 访问其家目录
      directory mode = 0775       //目录创建权限为 0775
```

其中 Jerry 和 Helen 用户可以访问其个人主目录、/tmp 目录和/var/samba/hel - jerry，而其他的 Linux 普通用户只能访问其个人主目录和/tmp 目录。

```
[homes]
      comment = Home Directory
      browseable = no
```

```
        writable = yes
    [tmp]
        path = /tmp
        writable = yes
    [helen - jerry]
        path = /var/samba/hel - jerry
        valid user = helen jerry
```

如果客户端是 Windows 系统，设置项里还要添加“map to guest = Bad User”选项，则当用户提供了一个正确的用户名而密码不正确时，用户将被映射成 guest 用户登录。

```
[global]
        workgroup = SAMBA
        security = user
        passdb backend = tdbsam
        printing = cups
        printcap name = cups
        load priinters = yes
        cups options = raw
        map to guest = Bad User
```

4. Samba 共享

Smbclient 是 Samba 提供一个类似于 ftp 命令的 Samba 客户程序，是一个命令行界面下访问 Samba 共享强有力的工具，其用法如下：

```
smbclient(选项)(参数):
```

命令参数见表 10.10。

表 10.10　smbclient. conf 参数

参数	说明
- B	传送广播数据包时所用的 IP 地址
- d	指定记录文件所记载事件的详细程度
- E	将信息送到标准错误输出设备
- h	显示帮助
- i	设置 NetBIOS 名称范围
- I	指定服务器的 IP 地址
- l	指定记录文件的名称
- L	显示服务器端所分享出来的所有资源
- M	可利用 WinPopup 协议，将信息送给选项中所指定的主机

续表

参数	说明
-n	指定用户端所要使用的 NetBIOS 名称
-N	不用询问密码
-O	设置用户端 TCP 连接槽的选项
-p	指定服务器端 TCP 连接端口编号
-R	设置 NetBIOS 名称解析的顺序
-s	指定 smb. conf 所在的目录
-t	设置用何种字符码来解析服务器端的文件名称
-T	备份服务器端分享的全部文件，并打包成 tar 格式的文件
-U	指定用户名称
-w	指定工作群组名称

二、RPC

RPC，基于 C/S 模型。程序可以使用这个协议请求网络中另一台计算机上某程序的服务而不需知道网络细节，甚至可以请求对方的系统调用。

对于 Linux 而言，文件系统是在内核空间实现的，即文件系统比如 ext3、ext4 等是在 Kernel 启动时，以内核模块的身份加载运行的。

三、NFS 服务

NFS（Network File System）即网络文件系统，它允许网络中的计算机通过网络共享资源。将 NFS 主机分享的目录挂载到本地客户端中，本地 NFS 的客户端应用可以透明地读写位于远端 NFS 服务器上的文件，在客户端看起来，就像访问本地文件一样。

1. NFS 的工作原理

（1）NFS 在传输时使用的端口是随机的未被使用的小于 1024 的端口，它是通过 RPC（远程过程调用）服务来实现的。

RPC 的主要功能就是记录每个 NFS 功能所对应的端口号，并且将该信息传到 NFS 客户端，来实现连接。

（2）启动 NFS Server 之前要启动 RPC 服务（即 portmap 服务），否则 NFS Server 就无法向 RPC 服务注册。

如果 RPC 服务重新启动，原来已注册好的 NFS 端口数据就会丢失，因此，此时 RPC 服务管理的 NFS 程序也需要重新启动，以重新向 RPC 注册。

一般修改 NFS 配置文件时，是不需要重启 NFS 的，直接命令执行/etc/init. d/nfs reload

或 exportfs -rf 即可使修改的/etc/exports 生效。

2. NFS 服务端配置

```
/etc/exports:
```

将同一目录共享给多个客户机，但对每个客户机提供的权限不同时，语法格式如下：

```
[共享的目录][主机名1或IP1(参数1,参数2)][主机名2或IP2(参数3,参数4)]
```

（1）［共享的目录］：共享到网络中的文件系统。

（2）［主机名1或IP1（参数1，参数2）］：可访问主机，见表10.11。

表10.11 NFS 可访问主机

主机或 IP 地址	功能
192.168.152.13	指定 IP 地址的主机
nfsclient.test.com	指定域名的主机
192.168.1.0/24	指定网段中的所有主机
*.test.com	指定域下的所有主机
*	所有主机

（3）［主机名2或IP2（参数3，参数4）］：共享参数，NFS 共享的常用参数见表10.12。

表10.12 NFS 共享的常用参数

参数	选项	参数	选项
ro	只读访问	insecure	NFS 通过 1024 以上的端口发送
rw	读写访问	wdelay	如果多个用户要写入 NFS 目录，则归组写入（默认）
sync	所有数据在请求时写入共享	no_wdelay	如果多个用户要写入 NFS 目录，则立即写入，当使用 async 时，无须此设置
async	NFS 在写入数据前可以相应请求	Hide	在 NFS 共享目录中不共享其子目录
secure	NFS 通过 1024 以下的安全 TCP/IP 端口发送	no_hide	共享 NFS 目录的子目录
subtree_check	如果共享/usr/bin 之类的子目录时，强制 NFS 检查父目录的权限（默认）	no_subtree_check	和上面相对，不检查父目录权限

续表

参数	选项	参数	选项
no_all_squash	保留共享文件的 UID 和 GID（默认）	root_squash	root 用户的所有请求映射成如 anonymous 用户一样的权限（默认）
no_root_squas	root 用户具有根目录的完全管理访问权限	anonuid = xxx	指定 NFS 服务器/etc/passwd 文件中匿名用户的 UID

3. NFS 的权限

NFS 与本机用户权限配置见表 10.13。

表 10.13　exports 权限配置

<table>
<tr><td colspan="2">NFS 服务器（192.168.0.2）上的/etc/exports 配置文件设置如下：
/tmp　*(rw,no_root_squash)
/home/public 192.168.0.*（rw）*（ro）
/home/test 192.168.0.100（rw）
/home/linux　*.linux.org(rw,all_squash,anonuid = 40,anongid = 40)</td></tr>
<tr><td colspan="2">例如：我们在 192.168.0.100 这个 client 端登录此 NFS 主机（192.168.0.2），那么会怎么样呢？</td></tr>
<tr><td rowspan="4">情况一：在 192.168.0.100 的账号为 test 这个身份，同时 NFS 主机上也有 test 这个账号</td><td>（1）由于 NFS 主机的/tmp 权限为 - rwxrwxrwt，所以我（test 在 192.168.0.100 上）在/tmp 下面具有存取的权限，并且写入档案的所有人为 test</td></tr>
<tr><td>（2）在/home/public 中，由于当前用户有读写的权限，如果 NFS 主机在/home/public 这个目录的权限对于 test 开放写入的话，那么就可以读写，并且写入档案的所有人是 test。如果 NFS 主机的/home/public 对于 test 这个使用者并没有开放写入权限时，那么就无法写入，即使/etc/exports 里面是 rw，也不起作用</td></tr>
<tr><td>（3）在/home/test 中，权限与/home/public 有相同的状态，需要 NFS 主机的/home/test 对于 test 有开放的权限</td></tr>
<tr><td>（4）在/home/linux 当中，不论是何种的 user，身份都会被变成 UID = 40 这个账号</td></tr>
<tr><td rowspan="3">情况二：在 192.168.0.100 的身份为 test2，但是 NFS 主机却没有 test2 这个账号</td><td>（1）在/tmp 下还是可以写入，但是写入的档案所有人变成 nobody</td></tr>
<tr><td>（2）在/home/public 与/home/test 里面是否可以写入，还需要根据/home/public 的权限而定，不过身份就被变成 nobody</td></tr>
<tr><td>（3）/home/linux 下的身份还是变成 UID = 40 的账号</td></tr>
</table>

续表

<table>
<tr><td colspan="2">NFS 服务器（192.168.0.2）上的/etc/exports 配置文件设置如下：
/tmp *(rw,no_root_squash)
/home/public 192.168.0.* (rw) * (ro)
/home/test 192.168.0.100 (rw)
/home/linux *.linux.org(rw,all_squash,anonuid=40,anongid=40)</td></tr>
<tr><td colspan="2">例如：我们在 192.168.0.100 这个 client 端登录此 NFS 主机（192.168.0.2），那么会怎么样呢？</td></tr>
<tr><td rowspan="4">情况三：在 192.168.0.100 的身份为 root</td><td>（1）在/tmp 里面可以写入，但是由于 no_root_squash 的参数改变了 root_squash 的设定值，所以在/tmp 写入档案的所有人变为 root 了</td></tr>
<tr><td>（2）在/home/public 底下的身份被压缩成了 nobody，因为预设的属性都具有 root_squash，所以档案所有人就变成了 nobody</td></tr>
<tr><td>（3）/home/test 情况与/home/public 相同</td></tr>
<tr><td>（4）/home/linux 中，root 的身份也被压缩成 UID=40 的那个使用者了</td></tr>
</table>

4. NFS 自动挂载和自动卸载

当要使用 NFS 共享文件的时候，首先需要挂载，一方离线就会造成另一方等待超时，所以就要想到有没有办法自动挂载。可以使用 autofs 服务，它使用 automount 守护进程来管理挂载点，使得文件系统指南被访问时才被动态地安装，当一段时间不使用时，又会被自动卸载。autofs 使用主配置文件/etc/auto.master 来决定要定义哪些挂载点，然后，它使用适用于各个挂载点的参数来启动 automount 进程。

首先要安装 autofs 软件包：

```
$ sudo apt install autofs
```

1）主配置文件

autofs 主配置文件/etc/auto.master 中的每一条记录有效定义一个安装点，其结构为：

```
mount_point map_file [options]
```

其中，mount_point 为安装点；map_file 为本安装点对应的配置文件；options 为可选的，这里不使用。

在安装 autofs 软件包时，同时安装了样本配置文件/etc/auto.master 和/etc/auto.misc，例如：

```
/misc /etc/auto.misc
```

就是样本配置文件中的一行，含义为定义一个安装点/misc，安装方法在/etc/auto.misc 中描述。用户也可以在其中定义自己的一行内容，用于自动安装 NFS 文件系统。为了描述方便，我们把安装方法描述文件/etc/auto.misc 称为自动安装映射文件。

2）自动安装映射文件

自动安装映射文件/etc/auto. misc 的结构为：

```
key [ -options] location
```

其中，key 为主配置文件安装点的子目录，该子目录可以存在，也可以不存在；-options 为安装参数；location 为要安装的文件系统的位置。自动安装映射文件/etc/auto. misc 的内容如下：

```
# This is an automounter map and it has the following format
# key [ -mount-options-separated-by-comma ] location
# Details may be found in the autofs(5) manpage

cd          -fstype=iso9660,ro,nosuid,nodev    :/dev/cdrom

# the following entries are samples to pique your imagination
#linux          -ro,soft,intr          ftp.example.org:/pub/linux
#boot           -fstype=ext2           :/dev/hda1
#floppy         -fstype=auto           :/dev/fd0
#floppy         -fstype=ext2           :/dev/fd0
#e2floppy       -fstype=ext2           :/dev/fd0
#jaz            -fstype=ext2           :/dev/sdc1
#removable      -fstype=ext2           :/dev/hdd
```

该内容示范性地描述了文件系统及位置。针对 NFS 文件系统自动安装问题，只要在文件尾部增加如下一行：

```
nfs  -rw ubuntu18.gjshao:/var/nfs_share
```

就可将 ubuntu18. gjshao 自动安装到本地系统下的/misc/nfs/中。

3）启动 autofs 服务

autofs 服务名为 autofs. server，管理方法为：

```
$ sudo systemctl enable/disable/status/start/stop/reload autofs
```

若 autofs 服务名为 autofs. server，管理方法为：

```
$ sudo systemctl reload autofs
```

当用户首次访问/misc/nfs 时，文件系统会被自动获取，若 5 min 之内不使用 automount，则该文件系统会被自动卸载。

5. NFS 服务器的故障排除

NFS 中常用的错误信息及描述见表 10. 14。

表 10. 14　showmount 参数方法

错误信息	描述
Too many levels of remote in path	试图挂载一个存在的文件系统

续表

错误信息	描述
Permission denied	NFS 服务器不让客户机挂接，也可能是因为用户在服务器上不存在
No such host	通常是 DNS 配置错误
No such file or directory	通常是访问的目录不存在
NFS server is not responding	通常是 NFS 已经超过负载或者 NFS 已经停止工作
Stale file handle	在 NFS 客户端关闭之前，客户端访问的文件被删除
Fake hostname	Forward 和 reverse 的 DNS 记录在 NFS 客户端下不存在

NFS 出现了故障，可以从以下几个方面着手检查。

（1） NFS 客户机和服务器的负荷是否太高，服务器和客户端之间的网络是否正常。

（2） /etc/exports 文件的正确性。

（3） 必要时重新启动 NFS 或 portmap 服务。

运行下列命令重新启动 portmap 和 NFS：

```
service portmap restart
service nfs start
```

（4） 检查客户端中的 mount 命令或/etc/fstab 的语法是否正确。

（5） 查看内核是否支持 NFS 和 RPC 服务。

普通的内核应有的选项为 CONFIG_NFS_FS = m、CONFIG_NFS_V3 = y、CONFIG_NFSD = m、CONFIG_NFSD_V3 = y 和 CONFIG_SUNRPC = m。

可以使用常见的网络连接和测试工具 ping 及 tracerroute 来测试网络连接及速度是否正常，网络连接正常是 NFS 作用的基础。rpcinfo 命令用于显示系统的 RPC 信息，一般使用 -p 参数列出某台主机的 RPC 服务。用 rpcinfo -p 命令检查服务器时，应该能看到 portmapper、status、mountd nfs 和 nlockmgr。用该命令检查客户端时，应该至少能看到 portmapper 服务。

6. nfsstat 命令

nfsstat 命令显示关于 NFS 和到内核的远程过程调用（RPC）接口的统计信息，也可以使用该命令重新初始化该信息。如果未给定标志，默认是 nfsstat -csnr 命令。使用该命令显示每条信息，但不能重新初始化任何信息。

nfsstat 命令的主要参数见表 10.15。

表 10.15 nfsstat 参数方法

参数	选项
-c	显示客户机信息。只打印客户机端的 NFS 和 RPC 信息。允许用户仅限制客户机数据的报告。nfsstat 命令提供关于被客户机发送和拒绝的 RPC 与 NFS 调用数目的信息。若要只打印客户机 NFS 或者 RPC 信息，则将该标志与 -n 或者 -r 选项组合

续表

参数	选项
-m	显示每个 NFS 文件系统的统计信息，该文件系统和服务器名称、地址、安装标志、当前读和写大小、重新传输计数以及用于动态重新传输的计时器一起安装。该标志仅适用于 AIX 4.2.1 或更新版本
-n	显示 NFS 信息。为客户机和服务器打印 NFS 信息。若要只打印 NFS 客户机或服务器信息，则将该标志与 -c 和 -s 选项组合
-r	显示 RPC 信息
-s	显示服务器信息
-z	重新初始化统计信息。该标志仅供 root 用户使用，并且在打印上面的标志后能和那些标志中的任何一个组合到统计信息的零特殊集合

smbclient 使用举例：

列出某个 IP 地址所提供的共享文件夹：

```
smbclient -L 198.168.0.1 -U username% password
```

像 FTP 客户端一样使用 smbclient：

```
smbclient //192.168.0.1/tmp -U username% password
```

执行 smbclient 命令成功后，进入 smbclient 环境，出现提示符：smb：/>。

这里有许多命令和 ftp 命令相似，如 cd、lcd、get、megt、put、mput 等。通过这些命令，可以访问远程主机的共享资源。

直接一次性使用 smbclient 命令：

```
smbclient -c "ls" //192.168.0.1/tmp -U username% password
smbclient -c "get test.txt" //192.168.0.1/tmp -U username% password
```

Windows 客户端访问 Samba 共享可恶意打开运行（Windows + R 组合键），输入配置 Samba 服务器的主机名或 IP（格式：//192.168.1.98）。

【任务实施】

一、搭建 Samba 服务器

1. 软件安装

与 Samba 服务器、客户端及应用相关的软件包有服务器 Samba、客户端 smbclient、访问 Windows 所需软件包 winbind、CIFS 工具包 cifs - utils，用户可以根据需要全部或部分安装，安装方法如下：

```
$ sudo apt install smbclient samba winbind cifs-utils
```

相关软件包会被自动安装。

2. 服务管理

服务名为 smbd. service，相关的服务下有 smbd、nmbd、winbind，通过主服务 smb/smbd 进行管理，方法如下：

```
$ sudo systemctl status smbd                          #检查运行状态
$ sudo systemctl enable/disable smbd                  #启动/禁用
$ sudo systemctl start/stop/restart/reload smbd       #启动/停止/重启/重载
```

如果主服务不能解决问题，用户可以手动管理相关服务，顺序为 nmbd、winbind、smbd，最可靠的方法是重启系统。

3. Samba 搭建

某公司有 system、develop、productdesign 和 test 等 4 个小组，个人办公机操作系统为 Windows 7/10，少数开发人员采用 Linux 操作系统，服务器操作系统为 UOS，需要设计一套建立在 UOS 之上的安全文件共享方案。每个用户都有自己的网络磁盘，develop 组到 test 组有共用的网络硬盘，所有用户（包括匿名用户）有一个只读共享资料库；所有用户（包括匿名用户）都要有一个存放临时文件的文件夹。

（1）使用 root 权限进行操作：

```
sudo -i
```

（2）创建文件夹：

```
mkdir /share
mkdir /share/system
mkdir /share/develop
mkdir /share/test
mkdir /share/product
mkdir /share/developandtest
mkdir /share/public
mkdir /share/ziliaoku
```

（3）创建相应的组：

```
groupadd system
groupadd develop
groupadd test
groupadd product
```

（4）将用户添加到相应组：

```
useradd -G system user1
useradd -G develop user2
useradd -G test user3
useradd -G product user4
```

（5）设置文件夹所有者权限：

```
chown user1:system /share/system
chown user2:develop /share/develop
chown user3:test /share/test
chown user4:product /share/product
```

（6）配置文件权限：

```
chmod 770 /share/*
chmod 644 /share/ziliaoku
chmod 777 /share/public
chmod 700 /share/developandtest
setfacl -m g:test:rwx /share/developandtest
setfacl -m g:develop:rwx /share/developandtest
setfacl -m d:g:system:rwx /share/*
setfacl -m u:user1:rwx /share/*
```

（7）编写配置文件 vim /etc/samba/smb. conf：

```
[Share]
    comment = Share
    path = /share
    public = yes
    writable = yes
```

（8）配置 smb 用户账户密码：

```
smbpasswd -a user1
smbpasswd -a user2
smbpasswd -a user3
smbpasswd -a user4
```

（9）重启服务：

```
$ sudo systemctl restart smbd
```

（10）使用 centos 客户端测试：

```
yum -y install samba-client
```

（11）创建一个 test 文件：

```
touch test
```

（12）尝试对 smb 服务端进行访问：

```
smbclient //192.168.0.1/share -U user1
```

使用 ls 可以查看当前有哪些共享文件，get 可以下载文件，put 可以上传，测试结果如图 10.4 所示。

```
[root@localhost ~]# smbclient //192.168.0.148/share -U user1
Enter SAMBA\user1's password:
Try "help" to get a list of possible commands.
smb: \> ls
  .                                   D        0  Wed Jun 15 18:04:44 2022
  ..                                  D        0  Wed Jun 15 18:04:06 2022
  ziliaoku                            D        0  Wed Jun 15 18:04:44 2022
  product                             D        0  Wed Jun 15 18:04:30 2022
  system                              D        0  Wed Jun 15 18:04:13 2022
  develop                             D        0  Wed Jun 15 18:04:19 2022
  developandtest                      D        0  Wed Jun 15 18:04:34 2022
  public                              D        0  Wed Jun 15 18:04:39 2022
  test                                D        0  Wed Jun 15 18:04:25 2022

                15415240 blocks of size 1024. 7885728 blocks available
smb: \> cd system
smb: \system\> put test
putting file test as \system\test (0.0 kb/s) (average 0.0 kb/s)
smb: \system\> ls
  .                                   D        0  Wed Jun 15 18:23:28 2022
  ..                                  D        0  Wed Jun 15 18:04:44 2022
  test                                A        0  Wed Jun 15 18:23:28 2022

                15415240 blocks of size 1024. 7885724 blocks available
smb: \system\> get test
getting file \system\test of size 0 as test (0.0 KiloBytes/sec) (average 0.0 KiloBytes/sec)
smb: \system\>
```

图 10.4 测试结果

二、共享打印机配置与使用

1. Samba 配置共享打印机

（1）确认打印机已经在系统上完成安装，并且可以正常使用。

（2）修改配置文件 smb.conf 的全局配置，开启打印共享功能，命令如下：

```
[global]
    load printers = yes          //是否在开启 samba server 时即共享打印机
    cups options = raw           //可支援来自 Windows 用户的列印工作
    printcap name = /etc/cups/printcap      //设定 Samba Server 打印机的配置文件
    printing = cups              //设定 Samba Server 打印机所使用的类型
```

（3）设置 printers 配置项，printable 一定要设置为 yes：

```
[printers]
    comment = All Printers        //描述
    path = /var/spool/samba       //定义打印机队列
    browseable = yes         //不被外人所浏览,有权限才可浏览
    guest ok = yes       //是 yes/否 no 公开共享
    writable = yes       //可写
    printable = yes      //允许用户打印
```

（4）重启 Samba 服务，客户端才能得到新配置的打印机。

（5）为了使网络中的 Windows 主机可以使用共享的打印机，需要安装打印机驱动程序，为此准备驱动程序，可以使用 cupsaddsmb 命令将打印机程序放入指定的/etc/samba/drivers 目录下，命令如下：

```
#mkdir /etc/samba/drivers            //创建/etc/samba/drivers 目录
#cupsaddsmb -a -U root               //执行 cupsaddsmb 命令
```

2. 使用共享打印机

（1）在 Linux 系统桌面上依次选择“系统”→“系统管理”→“打印”命令，打开“打印机”窗口。

（2）单击“添加”按钮，安装新的打印机，打开“新打印机”窗口。

（3）单击“网络打印机”前面的“+”展开重叠菜单，在下拉式菜单中选择“Windows Printer via SAMBA”命令，打开“添加网络打印机”窗口。

（4）单击“Browse”按钮，系统会自动扫描搜索网络中的共享打印机。搜索结束后，可以共享的打印机会出现在搜索结果窗口中。

（5）选中要安装的网络共享打印机，单击“确定”按钮，系统将自动安装打印机驱动程序。驱动程序安装完成后，网络打印就安装成功了。

在 Windows 操作系统下，可以在“网上邻居”中查看共享的打印机，双击共享打印机，在弹出的窗口确认安装此打印机的驱动程序，安装完成后即可使用。

三、搭建 NFS 服务器

1. NFS 文件系统配置

（1）系统使用的 NFS 软件包是 nfs - kernel - server，该安装包需要其他包的支持，如 rpcbind 等，这些支持包会在 NFS 包安装时自动安装，安装方法如下：

```
$ sudo apt install nfs - kernel - server
```

（2）NFS 的服务名为 nfs - server. service，可以使用服务管理的方法进行管理，方法如下：

```
$ sudo systemctl enable/disable nfs - server
$ sudo systemctl status nfs - server
$ sudo systemctl start/stop/restart/reload nfs - server
```

出于安全考虑，NFS 默认是关闭的。

（3）在所有的 IP（主机）上登录的用户都可对 NFS 服务器上的共享目录/tmp 拥有 rw 操作权限，同时，如果是 root 用户访问该共享目录，那么不将 root 用户及所属用户组都映射为匿名用户或用户组（*表示所有的主机或 IP）。

```
/tmp *(rw,no_root_squash)
```

在所有的 IP（主机）登录的用户都可对 NFS 服务器上的共享目录/tmp 拥有 rw 操作权限。

```
/tmp *(rw)
```

在 192. 168. 0. 0/24 网段的主机登录的用户，对 NFS 服务器共享目录/home/public 具有 rw 操作权限，其他网段的主机上登录的用户，对 NFS 服务器共享目录/home/public 只有 r 操作权限。

```
/home/public 192.168.0.*(rw) *(ro)
/home/public 192.168.0.0/24(rw) *(ro)
```

对主机 192.168.0.100 设置权限，使在该主机登录的用户可以对 NFS 服务器上的共享目录/home/test 进行读与写的操作。

```
/home/test 192.168.0.100(rw)
```

当 *.linux.org（加入域 linux.org 的所有主机）登录此 NFS 主机，并且在/home/linux 下面写入档案时，该档案的所有人与所有组，变成 NFS 服务器上的/etc/passwd 文件中对应的 UID 为 40 的那个身份的使用者了（因为指定了参数：all_squash，anonuid=40，anongid=40）。

```
/home/linux *.linux.org(rw,all_squash,anonuid=40,anongid=40)
```

2. 配置 NFS 客户端

NFS 客户端需要软件包 cifs-utils 的支持，使用的时候需要先安装。客户端对 NFS 的使用表现在，使用 mount 命令将服务器上的共享目录安装到本地，并将其作为本地文件系统的一部分。使用方法如下：

```
mount -t nfs [options] server:dir mount_point
```

其意义是将 server 服务器上的 dir 目录安装到本地的 mount_point 的目录上，文件系统类型为 nfs。例如：

```
mount -t nfs -r ubuntu18:/var/nfs_share /mnt/nfs
```

表示将 ubuntu18 上的/var/nfs_share 目录以只读方式安装到本地的/mnt/nfs 目录上。

3. 使用 NFS 系统

1）建立共享文件目录

（1）创建/var/nfs_share，命令如下：

```
mkdir -p /var/nfs_share
```

（2）添加用于共享的文件，命令如下：

```
cp /etc/exports /etc/init.d/*     /var/nfs_share
chmod a+r,a-wx     /var/nfs_share/*
```

2）编辑/etc/exports 文件

在/etc/exports 文件中加入如下行：

```
var/nfs_share 192.168.122.0/24(ro,all_squash)
```

3）重载 NFS 服务

```
$ sudo systemctl reload nfs_server
```

4）安装 NFS 文件系统

在 192.168.122.0/24 子网中的任意一台主机上安装共享目录，命令如下：

```
mkdir -p /mnt/nfs
mount -t nfs 192.168.122.13:/var/nfs_share /mnt/nfs
```

5）测试权限

（1）使用 ls -l 命令查看内容，命令如下：

```
ls -l /mnt/nfs
```

（2）执行“mkdir /mnt/nfs/test”命令，在其中创建目录 test 时，将得到以下错误提示：

```
mkdir: cannot create directory '/mnt/nfs/test':Permission denied
```

这是在步骤 2 的配置中使用了 ro 且有 all_squash 的缘故，任何用户对该目录的共享都只有读权限，并且用户被映射为 nfsnobody。

6）卸载

NFS 文件系统的卸载与普通文件的卸载方法相同，方法如下：

```
umount /mnt/nfs
```

4. NFS 搭建

某公司多台 Web 要做集群服务的时候，一些目录（如上传的资源、图片）如果需要多台服务器都提供服务，就需要做服务器的文件同步，此时就是 NFS 派上用场的时候，它能实现两台及多台 Linux 服务器上共享一个目录，配置服务端 IP 为 192.168.0.151，客户端 IP 为 192.168.0.99。

（1）创建一个共享目录并且给予相应权限：

```
mkdir /home/nfstest; chmod -R 0777 /home/nfstest;
```

（2）配置主要配置文件：

```
vim /etc/exports
/home/nfstest 192.168.0.99(rw,sync,no_root_squash,no_subtree_check)
```

（3）重启服务：

```
$ sudo systemctl restart nfs-server
```

（4）使用 CentOS 客户端来验证结果，客户端安装：

```
yum install nfs-utils
```

（5）使用 showmount 连接：

```
showmount -e 192.168.0.151
```

（6）在本地创建一个文件夹用来挂载：

```
mkdir /home/nfstest; chmod -R 0777 /home/nfstest;
```

（7）客户端创建目录并挂载至 NFS 服务端的目录：

```
mount 192.168.0.151:/home/nfstest /home/nfstest
```

（8）客户端创建文件：

在此目录创建 test，服务端查看该文件目录是否存在 test，如图 10.5 所示。

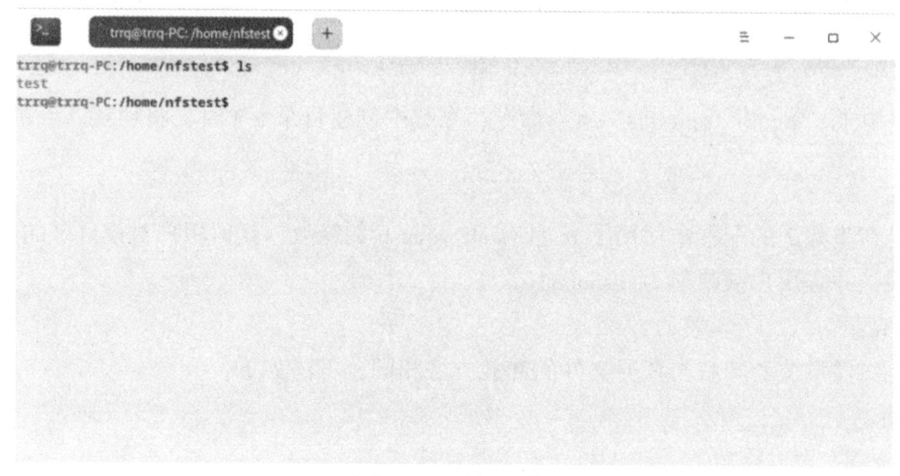

图 10.5　验证文件

四、防火墙设置

1. 启动安装防火墙

防火墙要允许 Samba 服务使用的端口或者服务。

2. 设置 firewalld 防火墙

```
$ sudo apt install firewalld firewall-config                        #安装 firewalld
$ sudo firewall-cmd --permanent --add-service samba-client        #开放 samba-client
$ sudo firewall-cmd -add-service nfs                                # nfs
$ sudo firewall-cmd -list-service                                 #检查开放的服务
```

3. 设置 ufw 防火墙

```
$ sudo apt-get install ufw                        #安装 ufw
$ sudo ufw allow samba                            #开放 samba
$ sudo ufw status                                 #检查开放的服务
```

【任务练习】　网络资源共享配置

在系统中实现 Samba 服务，创建两个用户 user1、user2，建立共享目录/tmp/Samba，要求共享名为 archive，user1、user2 都能通过输入用户名和密码登录并上传文件，实现 user1 能够查看和删除所有人的文件，user2 能够查看所有人的文件，但不能删除别人的文件。

实现功能	命令语句
安装 Samba 客户端	

续表

实现功能	命令语句
访问 Samba 服务器	
安装 NFS 并启动 NFS	
实现共享文件夹/tmp/Samba	
安装 firewalld	
启动 firewalld	

【项目总结】

本项目介绍了 DHCP 及其分配地址的方式、工作流程、主配置文件和中继代理，FTP 服务器、VSFTP 服务器、TFTP 服务器、FTP 命令、vsftpd 的配置项目、Samba 服务、NFS 服务、Samba 共享、NFS 服务端配置、NFS 的权限和其他功能。通过学习，读者能够安装、配置 DHCP，设置防火墙，安装 vsftpd，访问 FTP 服务器，配置 VSFTP 服务器、TFTP 服务器，安装 Samba，配置和使用共享打印机，配置 NFS 文件和客户端，设置防火墙，进行 NFS 搭建需求分析。

【项目评价】

序号	学习目标	学生自评
1	DHCP 服务开启	□会用□基本会用□不会用
2	DHCP 服务器配置管理	□会用□基本会用□不会用
3	DHCP 服务器验证	□会用□基本会用□不会用
4	FTP 服务开启	□会用□基本会用□不会用
5	FTP 服务器配置管理	□会用□基本会用□不会用
6	FTP 服务器验证	□会用□基本会用□不会用
7	SMB 服务开启	□会用□基本会用□不会用
8	SMB 服务器配置管理	□会用□基本会用□不会用
9	SMB 服务器验证	□会用□基本会用□不会用
自评得分		

参 考 文 献

[1] 邵国金 . Linux 操作系统 [M] . 3 版 . 北京：电子工业出版社，2018.
[2] 杨云，林哲 . Linux 网络操作系统项目教程（RHEL 7. 4/CentOS 7. 4）[M]. 北京：人民邮电出版社，2019. 02.
[3] 鸟哥. 鸟哥的 Linux 私房菜基础学习篇（第四版）[M]. 北京：人民邮电出版社，2018.
[4] [美] 克里斯托弗 · 尼格斯（Christopher Negus）. Linux 系统管理、服务器设置、安全、云数据中心（第 10 版）[M]. 高鹏飞，金代亮，译. 北京：清华大学出版社，2022.
[5] 曲广平. Linux 系统管理初学者指南——基于 CentOS 7. 6 [M]. 北京：人民邮电出版社，2019.